连锁企业人力资源管理

主　编　蒋小龙　叶　丽　樊飞飞

副主编　王嘉琦　袁　媛　张韵轩
　　　　袁文勇

参　编　韩继坤　杨安增　张正宝
　　　　谢志华　王朝政　刘尔翔

北京理工大学出版社
BEIJING INSTITUTE OF TECHNOLOGY PRESS

内 容 简 介

本书以"认识人力资源管理、人力资源管理规律、人力资源管理流程"的管理全过程为主线，涵盖了连锁企业人力资源管理的核心内容。本书包括人力资源管理认知、连锁企业人力资源规划、连锁企业职务分析、连锁企业招聘、连锁企业培训与开发、连锁企业员工使用与调配、连锁企业绩效管理、连锁企业薪酬管理、连锁企业劳动关系管理、连锁企业员工职业生涯管理等 10 个项目。本书相关案例的选用充分考虑了国际国内人力资源管理发展趋势、文化背景，侧重培养人力资源运营能力，既易于学生理解掌握，又有利于指导学生创业管理能力的具体实践。同时，本书还关注学生的心理健康和生涯规划，提供相关的指导和帮助，为学生全面发展提供有力支持。教师结合实际情况进行教学设计和实施，确保立德树人和课程素养建设目标的实现。本书编写过程中，根据培养目标的要求，坚持基础理论教学以应用为目标，以必需、够用为原则，结合 HR 从业资格考试的要求，力求做到内容完整、结构合理，条理清晰、突出实用，讲练结合。

本书既可作为高职高专院校工商管理、人力资源管理、连锁经营等相关专业课程的配套教材，又可作为人力资源管理能力训练的辅导教材。

图书在版编目（CIP）数据

连锁企业人力资源管理 / 蒋小龙，叶丽，樊飞飞主编. -- 北京：北京理工大学出版社，2025.1.
ISBN 978-7-5763-4694-7

Ⅰ. F717.6

中国国家版本馆 CIP 数据核字第 2025KD9900 号

责任编辑：申玉琴　　　**文案编辑**：申玉琴
责任校对：周瑞红　　　**责任印制**：施胜娟

出版发行 / 北京理工大学出版社有限责任公司
社　　址 / 北京市丰台区四合庄路 6 号
邮　　编 / 100070
电　　话 / （010）68914026（教材售后服务热线）
　　　　　　（010）63726648（课件资源服务热线）
网　　址 / http://www.bitpress.com.cn

版 印 次 / 2025 年 1 月第 1 版第 1 次印刷
印　　刷 / 河北盛世彩捷印刷有限公司
开　　本 / 787 mm×1092 mm　1/16
印　　张 / 15.5
字　　数 / 346 千字
定　　价 / 79.00 元

《连锁企业人力资源管理》教材编写

校企合作单位名单

序号	公司名称	编写人员
1	广东省连锁经营协会	樊飞飞秘书长
2	广州市升谱达音响科技有限公司	韩继坤董事长
3	珠海市丝域连锁企业管理有限公司	袁文勇总监
4	广州钱大妈农产品有限公司	王朝政经理
5	广东肉联帮生鲜控股有限公司	刘尔翔副总经理
6	广东回元堂药业连锁有限公司	杨安增总经理
7	深圳市成教文化教育培训有限公司	张正宝总经理

前　言

人力资源是一种特殊的资源，具有不可代替性和可增值性。人力资源已成为国家或企业获得竞争优势的途径或手段。中国加入 WTO 后，必须适应经济增长以人力资源开发与管理为依托的发展趋势。面对知识经济时代，世界资源的开发重心已由物资资源的开发与利用转移到以知识的积累为基础的人力资源开发与利用上来。因此，对于中国企业（也包含连锁企业）来讲，目前面临两大任务：一是现代人力资源管理观念的建立与理论知识的普及，即每一位管理者都是人力资源管理者，因此需要所有的管理人员，尤其是企业经营者必须掌握人力资源管理知识，把人力资源当作企业最重要的资源和财富。二是建立一支专业化的人力资源管理团队。

党的二十大报告强调了以人民为中心的发展思想，推动人的全面发展、全体人民共同富裕。在这一大背景下，人力资源管理的作用就显得尤为重要。它通过对组织内外相关人力资源进行有效运用，满足组织当前及未来发展的需要，保证组织目标实现与成员发展的最大化。自 20 世纪 80 年代以来，我国开始翻译、编写关于人力资源管理方面的论文、教材、专著、资料等，又吸取西方先进的人力资源管理方面的经验，同时结合我国实际情况进行了改革与尝试，效果显著。受此影响，"人力资源管理"被教育部列为管理学科的核心课程之一。

本书以人力资源管理工作流程和工作任务为主线进行编排，通过对职业教育教学规律的深入研究，融入了我们多年的教学经验和成果，坚持以提高读者的实践技能为主要编写目的，按照人力资源管理的相关内容划分项目，并统一编写格式，力争做到既方便教师教学，又方便学生自学。此外，本书还具有以下特点：

1. 把国内外人力资源管理最新理论、方法同国内企业的日常管理实践相结合，在引进介绍国内外连锁企业人力资源管理理论的同时尽可能同我国连锁企业的现状相结合。

2. 以人力资源管理工作中的实际任务统领教学过程。本书包括人力资源规划、职务分析、招聘、培训与开发、员工使用与调配、绩效管理、薪酬管理、劳动关系管理、员工职业生涯管理等几个相对独立的项目板块，使学生能够对人力资源管理的工作性质和内容有一个清晰完整的认识。

3. 体现现代的教学方法和学习方式，充分体现"以教师为主导，以学生为主体，教学互动"的原则。教学实践中采用模块教学法、小组工作法、案例教学法和问题引导教学法，教材内容的编写上也力争体现这些教学方法的应用。

4. 体现理论与实践紧密结合的原则。本书遵循以专业理论为岗位实践服务的编写原则，增强了针对性、实用性和实效性。本书最后还附有人力资源管理工作中常用的测试问卷，方便学生使用。

本书由蒋小龙（广东机电职业技术学院）编写设计总体思路并负责编写项目一、项目二、项目三；叶丽（广东科贸职业学院）、韩继坤（广州市升谱达音响科技有限公司）、张正宝（深圳市成教文化教育培训有限公司）负责编写项目四、项目五；王嘉琦（广东机电职业技术学院）、樊飞飞（广东省连锁经营协会）、刘尔翔（广东肉联帮生鲜控股有限公司）负责编写项目六、项目七；张韵轩（广东机电职业技术学院）、杨安增（广东回元堂药业连锁有限公司）、王朝政（广州钱大妈农产品有限公司）负责编写项目八、项目九；袁媛（广东工贸职业技术学院）、袁文勇（珠海市丝域连锁企业管理有限公司）负责编写项目十。本书实际的连锁经营案例均是以上各位企业负责人提供，编写过程中还参考和引用了国际、国内相关著作和教材的资料与案例。北京理工大学出版社吴欣编辑对本书的出版给予了精心指导。在此对所有为本书付出努力的同志致以诚挚的谢意。

最后，向为本书提供研究成果和相关著作的专家学者以及提供案例和材料的相关作者致以衷心的感谢！

编　者

目 录

人力资源管理认知

管理名言

企业经营的本质是经营客户、经营人才，但经营客户最终还是经营人。

项目导学

在座的同学就读的都是经济管理类专业，将来肯定有相当一部分同学从事人力资源管理工作。连锁经营企业是近年来随着市场经济的发展而在我国出现的新型商业形态，其管理经营方式均不同于一般意义上的企业。因此，连锁企业规模大、人员多、管理层次多，更注重人力资源管理。根据中国连锁企业经营协会对连锁企业管理者的一项调查结果显示：目前，人力资源在"影响企业经营的主要因素"当中，主要性已上升至第三位，仅排在"提高业态竞争力"和"成本控制"之后。目前我国连锁企业仍处于高速发展而又相当不成熟的阶段，许多连锁企业的人力资源管理运营模式、管理制度、企业文化等方面还处于摸索建设过程中。这些企业更需要通过建立科学的人力资源管理制度来汇集一大批高质人才，共同为企业的发展而奋斗。因此，我们学习这门课的目的是了解和掌握以连锁企业为代表性企业的人力资源管理的有关理论知识，更好地为企业的发展服务。本项目将重点介绍人力资源管理的概念、职能及内容，同时阐述人力资源管理的理论基础，从而勾勒出组织在人力资源的获取、开发、保持和利用，即选人、育人、留人和用人等方面的整体管理框架。

学习目标

职业知识：了解人力资源管理的产生与发展，以及我国人力资源管理的现状与发展趋势；掌握人力资源的定义和特点；重点掌握人力资源管理的定义、功能及意义、原理。

职业能力：能理解连锁企业重视人力资源开发的原因；明白人才的可贵，学会提高自己的能力；重视人际交往；以更好的心态处理与社会的关系。

职业素质：增强"四个自信"，做到"两个维护"；树立历史使命感、责任感；有理想信念，有职业理想、工匠精神，有家国情怀，有团队合作精神。

思维导图

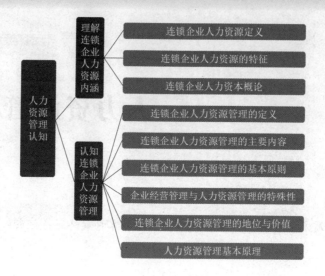

引导案例

张明明的工作经历

2018 年，具有管理学硕士学位的张明明四处寻找工作。不久，他进入一家酒业连锁公司，负责人事招聘工作。后来，他又到一家零食连锁公司和中国石油化工有限公司干了一段时间。2020 年，张明明来到从事纤维、塑料生产及能源开发的联合公司。如今，他是这家公司的人事经理。

当有人问张明明这些年作为人事经理都干了些什么时，他微笑并略带嘲弄的口吻回答："保证每人在生日时得到一张生日卡，中秋节得到一盒月饼。"他还说，"人事部对那些不能忍受这种工作方式的人来说，简直就是一处堆破烂的地方。"

著名管理学家彼德·德鲁克曾指出，"所有做人事工作的人无不忧虑，何以证明他们也在对企业做出贡献"。不过如今，张明明再也不谈什么生日卡、月饼之类的事儿了。"电话随时都在嘟嘟响。"张明明在办公桌旁挥了一下手说，"嘿，那准是董事会主席又叫我去他办公室了。"是的，人事经理一蹶不振的时代已经成为过去。那种由人事部门头目给公司各部门分西瓜的日子，不过是令人一笑的过往罢了。而事实上"人事管理"这一称呼在公司的惯用语中，已经销声匿迹了，取而代之的是另一种很有影响力的称呼——人力资源管理。

什么是人力资源？它具有什么样的性质和特点？它能为我们的社会经济生活和连锁企业做出什么样的贡献？这些问题是我们首先要弄清楚的。

任务1 理解连锁企业人力资源内涵

情境导入

在一切资源中，人力资源是第一宝贵的，自然成了现代管理的核心。不断提高人力资源管理的水平，是一个国家、一个民族、一个地区、一个单位长期兴旺发达的重要保证。因此学生要关注"人力资源"这一主题。

任务描述

1. 了解人力资源开发的重要性；
2. 能够正确理解连锁企业人力资源的概念；
3. 能够正确区分人力资源同人口、人才资源等概念；
4. 重点把握连锁企业人力资源特征。

一、连锁企业人力资源定义

资源是"资财"的来源。在经济学上，资源是指为了创造物质财富而投入于生产活动中的一切要素。现代管理科学普遍认为，经营好企业需要四大资源：人力资源、经济资源、物质资源、信息资源。在这四大资源中，人力资源是最重要的资源。它是生活中活跃的因素，也是一切资源中最重要的资源，被经济学家称为第一资源。

1. 人力资源的概念

人力资源（Human Resource，HR），从广义上讲，只要是智力正常的人都是人力资源。那么什么叫智力正常呢？所谓智力正常，就是指人类学习和适应环境的能力。智力包括观察能力、记忆能力、想象能力、思维能力。狭义的定义则有以下几种。

（1）人力资源是指能够推动国民经济和社会发展，具有智力劳动和体力劳动能力的人们的总和，它包括数量和质量两个方面。

（2）人力资源是指一个国家或地区有劳动能力人口的总和。

（3）人力资源是指具有智力劳动能力或体力劳动能力的人们的总和。

（4）人力资源是指包含在人体内的一种生产能力，若这种能力未发挥出来，它就是潜在的劳动生产力，若开发出来，就变成了现实的劳动生产力。

（5）人力资源是指能够推动整个经济和社会发展的劳动者的能力，即处在劳动年龄的已直接投入建设或尚未投入建设的人口的能力。

（6）人力资源是指一切具有为社会创造物质文明、文化、财富，为社会提供劳务和服务的人。

（7）从统计角度上看，人力资源是指在一个国家或地区中，处于劳动年龄、未到劳动年龄和超过劳动年龄但具有劳动能力的人口之和。或者表述为：一个国家或地区的总人口中减去丧失劳动能力的人口之后的人口。

综上所述我们对人力资源进行了综合定义：人力资源是指一定范围内人口中所有具有劳

动能力的人的总和，是能够推动经济和社会发展，具有智力劳动和体力劳动能力的人的总称。人力资源是指包含在人体内的一种生产能力，表现在劳动者身上并以数量和质量来表示的资源。

连锁企业人力资源是指连锁企业组织内外具有智力劳动和体力劳动能力的人们（即劳动力+社会人+劳动者）。他们由作为生产要素之一的劳动力，持有感情和态度的社会人和为获得劳动报酬而提高劳动力薪金的劳动者构成。

2. 与人力资源相关的词语

为了更好地理解人力资源的内涵，我们先要理解几个与其密切相关的概念。与人力资源相关的词语如图 1-1 所示。

图 1-1　与人力资源相关的词语

（1）人口。

人口是指一个国家或地区具有法定的国籍或户籍的人的总数。例如，根据 2023 年中国统计年鉴，我国 2022 年年底的人口约为 14.12 亿人，它强调的是人的数量。

（2）人力。

人力是人力资源的简称，包括体质、智力、知识、技能四个部分。这四个部分的不同配备组合，就形成了丰富的人力资源。实际上，只要一个人有劳动能力并愿意劳动，那么这个人就是人力。此处，我们把人力解释为"有劳动能力和劳动愿望的人"。

（3）劳动力。

此处，我们把劳动力解释为"有劳动能力和劳动愿望的人，并处在劳动状态的人"。

（4）人才。

人才是人力中的高层部分。我们经常会有这样的概念：我是工人，工人为什么不是人才？实际上，工人中也有人才。但是，这种说法其概念本身是不清楚的。人才有四种含义和解释。

①指具有高等学历的人。

②指人的才能，并不指具体的人。

③"专门人才"和"专业技术人才"的简称。

④指德才兼备、才能杰出的人。

在知识经济时代，人才主要是指接受过良好的教育或训练，能为社会提供科学、技术、管理、文化、艺术等专业知识或智力劳动，并以此获得报酬的人。

3. 连锁企业人力资源的概念

由上所述，我们可以将连锁企业人力资源管理的概念定义为：一般来说，连锁企业人力资源开发与管理包括制定企业人力资源规划、招聘合适人员进入组织、有效地进行人力资源开发与培训，以及运用绩效考核等方法对员工进行有效管理等工作。

二、连锁企业人力资源的特征

人力资源作为一种劳动能力依附于企业员工个体存在，同其他资源相比，有其特殊性，具体表现在以下几个方面。

（1）人力资源具有生产与消费两重性。

人力资源既是投资的结果又能创造财富，既是生产者又是消费者。消费与生产互为条件。社会要发展，生产性就总是要大于消费性。人力资源投资由个人和社会双方承担：教育投资、一生健康投资和人力资源迁移的投资。人力资源投资的程度决定了人力资源质量的高低。因为人的知识是后天获得的，为了提高人的知识与技能，人必须接受教育和培训，必须投入财富和时间，投入的财富构成人力资源的直接成本的一部分。直接成本的另一部分则是对一生健康和迁移的投资。

（2）人力资源具有明显的时效性。

人力资源存在于人的生命之中，它是一种具有生命的资源。人力资源的形成、开发和利用都受到时间的限制。作为人力资源，人能够从事劳动的自然时间又被限制在其生命周期的中间一段；在其不同的年龄段，能从事劳动的能力也不尽相同。从社会角度看，人力资源使用要经历培养期、成长期、成熟期和老化期，不同年龄组的人口数量及其联系，也具有时效性。因此，在进行人力资源的开发时，一定要尊重其内在的规律性，使人力资源的形成、开发、分配和使用处于一种动态的平衡之中。人力资源作为劳动能力资源具有自身的周期，其表现在三个层面：生命周期、劳动周期、知识周期。

①生命周期。

生命周期就是人从出生到死亡的整个过程。人只有具有生命条件才可能具备劳动能力，超越人的生命周期就谈不上劳动能力，也谈不上人力资源。

②劳动周期。

劳动周期主要是针对处在法定劳动年龄内的劳动人口而言。法定劳动年龄是一个人一生中劳动能力最旺盛的时期，是个人为社会和企业创造财富的最佳周期。

③知识周期。

知识周期主要指一个人所学的相关知识和理论从适应社会工作需要到被社会淘汰所经历的时间。人的知识像其他资本性物品一样同样存在损耗，随着越来越多的新知识不断涌现，一些以前价值巨大的知识、技巧可能逐步被淘汰。因此，一方面，员工要抓住有限的时间，端正工作态度，提高工作效率，创造最大的组织财富和个人财富；另一方面，要不断地进行知识更新，与时代节拍同步，提高自身的人力资源价值。

（3）人力资源的资本性和能动性。

人力资源作为一种经济性资源，它具有资本性，与一般的物质资本有共同之处。即人力资源是公共社会、企业等集团和个人投资的产物，其质量高低主要取决于投资程度的高低。

从根本上说，人力资源的这个特点源于人能力获得的后天性。因为任何人的能力都不可能是先天就有、与生俱来的，为了形成能力，必须接受教育和培训，必须投入财富和时间。另外，人力资源也是在一定时期内可能源源不断地带来收益的资源，它一旦形成，一定能够在适当的时期内为投资者带来收益。但是，人力资源又不同于一般资本，对一般实物资本普遍适用的收益递减规律，不完全适用于人力资源。现代社会的经济发展中，呈现的是人力资本收益递增规律，这使得当代经济的增长应当主要归因于人力资源。

能动性是人力资源区别于其他资源的根本所在。许多资源在其被开发过程中完全处于被动地位，人力资源则不同。人力资源在被开发的过程中具有能动性。这种能动性表现在：一是人的自我强化。即人通过学习能提高自身的素质和能力；二是选择职业，人力资源通过市场来调节，选择职业是人力资源主动与物质资源结合的过程；三是积极劳动，这是人力资源能动性的主要方面，也是人力资源发挥潜能的决定性因素。

（4）人力资源的再生性和高增值性。

资源分为可再生资源和不可再生资源两大类。不可再生资源主要是指这种资源不能依靠自身机制加以恢复，如煤、金、石油和天然气等矿藏资源。不可再生资源每开发和使用一批，总量就会减少一批。可再生资源是指这种资源在开发和使用后，只要保持必要的条件，就可以得到恢复，如森林等自然资源。可再生资源通过自身的恢复，可以保持资源总量的不变甚至增加。人力资源是基于人口的再生和社会再生产过程中，通过人类总体内各个个体的不断替换更新和劳动力消耗—生产—再消耗—再生产的过程实现的。人的再生性受生物学规律支配之外，还受到人类自身意识、意志的支配，受人类文明发展活动的影响，受到新科技革命的制约。

（5）人力资源具有社会性和智力性。

人生活在群体当中，是社会性高级动物。从宏观角度看，人力资源总是与一定的社会环境相联系；从本质上看，人力资源是一种社会资源，不仅产生经济效益，更会产生社会效益。当然，在同等经济技术发展水平下，连锁企业人力资源的开发利用程度可以有所不同，甚至大相径庭，这主要源于社会对连锁企业人力资源开发和利用的重视程度。

 案例分析

华尔连锁店的成功秘诀

美国第四大零售店华尔连锁商店的销售额已经从 4 500 万美元增加到 16 亿美元。连锁店店面从 18 家扩展到了 30 家。公司创办人华顿是华尔连锁商店庞大网络取得成功的幕后决策人物。他的成功秘诀只有一句话："我们关怀我们的员工。"

华顿非常重视每个连锁店。在他的带动下，公司的经理们把大多数时间都花在 11 个州的华尔连锁店里，经理办公室实际上空无一人，办公室总部简直像个无人仓库。华顿常说："最重要的是走进店里听同事们说话。让大家都参与工作相当重要，我们最棒的主意都出自员工。"华顿把公司的员工一律称为"同事"。

有一次，华顿连续几周失眠。于是，他起床到一家通宵营业的面包店买了 4 打甜圈饼。凌晨两点半，他举着甜圈饼到了批货中心。在批货中心，他站在货运甲板上和工人聊天，并根据那儿的工作条件决定安装两个淋浴棚子。员工们体会到老板对他们至深的关怀。还有一

次，华顿乘飞机到达得克萨斯州的蒙特皮雷森镇，停机之后，他告诉飞机驾驶员到100英里（1英里＝1.6千米）之外的路上等他，然后他挥手拦住一辆华尔连锁店的卡车，乘卡车来完成这100英里的行程，同卡车司机一路聊到目的地。

华尔连锁店的每名员工都感到颇有成就，每星期六上午必召开例行管理会议。每月工作成绩突出的人员会获得一枚徽章。每周总会有几个店荣登"荣誉榜"。

案例思考： 华尔连锁店成功的秘诀是什么？

三、连锁企业人力资本概论

1. 人力资本的定义

人力资本是指花费在人力保健、教育、培训等方面的投资所形成的资本。人力资本是通过劳动力市场工资和薪金决定机制进行间接市场定价的，由后天学校教育、家庭教育、职业培训、卫生保健，劳动力迁移和劳动力就业信息收集与扩散等途径而获得，能提高投资接受体的技能、学识、健康、道德水平和组织管理水平。人力资本是由后天通过耗费一定量的稀缺资源形成的，这种投资是为增加未来收益而进行的。

2. 人力资本的特征

（1）依附性。

人力资本的载体是人，是通过人力投资形式形成的价值在劳动者身上的凝固，与其所有者不可分离，一切体能、知识、智能、技能、情感、价值观念、思想道德都依附于活生生的人而存在。同时，人力资本的价值量和新增价值的创造，必须在劳动和劳务过程中才能得以体现。人不参与劳动和劳务，只是一个纯粹消费者，其资本价值量无从体现。

（2）能动性。

人力资本是经济发展过程中最具能动性的因素。一方面，物质资本、货币资本价值量的实现和创造必须通过人力资本的操作；另一方面，人力资本可以创造出超出自身价值量的经济效益。在一个企业中，人力资本水平在一定程度上决定着企业的兴衰。美国当代管理学家杜拉克说："人是我们最大的资产，企业或事业唯一的真正资产是人，管理就是充分开发人力资源。"一个国家或地区的强弱与贫富也取决于其人力资本状况。今天，富国和穷国之间的根本差距是知识差距、人力资本差距。

（3）时效性。

人力资本与物质资本不同，它具有一维性。若不适时开发和利用，随着岁月的流逝将逐渐降低直至消失殆尽。通过教育、培训等方式进行投资而形成一定的人力资本存量，将其投入社会再生产过程，就可以产生收益，发挥效用，而未及时开发或再造的人力资源，不仅难以成为社会发展的有生力量，而且会成为拖累经济发展和社会进步的累赘或"包袱"。

（4）多变性。

随着科技发展和社会进步，人力资本的存量、增量及其构成要素的价值都将处于不断变动之中。从主观上看，劳动者刻苦学习，勇于实践，在潜心钻研中有所发现和创新，其存量和增量就会不断增大，价值量就会不断增值。我国作为人力资源丰富，而人力资本相对贫乏的国家，应强化人力资本意识，确立并实施人力资源开发、人力资本与人才发展战略，把人口压力变为经济和社会发展的强大动力。

3. 人力资本的意义

人力资本理论突破了传统理论中的资本只是物质资本的束缚，将资本划分为人力资本和物质资本。这样就可以从全新的视角来研究经济理论和实践。该理论认为物质资本是指现有物质产品上的资本，包括厂房、机器、设备、原材料、土地、货币和其他有价证券等，而人力资本则是体现在人身上的资本，即对生产者进行普通教育、职业培训等支出和其在接受教育的机会成本等价值在生产者身上的凝结，它表现在蕴含于人身中的各种生产知识、劳动与管理技能和健康素质的存量总和。按照这种观点，人类在经济活动过程中，一方面不间断地把大量的资源投入生产，制造各种适合市场需求的商品；另一方面以各种形式来发展和提高人的智力、体力与道德素质等，以期形成更高的生产能力。这一论点把人的生产能力的形成机制与物质资本等同，提倡将人力视为一种内含于人自身的资本——各种生产知识与技能的存量总和。

 **知识广角 1-1**

连锁企业人力资源改革的方向

连锁企业要想在智力资本竞争时代取得优势，达到良好的智力资本运营效果，应该从以下几个方面入手。

1. 制定面向全球化的人力资源发展战略

一般来讲，人力资源战略可分为三种，即诱引战略、投资战略和参与战略。面对人力资源全球化的挑战，我国连锁企业应该更多地采取诱引战略和投资战略。所谓诱引战略，即要通过发展事业、优化环境、改革制度、提高待遇、增进情感来吸纳和稳定人才，特别是一些优秀的国际化人才。投资战略，就是要通过聘用较多的优势人才，形成一个备用人才库，以提高企业的灵活性，防止在国际化竞争中人才的流失。采取这一战略必须十分重视员工的培训和开发，确保人才在国际化竞争中能留得住、用得上。这就要求企业重视人才，视人才为资本，使人才能有较高的满意度，从而使企业在国际竞争中立于不败之地。

2. 尽快建立和培养一支合格的、专业化的人力资源管理者队伍

专业化人力资源管理队伍的具体要求包括以下几个方面。

(1) 要精通人力资源管理技能。

(2) 必须精通经营知识。人力资源管理的经营者角色，客观上要求从业人员必须"懂得如何做生意"，这样才能使人力资源管理与企业运行协调一致，才能够从人力资源角度为其他部门提出可供选择的解决问题的办法。

(3) 要积极参与管理变革过程。变革是必然的，人力资源管理作为企业的重要管理职能必须参与并促进企业的变革。人力资源专业人员必须有诊断、影响、干预、解决问题，协调关系、沟通等方面的知识和能力，知道如何促成变革的成功，并指导员工如何应对变革带来的各种问题，帮助每一个员工及整个企业达到目标。人力资源还应帮助企业重新设计组织结构，引导企业适应环境的广泛变化。

(4) 应具有专业化的工作态度。连锁企业强调管理的规范化、标准化，员工的专业化

工作态度直接关系连锁企业的管理效率和标准化的执行。

（5）应具有更多的人际沟通知识与技巧。未来的人力资源管理者应该掌握娴熟的信息沟通技巧，善于说服与聆听；具有较强的亲和力、人际压力承受能力、调解冲突的能力；了解人的本性，善于鉴别各种人；熟悉各种文化，了解员工多元化趋势，善于使不同的人团结在一起工作并知道如何激励他们。

3. 建立起有效的人力资源管理体系

人力资源管理体系不仅是职能的分工组合，而且包括战略层面的全局把握以及操作层面的科学管理。建立有效的人力资源管理体系的要求包括以下几点。

（1）清楚企业经营宗旨以及远景规划。

（2）根据企业的长期、中期、短期目标来确定公司人力资源战略。

（3）以人力资源部门为轴心，构建内部统一的结构体系。只有当人力资源管理不被看作仅仅是特定职能部门的责任时，内部统一的结构和中心目的才能凸显出来。

任务结语

通过本任务的学习，我们知道了连锁企业人力资源的基本定义，掌握了连锁企业人力资源基本特征和企业人力资本概论，还了解了连锁企业人力资源改革的基本方向。

任务2 认知连锁企业人力资源管理

情境导入

基于"岗课赛证"、校企协同融合育人理念，本次课程内容既符合典型的人力资源管理岗位工作内容，也是品类管理"1+X"证书（中级）及人力资源管理职业技能竞赛的知识与技能考核点。以企业 HR 作为学习情境，帮助学生理解人力资源管理的原则、步骤、方法，任务中融入"为党育人、为国育才""劳动创造价值""精益求精的工匠精神"等素养知识，引领学生在未来的连锁企业人力资源管理岗位中树立爱岗、爱党、爱国情怀。

任务描述

1. 了解连锁企业人力资源管理的定义；

2. 掌握连锁企业人力资源管理的主要内容；

3. 重点掌握连锁企业人力资源管理的原则、特殊性等。

一、连锁企业人力资源管理的定义

许多企业将人力资源管理视为"与人有关的管理实践"。连锁企业人力资源管理是指企业把人当作一种在激烈的竞争中生存、发展并始终充满生机和活力的特殊资源来进行计划、组织、激励、协调和控制的活动，是力图在组织和组织成员之间建立起良好的人际关系，以求得组织目标和组织成员个人目标的一致，提高组织成员的积极性和创造性，以有效地实现组织目标的过程。即连锁企业人力资源管理是指为了完成连锁企业管理工作和总体目标，对人力资源的开发、取得、利用等方面进行计划、组织、指挥和控制，以影响员工的行为、态度和绩效，使人力、物力保持最佳比例，充分发挥人的潜能，提高工作效率的各种组织管理政策、实践及制度安排。连锁企业人力资源管理的基本目的就是"吸引、保留、激励与开发"连锁类企业所需要的人力资源。连锁企业人力资源管理的内容具体包括连锁企业人力资源规划、岗位研究、员工招聘选拔、员工培训与开发、绩效管理、薪酬管理、员工激励、职业生涯设计与管理、人员保护和社会保障、劳动关系和劳动合同、企业文化与团队建设、人力资源管理系统评估与生产力改进等。

二、连锁企业人力资源管理的主要内容

连锁企业人力资源管理的内容纷繁复杂，彼此交叉，很难将人力资源管理内容按单一标准分得一清二楚。笼统地讲，连锁企业人力资源管理的主要内容是在企业人力资源战略、规划和岗位分析的基础上，对人力资源进行获取与配置、培训与开发、规范与约束、考核与激励、薪酬设计与职业生涯发展、安全与保障等，具体来讲包括以下几个方面。

1. 制定人力资源战略

根据企业的发展战略和经营计划，评估企业的人力资源现状及发展趋势，收集和分析人力资源供给与需求方面的信息和资料，预测人力资源供给和需求的发展趋势，制订人力资源招聘、调配、培训、开发及发展计划等政策和措施。

2. 人力资源成本会计工作

连锁企业人力资源管理部门应与财务等部门合作，建立人力资源会计体系，开展人力资源投入成本与产出效益的核算工作。人力资源会计工作不仅可以改进人力资源管理工作本身，而且可以为决策部门提供准确和量化的依据。

3. 岗位分析和工作设计

对企业中的各个工作和岗位进行分析，确定每一个工作和岗位对员工的具体要求，包括技术及种类、范围和熟悉程度，学习、工作与生活经验，身体健康状况，工作的责任、权利与义务等方面的情况。这种具体要求必须形成书面材料，这就是工作岗位职责说明书。这种说明书不仅是招聘工作的依据，也是对员工的工作表现进行评价的标准，进行员工培训、调配、晋升等工作的根据。

4. 人力资源的招聘与选拔

根据企业内的岗位需要及工作岗位职责说明书，利用各种方法和手段，如接受推荐、刊登广告、举办人才交流会、到职业介绍所登记等从组织内部或外部吸引应聘人员。并且经过资格审查，如受教育程度、工作经历、年龄、健康状况等方面的审查，从应聘人员中初选出一定数量的候选人，再经过严格的考试，如笔试、面试、评价中心、情景模拟等方法进行筛选，确定最后录用人选。人力资源的选拔，应遵循平等就业、双向选择、择优录用等原则。

5. 雇佣管理与劳资关系

员工一旦被组织聘用，就与组织形成了一种雇佣与被雇佣的相互依存的劳资关系，为了保护双方的合法权益，有必要就员工的工资、福利、工作条件和环境等事宜达成一定协议，

签订劳动合同。

6. 入厂教育、培训和发展

应聘进入一个组织（主要指企业）的新员工，必须接受入厂教育，这是帮助新员工了解和适应组织、接受组织文化的有效手段。入厂教育的主要内容包括组织的历史发展状况和未来发展规划、职业道德和组织纪律、劳动安全卫生、社会保障和质量管理知识与要求、岗位职责、员工权益及工资福利状况等。

为了提高广大员工的工作能力和技能，有必要开展富有针对性的岗位技能培训。对于管理人员，尤其是对即将晋升者有必要开展提高性的培训和教育，目的是促使他们尽快具有在更高一级职位上工作的全面知识、熟练技能、管理技巧和应变能力。

7. 工作绩效考核

工作绩效考核，就是对照工作岗位职责说明书和工作任务，对员工的业务能力、工作表现及工作态度等进行评价，并给予量化处理的过程。这种评价可以是自我总结式的，也可以是他评式的，或者是综合评价。考核结果是员工晋升、接受奖惩、发放工资、接受培训等的有效依据，它有利于调动员工的积极性和创造性，检查和改进人力资源管理工作。

8. 帮助员工的职业生涯发展

人力资源管理部门和管理人员有责任鼓励和关心员工的个人发展，帮助其制订个人发展计划，并及时进行监督和考察。这样做有利于促进组织的发展，使员工有归属感，进而激发其工作积极性和创造性，提高组织效益。人力资源管理部门在帮助员工制订其个人发展计划时，有必要考虑它与组织发展计划的协调性或一致性。只有这样，人力资源管理部门才能对员工实施有效的帮助和指导，促使个人发展计划的顺利实施并取得成效。

9. 员工工资报酬与福利保障设计

合理、科学的工资报酬福利体系关系到组织中员工队伍的稳定与否。人力资源管理部门要从员工的资历、职级、岗位及实际表现和工作成绩等方面，为员工制定相应的、具有吸引力的工资报酬福利标准和制度。工资报酬应随着员工的工作职务升降、工作岗位的变换、工作表现的好坏与工作成绩进行相应的调整，不能只升不降。

员工福利是社会和组织保障的一部分，是工资报酬的补充或延续。它主要包括政府规定的退休金或养老保险、医疗保险、失业保险、工伤保险、节假日，并且为了保障员工的工作安全卫生，提供必要的安全培训教育、良好的劳动工作条件等。

10. 保管员工档案

人力资源管理部门有责任保管员工入厂时的简历以及入厂后关于工作主动性、工作表现、工作成绩、工资报酬、职务升降、奖惩、接受培训和教育等方面的书面记录材料。

三、连锁企业人力资源管理的基本原则

人力资源管理要做到人尽其才，才尽其用，人事相宜，最大限度地发挥人力资源的作用。但是，对于如何实现科学合理的配置，这是人力资源管理长期以来亟待解决的一个重要问题。要对企业人力资源进行有效合理的配置，必须遵循以下原则。

1. 能级对应原则

合理的人力资源配置应使人力资源的整体功能强化，使人的能力与岗位要求相对应。企业岗位有层次和种类之分，它们占据着不同的位置，处于不同的能级水平。每个人也都具有不同水平的能力，在纵向上处于不同的能级位置。岗位人员的配置，应做到能级对应，就是说每一个人所具有的能级水平与所处的层次和岗位的能级要求相对应。

2. 优势定位原则

人的发展受先天素质的影响，更受后天实践的制约。后天形成的能力不仅与本人的努力程度有关，也与实践的环境有关，因此人的能力的发展是不平衡的，其个性也是多样化的。每个人都有自己的长处和短处，有其总体的能级水准，同时也有自己的专业特长及工作爱好。优势定位内容有两个方面：一是指人自身应根据自己的优势和岗位的要求，选择最有利于发挥自己优势的岗位；二是指管理者也应据此将人安置到最有利于发挥其优势的岗位上。

3. 动态调节原则

动态调节原则是指当人员或岗位要求发生变化的时候，要适时地对人员配备进行调整，以保证始终使合适的人工作在合适的岗位上。岗位或岗位要求是在不断变化的，人也是在不断变化的，人对岗位的适应也有一个实践与认识的过程。由于种种原因，导致能级不对应、用非所长等情形时常发生。因此，如果搞一次定位、一职定终身，既会影响工作又不利于人的成长。能级对应、优势定位只有在不断调整的动态过程中才能实现。

4. 内部为主原则

一般来说，企业在使用人才，特别是高级人才时，总觉得人才不够，抱怨本单位人才不足。其实，每个单位都有自己的人才，问题是"千里马常有"，而"伯乐不常有"。因此，关键是要在企业内部建立起人才资源的开发机制，使用人才的激励机制。这两个机制都很重要，如果只有人才开发机制，而没有激励机制，那么本企业的人才就有可能外流。从内部培养人才，给有能力的人提供机会与挑战，造成紧张与激励气氛，是促成公司发展的动力。但是，这也并非排斥引入必要的外部人才。当确实需要从外部招聘人才时，也不能"画地为牢"，只盯住企业内部。

四、企业经营管理与人力资源管理的特殊性

在讲企业经营管理与人力资源管理的特殊性之前，我们以连锁企业为例，先了解一下什么是连锁经营。所谓连锁经营，是指企业经营若干个同行业或同业态的店铺，以同一商号、统一管理或授予特许经营权等方式组织起来，共享规模效益的一种组织形式。可见连锁企业经营是规模化经营。而连锁企业经营要达到规模化经营的效果，需要大量的高素质人才和熟练的劳动者。

（一）连锁企业经营管理的特殊性

1. 经营管理的标准化（Standardization）

首先，体现在作业的标准化，即由总公司负责订货、采购，再统一分配到分店之间，这种流程对于所有连锁经营体系下的分店均无例外。

其次，这种标准化还体现在企业整体形象的包装设计上，如各店所使用的招牌、装潢均应一致，甚至外观标准字体均有统一形象，以获取形象利益。另外，在总部货源不足的情况下，可由总部向其他分店先行调度，互通性较大。同时，设备、器材、人才等也可以互补，灵活使用，以减少不必要的损失。

在连锁店内（简单化、专业化）标准化的目的是要保证"谁都会做""谁都能做"。只有在连锁制下，才有可能组建"实验商场"，即无差异的培训基地。任何人员的培训均可在任意一家连锁分店内完成，同时能胜任另一家连锁分店工作，也正是标准化的特殊性，才使各连锁分店有可能以无差异的形象出现在大众面前，累积塑造一个连锁店的总体形象，并充分享受利益均沾的好处。

2. 专业化（Specialization）

现代社会已走向专业化分工的体系，而且越分越细，这是提高生产力的需要，也是社会经济发展的必然趋势。连锁店的发展恰好代表了这种分工在商业领域的拓展。体系中每个人的职责均有专业分工，仿佛一条很长的流水线，每个人只守一个位置，连锁店的产品开发有其专门的部门，由市场调查部门所获得资料为依据，再进行试验，而产品在推出之前，还有专业人员制作 POP 及进行广告促销，至于分店销售人员负责的商品行列、销售方式等，只要遵循操作指南即可。如此分工，连锁店效率的配合将是极具竞争力的。

3. 现场作业的简单化（Simplification）

连锁店由于体系庞大，不论在财务、货源控制还是具体操作上都需要有一套特殊的运作系统，省去不必要的过程和手续，简化整个管理和作业的程序，以期达到事半功倍、以最少投入获得最大产出的经济目的。而事实上，连锁这种形式最有可能从作业简单化上获取利益。比如，如果能将整个连锁店的作业流程制作成一个简明扼要的操作手册，就能使所有的员工依照手册各司其职。只要手册制作科学，任何人均能在短时间内驾轻就熟。一个告诉员工"干什么""为什么""如何干""获取最好"的方式与其产出效果相比都是极经济的。连锁分店有了管理手册的指导，可以迅速走上正轨。即便是作业指导书，其实也是一种流程。现在我国国内部分连锁店是三化（标准化、专业化、集中化），而没有简单化。因此操作程序的执行力不强，加大了培训的成本和难度。我们应该把操作手册做成"傻瓜型"。

4. 集中化（Centralization）

连锁企业将所有连锁店的一些共同性活动集中起来，由总部统一操作，实现设施（资源）共享、系统共享、精简机构，提高劳动效益。例如，集中进货有以下好处：批量进货，成本低；统一配送，减少库存，（店铺）扩大营业面积；减少资金占用，加速资金周转；配送中心对商品统一分拣、配车，提高车辆的满载率，降低运费；建立统一的采购、储运、广告宣传会计核算部门，减少用工数，降低工资费用；建立信息中心，将来自各方面的信息集中起来管理，提高企业的计划性和可预见性，迅速反馈市场信息。

5. 独特化（Speciality）

连锁经营结构趋同是其过度竞争的重要原因之一。现代权变管理理论和现代营销理论告诉我们：企业内部和外部环境是复杂的和不断变化的，企业要适应环境条件和形势的变化，最大限度有针对性地满足消费需求，就不能完全照搬一个业务模式，而不管这种模式在其他地方有多么成功。特别是连锁经营意味着要在不同的地区开设众多店铺，在不同的环境下，面对不同的经济发展水平、消费心理和购买行为，就应该根据不同的环境，实施独特化策略。简而言之，独特化就是要求连锁经营企业要根据企业的发展来设置独特的措施。例如以下成功的案例：沃尔玛的"天天平价"；为了使做出来的饺子大小一样，湾仔水饺招聘包饺子员工时必须量手指大小和长度。

（二）连锁企业人力资源管理的特殊性

1. 组织结构的复杂性

由于连锁企业规模大，店铺数量多（10个以上），分布的地域范围广，所以其在人力资源管理方面具有复杂的管理幅度和管理层次。

2. 业态的新颖性

近年来，随着市场经济的发展，连锁企业出现新的经营业态。这里以连锁超市为例。在连锁企业中，超市与超市间的联合、超市与百货商场的糅合、超市与其他业态、其他经营领域的整合，最终将使单纯的超市、单纯的百货商场在"国内竞争国际化"的大市场环境中显得势单力薄。因此，超市业态的整合，将为超市的发展构建一个平台，在这个平台上，可以更有力地强化超市管理，促进超市发展。

3. 可复制性

这要求企业所建立的每一个门店都必须同总部保持一致。连锁企业可以迅速复制使其开设更多的门店。

4. 人力资源开发的超前性

由于人才培养与使用有一定的周期性，企业从招聘、培训到上岗不是短期内能完成的，所以连锁企业人力资源的开发要有一定的超前性。伴随着连锁企业规模的扩张和跨区域的发展，人力资源管理已成为企业发展战略的重要组成部分。

加紧人力资源开发是改善连锁企业素质、提升连锁企业实力、提高连锁企业经济效益的重要途径。

5. 管理技术的复合性

目前，在商品不断步入同质化、同价化、同步化经营阶段的情况下，单纯的价格优势将荡然无存，而集合了文化、价格、服务传播、附加值等多种销售因素的复合性竞争将占据竞争的主导地位。复合性竞争观点将成为未来连锁企业竞争理念的主流。

连锁企业的经营业态对人才要求与传统零售也不同，其对人才要求更高。

（1）从技术上看。

①市场定位技术——差异经营培养主力业态。当今世界上知名连锁企业实行多业态经营，但是都有明显的实力强大的主力业态作为支撑，先有主力业态优势，后实行垂直多元化发展业态，主力业态是根本。如何培养主力业态，要运用差异化市场定位技术。"同业互补，异业差异"是连锁企业市场定位的准则，即在同业态市场寻找补充市场，在异业态市场利用差异经营来培育自己的经营特色。

②销售技术——以销售为中心，服务门店消费者。

③物流技术——以成本最小化为标准，提供便捷物流。

④信息技术——以充分沟通为原则，为经营提供技术支持。

⑤库存控制技术——以源头为重点真正达到零库存。

⑥冷冻保鲜等高新技术。

（2）从管理上看，连锁企业经营业态的人才应具备投资风险管理、选点布局、物流配送管理等宏观管理以及每一家门店的陈列、顾客人流线路、商品促销策划等方面的能力。

五、连锁企业人力资源管理的地位与价值

实际上，现代人力资源管理的意义可以从三个层面（即国家、组织、个人）来加以理解。

目前，"科教兴国""全面提高劳动者的素质"等国家的方针政策，实际上谈的是一个国家、一个民族的人力资源开发管理。只有一个国家的人力资源得到了充分的开发和有效的管理，一个国家才能繁荣，一个民族才能振兴。在一个组织中，只有求得有用人才、合理使用人才、科学管理人才、有效开发人才，才能促进组织目标的达成和个人价值的实现。针对个人，存在潜能开发、技能提高、适应社会、融入组织、创造价值、奉献社会的问题，这些都有赖于人力资源的管理。

我们不从宏观层面和微观层面，即国家和个人来谈人力资源管理，而是从中观层面，即针对企业组织来谈现代人力资源管理。因此，我们更为关注现代人力资源管理对一个企业的价值和意义。现代人力资源管理对连锁企业的意义至少体现在以下几个方面。

1. 对企业决策层

人、财、物、信息等，可以说是连锁企业管理关注的主要方面，人又是最为重要的、活的第一资源，只有管理好"人"这一资源，才算抓住了管理的要义、纲领，纲举才能目张。

2. 对人力资源管理部门

人不仅是被管理的"客体"，更是具有思想、感情、主观能动性的"主体"，如何制定科学、合理、有效的人力资源管理政策、制度，并为企业组织的决策提供有效信息，永远都是人力资源管理部门的课题。

3. 对一般管理者

任何管理者都不可能是一个"万能使者"，更多的应该是扮演一个"决策、引导、协调属下工作"的角色。他不仅仅需要有效地完成业务工作，更需要培训下属，开发员工潜能，建立良好的团队组织。

4. 对一个普通员工

任何人都想掌握自己的命运，但自己适合做什么，企业组织的目标、价值观念是什么，岗位职责是什么，自己如何有效地融入组织中，结合企业组织目标如何开发自己的潜能、发挥自己的能力，如何设计自己的职业人生等，这是每个员工十分关心又深感困惑的问题。我们相信现代人力资源管理会为每位员工提供有效的帮助。

知识广角 1-2

人力资源管理的角色定位

在人类所拥有的一切资源中，人力资源是第一宝贵的，自然成了现代管理的核心。不断提高人力资源开发与管理的水平，不仅是当前发展经济、提高市场竞争力的需要，也是一个国家、一个民族、一个地区、一个单位长期兴旺发达的重要保证，更是一个现代人充分开发自身潜能、适应社会、改造社会的重要措施。我们认为连锁企业人力资源管理的角色如下。

1. 一般人力资源管理者与专业人力资源管理者的角色

组织的所有管理者都是人力资源管理者。人力资源管理者分为一般人力资源管理者和专业人力资源管理者。一般人力资源管理者是人力资源实践的继承者；专业人力资源管理者是人力资源专家，他们运用专业技术知识和技能研究、开发企业人力资源产品与服务，为企业人力资源问题的解决提供咨询。

2. 人力资源管理部门的角色

任何组织都存在着人力资源管理的问题，有时组织小，不单独设置人力资源管理部门，将人力资源管理工作分散到其他部门。当组织规模达到一定程度时，就要单独设置人力资源管理部门，此时的人力资源管理部门所充当的角色有五个：政策的制定者、业务的促成者、监控者、创新者和变革者。

（1）政策的制定者。人力资源部门是组织决策的参与部门和信息提供部门，负责环境监测、上传员工的意见、下达领导的指示。当涉及员工管理政策时，制定者往往是人力资源管理部门。

（2）业务的促成者。人力资源管理的成功依赖于业务经理的经营活动，人力资源部门必须通过各种活动为业务经理的业务提供服务，促进完成经营任务。

（3）监控者。人力资源部门通常将人力资源实施问题交给业务经理，但是人力资源部门必须承担活动公平性的监督工作。

（4）创新者。人力资源部门是提供解决人力资源的新方法和新方式的主要部门。

（5）变革者。为了适应环境，组织必须不断采用新的技术、结构、工艺、文化及过程。组织要求人力资源部门变革人力资源的管理技巧，为组织配置合理的人力资源，保证组织变革的成功。

六、人力资源管理基本原理

人力资源管理作为管理的一个分支，和其他管理一样，必须遵循一定的规律，才能使管理做到更科学、更有效。深刻认识人力资源管理的基本原理，是做好人力资源管理的基本前提。

1. 系统原理

按照系统论的观点，所谓系统，就是由若干个相互联系、相互作用的要素组成的，并同环境发生一定关系的，具有特定目的、任务、功能的有机整体。人力资源管理的系统观，一方面，将人力资源管理的过程看作一个管理系统，由若干子系统，如规划、招聘、培训、薪酬等组成，它们都有各自的功能，相对独立且各自相互有联系。例如，招聘的新员工的水平关系到人员培训的内容、培训时间、培训费用。所以，招聘工作不是孤立存在的，它和其他子系统有着密切的关系。作为组织的高层领导，必须树立全局观念，用系统的观点分析问题，将人力资源管理作为一个系统，决策时考虑各个子系统之间的相互影响。系统观不仅是在人力资源管理中，也是管理其他工作中的一种重要的思维方式。另一方面，要求处于同一系统内部的各个成员之间应该是密切配合的互补关系。个体与个体之间的互补主要指以下几个方面：特殊能力互补、能级互补、年龄互补、气质互补。

2. 投资增值原理

投资增值原理是指对人力资源的投资可以使人力资源增值，而人力资源的增值是人力资源在数量和质量两个方面的变动。劳动者在劳动能力方面的提高是投资增值的核心体现。提高劳动者的劳动能力主要依靠营养保健投资和教育培训投资，而教育培训投资又是劳动力投资的关键。投资增值原理告诉我们，任何一个人，想要提高自己的劳动能力，就必须在营养保健及教育培训方面进行投资；任何一个国家，想要增加本国人力资源存量，就必须完善医疗保健体系，加强教育投资。

3. 人性尊严原理

员工是有尊严的社会个体。他们加入一个组织，不管在这个组织中扮演什么样的角色，占据什么样的组织职位，在人格上是完全平等的。因此，企业的管理人员在对待员工时，必须以平等的姿态来和员工交流沟通，而不能认为员工在某些方面有求于组织，企业就可以为所欲为，全然不顾员工的感受和反应。只有平等地对待员工，才能唤起员工对企业的忠诚，提高企业凝聚力，激发员工的工作激情。

4. 权变原理

在管理学中，权变理论有两种基本观点：第一种是普适观，即管理的理论、方式到哪里都适用。如万有引力定律，对哪个国家都适用。第二种是权变观，即权衡变通。管理的理论可以借鉴，但由于国情不同，人的个体差异、劳动性质区别、环境不同，人力资源管理的政策应加以变通，具体情况具体分析。我们认为在运用人力资源管理的理论、方法、原则时，应针对不同的情境进行调整。

5. 成本——效益原理

加强人力资源开发与管理，为组织战略目标服务，通常有多个方案，采取哪个方案要进行成本、效益的比较分析。实践中，有无形效益与成本比和有形效益与成本比。例如，一个人通过多方面的培训后，便能从事多种工作，其效益会明显得到提高。又如，一个单位辞职率下降，职工缺勤率下降，换工率减少，许多工作不用聘人做，由于工作内容丰富化，员工积极性提高，服务质量提高，无形效益也得到提高。所以，在进行人力资源管理时，要进行成本和效益的比较，没有效益的管理是不成功的管理。

6. 激励强化原理

人在工作中是否有积极性，或积极性有多高，对于其能力的发挥至关重要。人的能力只有在工作中才能发挥出来。人的潜在能力和他在工作中所发挥出来的能力往往不是等量的，除了受工作环境、工作条件、人际关系的协调程度等客观因素影响外，还与人的积极性的发挥程度这一主观因素有关系。人力资源管理的任务不是以获得人力资源为目标，而是在获得人力资源之后，通过各种开发管理手段，合理利用人力资源，提高人力资源利用效率。因此，必须坚持激励强化原理。激励强化的程度可以通过以下几个公式来衡量，即：

适用率＝适用技能／拥有技能（用其所长）

发挥率＝耗用技能／适用技能（干劲高低）

有效率＝有效技能／耗用技能（效果如何）

任务结语

通过本任务的学习，我们了解了连锁企业人力资源管理的定义，重点掌握了连锁企业人力资源管理的基本内容，了解了企业人力资源的基本原则，掌握了企业人力管理的特殊性以及人力资源管理在企业经营中的地位与作用。

知识拓展：人力资源管理发展趋势

项目实训

实训内容

分析某企业或组织的人力资源管理中值得肯定的做法，应当改进的方面，并写出调查报告。

实训目的

了解中国中小微企业人力资源管理现状及存在的问题，把握实施人力资源管理工作的主要内容。

实训步骤

（1）学生分成若干小组，每一组在教师的指导下参观某一企业或组织，了解该企业或组织人力资源管理的总体情况。

（2）也可以上网查资料，作业成果以书面形式提交。

（3）时间：以课外为主，结合课堂指导。

实训评价

实训内容	评价关键点	分值	自我评价（20%）	同学评价（30%）	教师评价（50%）
调查过程	实训任务明确	10			
	调查方法恰当	10			
	调查过程完整	10			

续表

实训内容	评价关键点	分值	自我评价（20%）	同学评价（30%）	教师评价（50%）
调查过程	调查结果可靠	10			
	团队分工合理	10			
实习报告	结构完整	20			
	内容符合逻辑	10			
	形式规范	20			
合计					

复习思考

一、名词解释

1. 人力资源。

2. 人力资源管理。

3. 人才。

4. 人口。

二、简答题

1. 简述人力资源的特点。

2. 简述人力资源管理的职能。

3. 简述人力资源管理的意义。

4. 试述传统人事管理与现代人力资源管理的区别。

5. 简述人力资源管理的基本原理。

6. 试析我国人力资源管理的现状及面临的挑战。

7. 分析我国人力资源管理的发展趋势。

连锁企业人力资源规划

管理名言

要洞悉人性与人才需求，构建客户化、流程化的人力资源产品服务平台，让人力资源产品与服务具有产品属性、客户属性。

项目导学

学习人力资源必须要掌握人力资源战略规划，了解本企业的基本需求与人才的社会供给情况。本项目着重阐述连锁企业为实现其战略目标应该如何进行人力资源规划与预测，作为组织预测未来的任务和环境的要求以及为完成这些任务和满足这些要求而提供必要人员的过程。人力资源是现代企业的核心性资源，任何组织在发展过程中都必须有与其目标相适应的人力资源配置。由于不断变化的内外环境对组织人力资源配置的影响，组织必须对人力资源的供给和需求进行预测和规划，从而实现组织发展与人力资源的动态匹配，最终实现组织的可持续发展。人力资源规划是组织发展战略的重要组成部分，也是组织开展各项人力资源管理工作的依据，发挥着统一和协调各项人力资源管理职能的作用。

学习目标

职业知识：了解人力资源规划的含义及其作用；理解人力资源规划的内容和步骤；掌握人力资源规划的供给、需求预测及常用的预测方法。

职业能力：能理解连锁企业人力资源开发规划的意义及价值；明白计划的重要性，提高规划能力；学会规划，以更好的心态处理与社会的关系。

职业素质：增强"四个意识"，坚定"四个自信"，自觉践行"两个维护"，增强大局意识和效率意识，培养责任担当意识；培养吃苦耐劳的职业精神，通过战略管理技能学习，提升终身学习的内在动力，增加职业荣誉感，培养职业创新精神。

思维导图

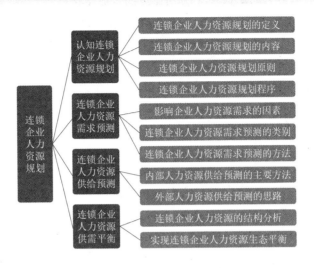

引导案例

通用电气医疗系统公司的竞争力

一项调查表明，80%的公司都认为，如果自己能够招聘到所需要的人——大约是当前数量的2倍以上，他们的收益还可以提高。

劳动力短缺给许多公司带来了发展困难，而通用电气医疗公司则将它看成获得更大竞争优势的机会。他们首先对工作要求加以严格说明，然后对获取人员的渠道进行定量分析，制订学员培养计划、公司内部员工推荐计划等。

通用电气医疗公司在劳动力市场供不应求的劣势下，顺利地从外部获取人力资源的供给，填补了公司的职位空缺，使公司的人力资源配置满足了公司的发展需求。其成功的关键是公司制定了一套严密的人力资源规划。有了规划，就增强了行动的准确性和主动性；有了规划，就能使公司获取竞争优势。

任务1　认知连锁企业人力资源规划

情境导入

某连锁餐饮企业A公司成立于2015年，2017—2019年高速扩张，2020年年初放缓脚步，具体原因是：①高速扩张后管理人才紧缺，管理机制出现了一些问题；②未来的投资领域和发展方向在哪？2020年以完善公司内部管理为基础，优化企业的人力资源为关键，找到一家咨询公司对本公司进行诊断和咨询，整理出了本公司的战略发展计划，具体如下：

愿景：致力于成为高效、优质、服务良好的公司，建立以管理和先进研发技术为核心竞争力的光通信产品供应商。

使命：享受沟通的快乐。

战略：

1. 整合企业价值体系，创建具有 A 公司特色的企业文化。

2. 以优良的办公和内部环境吸引人，建设高绩效的管理团队，合理配置人力资源。

3. 以客户服务为中心，建立优质服务体系。

人力资源战略目标：

1. 人员规划：2020 年，1 980 人；2021 年，2 200 人；2022 年，2 500 人；2023 年，2 800 人；2024 年，3 000 人。

2. 人员素质结构比例：2024 年：博士 1%，硕士 5%，本科 10%，大专 40%，中专（包括技校和高中）30%，其他 14%。

3. 人员总体结构比例：管理人员 12%，技术人员 20%，生产人员 50%，生产幕僚 8%，其他 10%。

4. 员工培训：管理干部全年不低于 80 小时，技术、管理职员全年不低于 60 小时，一般员工全年不低于 30 小时。

5. 员工流失率不低于 3%，不高于 8%。

6. 工资调整幅度：结合公司经营情况及上一年的目标完成情况，公司总体工资按 2% 的比例上浮。

结合以上情境案例，请同学们分析 A 公司如何根据企业战略制定人力资源战略目标？分析 A 公司人力资源战略规划的作用。

任务描述

1. 了解企业人力资源规划的定义；

2. 掌握连锁企业人力资源规划的内容；

3. 重点掌握连锁企业人力资源规划原则、连锁企业人力资源规划程序等。

一、连锁企业人力资源规划的定义

所谓人力资源规划（HRP），又称人力资源计划，是企业在发展变化的环境中，根据自身战略发展目标与任务的要求，科学地预测、分析其在环境变化中的人力资源供给和需求状况，制定必要的政策和措施，以确保组织在需要的时间和需要的岗位上获得各种所需的人才，使组织和个体能得到长远利益的计划。同时，在实施此规划时还必须在法律和道德观念方面创造一种公平的就业机会。其实质是决定企业的发展方向，并在此基础上确定组织需要什么样的人力资源来实现企业决策层制定目标的最佳方案。

二、连锁企业人力资源规划的内容

人力资源规划的内容也就是其最终的结果，主要包括两个方面。

1. 人力资源总体规划

人力资源总体规划是指在计划期内人力资源管理的总目标、总政策、实施步骤及总预算的安排，它是连接人力资源战略和人力资源具体行动的桥梁。包括：预测的需求和供给分别是多少？做出这些预测的依据是什么？供给和需求的比较结果是什么？企业平衡供需的指导原则和总体政策是什么？等等。

在总体规划中，最重要的是人力资源需求预测与人力资源供给预测，最主要的内容就是供给和需求变化的比较结果，也可以称为净需求，进行人力资源总体规划的目的就是得出这一结果。

2. 人力资源业务规划

人力资源业务规划是总体规划的分解和细化，主要包括人员补充规划、人员使用规划、人员晋升规划、培训开发规划、劳动关系规划、退休与解聘规划等内容。这些业务规划的每一项都应当设定出自己的目标、任务和实施步骤，它们的有效实施是总体规划得以实现的重要保证。

人力资源业务规划的具体内容如表2-1所示。

表2-1 人力资源业务规划的具体内容

规划名称	目标	政策	预算
人员补充规划	类型、数量、层次对人员素质结构的改善	人员的资格标准、人员的来源范围、人员的起点待遇	招聘选拔费用
人员使用规划	部门编制、人力资源结构优化、职位匹配、职位轮换	任职条件、职位轮换的范围和时间	按使用规模、类别和人员状况决定薪酬预算
人员晋升规划	后备人员数量保持、人员结构的改善	选拔标准、提升比例	职位变动引起的工资变动
培训开发规划	提高员工素质、提高工作效率、塑造企业文化	培训计划的安排、培训时间和效果的保证	培训开发的总成本
劳动关系规划	提高工作效率、员工关系改善、离职率降低	民主管理、加强沟通	法律诉讼费用
退休与解聘规划	劳动力成本降低、生产率提高	退休政策及解聘程序	安置费用

（1）人员补充规划。

人员补充规划的目的是合理填补组织中长期可能产生的职位空缺。人员补充规划与晋升规划是密切相关的。由于晋升规划的影响，组织内的职位空缺逐级向下移动，最终积累在较低层次的人员需求上。这也说明，低层次人员的吸收录用，必须考虑若干年后的使用问题。人员补充规划的目标涉及人员的类型、数量、对人力资源结构及绩效的改善等。人员补充规划的政策包括人员的标准、人员的来源、人员的起点待遇等。人员补充规划的步骤就是从制定补充人员标准到招聘、人才选用和录用等一系列工作的时间安排。补充规划预算则是组织用于人员获取的总体费用。

（2）人员使用规划。

人员使用规划就是对人员的安置和调配规划。使用规划的目标包括部门的编制、人力资源结构的优化以及绩效的改善、岗位轮换的幅度等。使用规划的政策包括确定任职条件、岗位轮换的范围和时间等。使用规划的预算是按使用规模、类别以及人员状况决定的薪资预算。

（3）人员晋升规划。

人员晋升规划实质上是组织晋升政策的一种表达方式。对组织来说，有计划地提升有能力的人员，以满足职务对人的要求，是人力资源管理的一种重要职能。人员晋升规划的目标是后备人才数量的保持、人才结构的优化、组织绩效的提高。人员晋升规划的政策涉及制定选拔的标准和资格、确定使用期限和晋升的比例，一般用指标来表达，如晋升到上一级职务的平均年限和晋升比例。人员晋升规划的预算是由于职位变化引起的薪酬变化。

（4）培训开发规划。

培训开发规划的目的是为组织中长期所需弥补的职位空缺准备人员。组织应该把培训开发规划与人员晋升规划、补充规划联系在一起，以明确培训的目的，提高培训的效果。培训开发规划的目标是员工素质和绩效的改善、组织文化的推广、员工上岗指导等。培训开发规划需要组织制定支持员工发展的终身教育政策、培训时间和待遇的保证政策等。培训开发的预算包括培训投入的费用和由于脱产学习造成的间接误工费等。

（5）劳动关系规划。

劳动关系规划的目标是降低非期望离职率，改进管理关系，减少投诉和不满。劳动关系规划的政策是制定参与管理的方法、对"合理化建议"奖励的政策、有关团队建设和管理沟通的政策和措施。劳动关系规划的预算包括用于鼓励员工团队活动的费用支出、用于开发管理沟通的费用支出、有关的奖励基金以及法律诉讼费用等。

（6）退休与解聘规划。

退休与解聘规划的目标是降低老龄化程度，降低人力成本，提高劳动生产率。有关的政策是制定退休和返聘政策，制定解聘程序。涉及的预算包括安置费、人员重置费、返聘津贴等。

案例分析 2-1

苏澳玻璃公司的人力资源规划

2019 年以来，苏澳公司常为人员空缺所困惑，特别是经理层次人员的空缺常使公司陷入被动局面。苏澳公司最近进行了公司人力资源规划：由四名人事部的管理人员负责收集和分析目前公司对生产部、市场与销售部、财务部、人事部四个职能部门的管理人员和专业人员的需求情况，以及劳动力市场的供给情况，并估计在预测年度，各职能部门内部可能出现的关键职位空缺数量。

上述结果用来作为公司人力资源规划的基础，同时也作为直线管理人员制定行动方案的基础。但是在这四个职能部门里制定和实施行动方案的过程（如决定技术培训方案、实行工作轮换等）是比较复杂的，因为这一过程会涉及不同的部门，需要各部门的通力合作。例如，生产部经理为制定将本部门 A 员工的工作轮换到市场与销售部的方案，则需要市场与销售部提供合适的职位，人事部做好相应的人事服务（如财务结算、资金调拨等）。职能部门制定和实施行动方案过程的复杂性给人事部门进行人力资源规划也增添了难度，这是因为，有些因素（如职能部门间的合作的可能性与程度）是不可预测的，它们将直接影响预测结果的准确性。

苏澳公司的四名人事管理人员克服种种困难，对经理层的管理人员的职位空缺做出了较准确的预测，制定了详细的人力资源规划，使该层次上的人员空缺减少了50%，跨地区的人员调动也大大减少。另外，从内部选拔工作任职者人选的时间也减少了50%，并且保证了人选的质量，合格人员的漏选率大大降低，使人员配备过程得到了改进。人力资源规划还使公司的招聘、培训、员工职业生涯计划与发展等各项业务得到改进，节约了人力成本。

苏澳公司取得上述进步，不仅仅得益于人力资源规划的制定，还得益于公司对人力资源规划的实施与评价。在每个季度，高层管理人员会同人事咨询专家共同对上述四名人事管理人员的工作进行检查评价。这一过程按照标准方式进行，即这四名人事管理人员均要在以下14个方面做出书面报告：各职能部门现有人员；人员状况；主要职位空缺及候选人；其他职位空缺及候选人；多余人员的数量；自然减员；人员调入；人员调出；内部变动率；招聘人数；劳动力其他来源；工作中的问题与难点；组织问题及其他方面（如预算情况、职业生涯考察、方针政策的贯彻执行等）。同时，他们必须指出上述14个方面与预测（规划）的差距，并讨论可能的纠正措施。通过检查，一般能够对下季度在各职能部门采取的措施达成一致意见。

在检查结束后，这四名人事管理人员则对他们分管的职能部门进行检查。在此过程中，直线经理重新检查重点工作，并根据需要与人事管理人员共同制定行动方案。当直线经理与人事管理人员发生意见分歧时，往往可通过协商解决。行动方案上报上级主管审批。

案例思考：如果你是苏澳玻璃公司总经理，你该如何处理他们的人力资源规划问题？

三、连锁企业人力资源规划原则

人力资源规划是指根据企业的发展规划，通过企业未来的人力资源需要和供给状况的分析及估计，对职务编制、人员配置、教育培训、人力资源管理政策、招聘和选择等内容进行的人力资源部门的职能性计划。制定人力资源规划应掌握以下原则。

1. 充分考虑内部、外部环境的变化

人力资源规划只有充分地考虑了内外环境的变化，才能适应需要，真正做到为企业发展目标服务。内部变化主要指销售的变化、开发的变化，或者说企业发展战略的变化，还有公司员工的流动变化等；外部变化指社会消费市场的变化、政府有关人力资源政策的变化、人才市场的变化等。为了更好地适应这些变化，在人力资源规划中应该对可能出现的情况做出预测，最好能有应对风险的策略。

2. 确保企业的人力资源保障

企业的人力资源保障问题是人力资源规划中应解决的核心问题。它包括人员的流入预测、流出预测、人员的内部流动预测、社会人力资源供给状况分析、人员流动的损益分析等。只有有效地保证了对企业的人力资源供给，才可能进行更深层次的人力资源管理与开发。

3. 使企业和员工都得到长期的利益

人力资源规划不仅是面向企业的规划，还是面向员工的规划。企业的发展和员工的发展

是互相依托、互相促进的关系。如果只考虑企业的发展需要，而忽视了员工的发展，则会有损企业发展目标的达成。优秀的人力资源规划，一定是能够使企业和员工达到长期利益的规划，一定是能够使企业和员工共同发展的规划。

四、连锁企业人力资源规划程序

为了有效地实现目的，人力资源规划必须按照一定程序进行。人力资源规划的程序，表明了人力资源规划是一项科学化、系统化的工程。人力资源规划的程序有四个基本步骤，如图 2-1 所示。

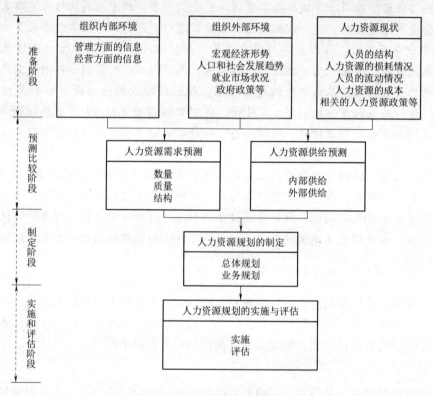

图 2-1　人力资源规划的程序

（一）准备阶段

准备阶段的工作主要是信息收集。信息收集是制定人力资源规划的基础，通过调查、收集和整理人力资源规划所需的信息资料，为后续阶段的工作做好资料准备。影响人力资源规划的信息主要有以下几个方面。

1. 组织内部环境信息

大体上可以把制定人力资源规划时所需掌握的组织内部信息归纳为以下两个方面。

（1）管理方面的信息。

关于管理方面的信息，主要了解组织的结构、管理机制、管理风格、企业氛围、企业文化、薪酬政策、战略计划和其他职能计划等。

（2）经营方面的信息。

关于组织经营方面的信息，主要了解企业的任务目标、产品结构、消费者结构、产品的市场占有率、生产和销售状况、经营的领域和区域、生产技术、竞争重点、财务和利润目标等。

2. 组织外部环境信息

涉及组织外部环境的信息主要包括：宏观经济形势、人口和社会发展趋势、就业市场状况、政府政策等。特别要指出的是，制定人力资源规划时，要研究有关的法律和政策规定，组织人力资源规划的任何政策和措施均不得与法律法规相抵触。例如，《中华人民共和国劳动法》规定禁止用人单位招用未满 16 周岁的未成年人。组织拟订未来人员招聘计划时，应遵守这一原则，否则将被追究责任。

3. 人力资源现状信息

人力资源现状方面的信息是调查分析的重点，包括人员的结构（如年龄结构、性别结构、学历结构、职称结构、专业技术结构等）、人力资源的损耗情况、人员的流动情况（包括流进与流出）、人力资源的成本、相关的人力资源政策、人员的工作绩效和成果、人员的培训情况等。

（二）预测比较阶段

在数据收集完毕以后，还必须对供求数据进行比较，从而采取有效的平衡措施。这一阶段的主要任务就是在充分掌握信息的基础上，使用有效的预测方法，对于组织在未来某一时期的人力资源供给和需求做出预测。

1. 比较平衡

人力资源的供给和需求都存在"刚性"的特点，即人力资源的供给和需求趋势难以被影响和改变。因此，企业人力资源供需之间的失衡是一种必然的、经常的现象。人力资源的供需失衡既可能表现在数量方面，也可能表现在结构方面，这就需要组织针对不同的情况，采取合适的平衡措施解决人力资源供需矛盾。制定人力资源政策是协调人力资源供需矛盾的有效方法。

2. 分析预测

预测包括人力资源需求预测和供给预测两方面。人力资源需求预测采用以定量为主、结合定性分析的各种科学预测方法对组织未来人力资源需求进行预测。人力资源供给预测一方面要根据现有人力资源及其未来的变动状况，预测出规划期内各个时间点上的内部人员拥有量（内部供给状况）；另一方面，要确定在规划期内的各个时间点上组织可以从外部获得的各类人员的数量（外部供给状况）。根据人力资源供给预测的结果，结合人力资源需求预测的情况，即可以得出组织规划期内各类人力资源的余缺情况，从而得到"净需求"的数据。

（三）制定阶段

人力资源规划的制定是人力资源规划程序的实质性阶段，包括制定人力资源管理目标、人力资源管理政策和人力资源规划内容。

1. 人力资源管理目标的规划

组织的人力资源管理目标是组织经营发展战略的重要组成部分，它必须以组织的长期计划和运营计划为基础，从全局和长期的角度来考虑组织在人力资源方面的发展和要求，为组织长期经营发展提供人力支持。

人力资源管理目标不应该是单一的，而应该是多样的，涉及人力资源管理活动的各个方面。在多样性的目标中，应该突出关键目标，关键目标往往与组织人力资源的主要问题相关。同时，规划目标应该有具体明确的表述。一般来说，可以用人力资源管理活动的最终结果来表述，例如，"在本年度内，每个员工接受培训的时间要达到 40 小时""到明年年底，将管理部门的人员精简 1/3"。目标也可以用工作行为的标准来表达，例如，"通过培训，受训者应该掌握……技能"。

2. 人力资源规划内容的制定

人力资源规划内容的制定主要包括总体规划和业务规划。

（1）人力资源总体规划的制定。

人力资源总体规划的制定一般应该包括以下几个方面：与组织的总体规划有关的人力资源规划目标任务的说明，有关人力资源管理的各项政策及有关说明，内部人力资源的供给与需求预测，外部人力资源情况与预测，人力资源"净需求"。

（2）人力资源业务规划的制定。

每一项业务规划都包括目标、任务、政策、步骤以及预算等要素。业务规划要具体详细，具有可操作性。如一项裁员计划，应该包括：对象、时间和地点，经过培训可以避免裁减人员的情况，帮助裁减对象寻找新工作的具体步骤和措施，裁员的经济补偿预算，其他相关的问题。

3. 人力资源管理政策的制定

人力资源管理政策是以开发具体的人力资源实践为目标的总体指导原则和行动准则，涉及人力资源活动的各个方面，它决定了人力资源管理活动如何开展和进行。每一个业务单位都可以实施与组织人力资源管理政策相一致的具体的人力资源实践。

影响组织人力资源管理政策的因素主要有两个方面：一方面是具体情况要素，这些要素来自组织外部环境和组织自身，如劳动力特征、经营战略和条件、管理层理念、劳动力市场、工作任务和技术、法律法规、社会文化和价值观等；另一方面是利益相关者的利益因素，如股东、管理层、员工、政府、社会、工会等。

（四）实施和评估阶段

在人力资源规划制定完毕后，要执行规划并对执行情况进行监督。规划制定出来但不执行是一种浪费，执行了但不进行监督也是一种浪费。只有通过执行并监督规划，才能使整个规划过程完整。人力资源规划的价值在于实施，在实施过程中需要对规划进行定期或者不定期的评估。

1. 人力资源规划的实施

人力资源规划的实施是一个动态的过程，包括对规划的审核、执行、控制和反馈等步骤。

（1）审核。

审核是对人力资源规划的质量、水平和可行性进行的评价工作，是规划执行前的一个不可或缺的环节，它本身也可以是规划制定的一项重要工作内容。审核工作必须有组织保证，一般由一个专门的委员会（人力资源管理委员会）来进行，也可以由人力资源部门会同有关的部门经理和专家进行。审核主要围绕以下几个方面：一是对规划的客观性审核。客观性是指人力资源规划制定时所依据的信息是否属实、考虑是否周到、分析和判断是否符合实际等。客观性是规划的科学性和可行性的保证。二是对规划完整性的审核。完整性是对规划内容的覆盖面、时间进度安排、责任明确性、操作程度等方面的审核。

（2）执行。

执行就是逐项落实规划的内容和要求。执行过程要注意以下几点：一是充分做好各项准备工作，包括相关资源的准备。二是按照规划的要求全面执行，也就是说要按照一切主要指标来完成规划。三是均衡有序。执行规划要遵循规划所确定的进度和各项工作的内在逻辑，注意它们之间的衔接和协调。

（3）控制。

执行过程中需要有效的控制，控制的手段是检查、监督和纠正偏差。控制的对象包括人员、预算、进度、信息等，涉及人力资源管理活动的方方面面。控制的目的在于保证规划的各项具体活动和工作顺利完成，并对规划本身进行有效的调整和修正，以改进和推动企业的人力资源管理。

（4）反馈。

规划的实施情况和结果要及时反馈给相关的人员和部门。反馈可以由实施者进行，也可以由控制者进行，或者由两者共同进行。

2. 对规划实施效果的评估

严格来说，审核和控制工作本身就是一种评估，审核侧重于对规划制定程序的评估，控制则侧重于规划实施中的检查。这里所说的评估主要是对规划实施效果的评估，主要包括以下内容。

（1）实际人力资源招聘数量与预测的人力资源的"净需求"进行比较。

（2）劳动生产率的实际水平与预测水平的比较。

（3）实际的和预测的人员流动率的比较。

（4）实施人力资源规划的实际结果与预期目标进行比较。

（5）人力费用的实际成本与人力费用进行比较。

（6）行动方案的实际成本与预算的比较。

（7）人力资源规划的成本与收益进行比较。

任务结语

通过本任务的学习，我们了解了企业人力资源规划的定义，掌握了我国企业人力资源规划的内容，重点掌握了企业人力资源规划的原则以及企业人力资源规划的程序。

任务2 连锁企业人力资源需求预测

情境导入

公司未来需要多少人？

GB集团是一家在近年来迅速发展的国有零售连锁企业，在企业的产值、利润和市场占有率迅猛发展的同时，企业的人员数量也急速增加，由几年前的100多人发展到上万人，有了30多个分公司。

总经理赵某看到公司的发展景象，心中充满喜悦，同时也有几分担忧。因为他知道，随着企业规模的扩大和组织机构变得复杂，如果企业的人员没有进行很好的控制，就很容易变得机构臃肿、人浮于事、效率低下。最近，他和管理层成员正在讨论进行一次全局性的组织机构调整。伴随着组织机构的调整，要做的一件事情就是进行人员预算。企业到底需要多少人呢？

人力资源规划是人力资源开发与管理的起点和依据。在人力资源管理职能中，人力资源规划最具战略性和积极的应变性。人力资源规划是一项系统的战略工具，它以组织发展战略为指导，以全面核查现有人力资源状况、分析组织外部环境和内部条件为基础，以预测组织对人员的未来需求为切入点，内容基本涵盖了人力资源的各项工作。

任务描述

1. 了解影响企业人力资源需求的因素；
2. 掌握连锁企业人力资源需求预测的类别；
3. 重点掌握德尔菲法、趋势分析法等。

简单地说，人力资源需求就是企业为了维持日常的生产和服务活动及为了未来的发展所需要的人力资源的数量、质量和结构，综合考虑各种因素的影响，对企业未来人力资源需求进行估计的过程。

一、影响企业人力资源需求的因素

影响组织人力资源需求的因素是多方面的，就一个企业组织而言，人力资源需求预测需要对下列因素进行分析。

1. 企业因素

企业自身的因素直接影响了人力资源的总量需求。这些因素概括起来有以下五点。

（1）财务资源。

企业对人力资源的需求受到企业财务资源的约束，企业可以根据人力资源总成本来推算人力资源需求的最大量。

（2）企业发展。

企业的发展规划和未来的生产经营任务对人力资源的数量、质量和结构提出了要求，根据生产因素可能的变动可以预测人力资源的需求。

（3）预期的员工流动率。

员工流动包括辞退、解聘和退休等。

（4）员工的工作情况、定额和工作负荷等。

（5）扩大经营领域、生产规模或经营地域的决策。

2. 社会性因素

社会性因素包括经济发展水平和经济形势、技术水平、产业结构、市场需求、国家政策等因素，主要有以下三点。

（1）技术水平。

新技术的发明应用，一方面会推动新产品的发明和应用，从而扩大企业对人力资源的需求；另一方面，新技术对劳动生产率的提高，又将减少企业对人力资源的需求。

（2）产业结构。

产业结构和行业结构的变化会影响现有员工队伍结构的状况，而影响组织未来人力资源需求的变化。

（3）国家政策。

国家对某一产业和领域的发展政策、对新技术的开发和推广、对中小企业的扶持等，都会对人力资源的总量需求产生影响，进而直接或者间接地影响人力资源的需求量。

二、连锁企业人力资源需求预测的类别

一般来讲，我们将连锁企业人力资源需求预测分为三类：短期预测、中期预测和长期预测。

（1）短期预测。通常较短时间的人力资源预测是根据现有或下期的人力资源成本预算而决定的，即在成本预测的基础上，估计现有人力资源的数量、可能的离职人数与补充人员的数量。

（2）中期预测。中期预测一般为1~3年期的需求预测，多根据组织的财务计划而定。

（3）长期预测。长期预测一般是指5年以上的人力资源需求估计。

预测多见于大规模的连锁企业组织与政府机构，它可作为人事或其他管理政策的依据。

三、连锁企业人力资源需求预测的方法

人力资源需求预测方法较多，常用的有以下几种。

1. 经验预测法

这种方法是企业的各级管理者，根据自己工作中的经验和对企业未来业务量增减情况的直接考虑，自上而下地确定未来所需人员的方法。经验预测法又分为管理部门法和基层分析法。管理部门法是企业的各个管理部门根据本部门的现状和未来的发展情况，结合过去的经验体会，经过综合评价预测人力资源的未来情况。基层分析法是由企业下属的各个部门和基层单位，根据各自的生产任务状况、技术设备状况和人员配置状况，对本部门的人力资源需求进行初步预测；在基层预测的基础上，企业的职能部门再对基层的预测数据和结果进行专

门的分析和处理，最终形成企业对人力资源需求的总体预测。

经验预测法是一种非常简便、粗放的人力资源需求预测方法，主要适用于短期的预测。如果企业规模小，生产经营稳定，发展较均衡，它也可以用来预测中长期的人力需求。

2. 生产比率分析法

这是基于对员工个人生产效率的分析来进行的一种预测方法。进行预测时，首先要计算人均的生产效率，然后再根据企业未来的业务量预测对人力资源的需求，即：

$$所需要的人力资源 = 未来的业务量 \div 人均的生产效率$$

例如，对于一所学校来说，目前一名教师能够承担 40 名学生的教学工作量，如果明年学校准备让在校学生达到 4 000 人，那么就需要 100 名教师。如果考虑到生产率的变化，计算公式可以做如下修改：

$$所需要的人力资源 = 未来的业务量 \div 目前的人均生产率 \times (1 + 生产效率的变化)$$

使用这种方法进行预测时，需要对未来的业务量、人均的生产效率及其变化做出准确的估计，这样对人力资源需求的预测才会比较符合实际，而这往往是难以做到的。

生产比率分析法还可以做进一步的延伸，利用各类人员之间的比例关系，根据已知的某类人员的数量来预测对其他人员的需求。例如，已知教师和教学辅助人员之间的比例为 10∶1，学校准备在今后 3 年内使教师数量达到 500 人，那么对教学辅助人员的需求就是 50 人。进行这种预测时，要求人员之间的比例关系比较确定，如果比例关系变动较大，那么预测的结果就会不准确。

3. 工作负荷法

这种方法是根据历史数据，先算出某一特定的工作每单位时间（如每天）每人的工作负荷（如产量），再根据未来的生产量目标（或劳务目标）计算出完成目标所需的总工作量，然后根据前一标准计算出所需的人力资源数量。

例如，某工厂新设车间，其中有四类工作。现拟预测未来 3 年操作所需的最低人力数。

第一步：根据现有资料得知这四类工作分别所需的标准任务时间为：0.5 小时/件、2.0 小时/件、1.5 小时/件、1.0 小时/件。

第二步：估计未来 3 年每一类工作的工作量，即产量，如表 2-2 所示。

表 2-2　某新设车间的工作量估计　　　　　　　　　　　　　　单位：件

单位产品工时	第一年	第二年	第三年
0.5	12 000	12 000	10 000
2.0	95 000	100 000	120 000
1.5	29 000	34 000	38 000
1.0	8 000	6 000	5 000

第三步：折算为所需工作时数，如表 2-3 所示。

表 2-3 某新设车间的工作时数估计　　　　　　　单位：小时

单位产品工时	第一年	第二年	第三年
0.5	6 000	6 000	5 000
2.0	190 000	200 000	240 000
1.5	43 500	51 000	57 000
1.0	8 000	6 000	5 000
总计	247 500	263 000	307 000

第四步：根据实际的每人每年可工作时数，折算所需人力。假设每人每年工作小时数为1 800 小时，根据表 2-3 所示的数据可知，未来 3 年所需的人力数分别为：138 人、147 人和171 人。

4. 德尔菲法（Delphi Method）

德尔菲法的名称源于古希腊的一个传说，是 20 世纪 40 年代末从美国兰德公司的思想库中首先发展起来的。德尔菲法又称专家预测法，主要是依赖专家的知识、经验和判断分析能力，对人力资源的未来需求做出预测。

首先，从组织内部和外部挑选对企业管理相关部门熟悉的专家 10~15 人。主持预测的人力资源部门要向他们说明预测对组织的重要性，以取得他们对这种预测方法的理解和支持。同时确定关键的预测方向，解释相关变化和面临的难题，并列举出预测小组必须回答的一系列有关人力预测的具体问题。然后，使用匿名填写问卷等方法，设计一个可使各位专家在预测过程中畅所欲言地表达自己观点的预测系统。使用匿名问卷的方法可以避免专家们面对面集体讨论，从而防止专家成员之间因身份和地位的差别，一些人不愿批评他人而放弃自己的合理主张的情况。人力资源部门在第一轮预测后，将专家们各自提出的意见进行归纳，并将这一综合结果反馈给他们。最后，再重复上述过程，让专家们有机会修改自己的预测并说明原因，直至专家们的意见趋于一致。

在运用德尔菲法进行人力预测时，要做到以下几点。

（1）给专家们提供充分的有关企业生产经营状况的信息，以便他们能够做出判断。

（2）所提问题应该是能够回答的、与预测有关的问题。

（3）不要求回答得精确，但要说明原因。

（4）整个过程要尽可能简化，不要问与预测无关的问题。

（5）要保证所有专家能从同一角度理解有关人力资源管理的术语和概念。

5. 趋势分析法

趋势分析法是利用过去的员工人数预测未来人力资源的需求。采用这种方法的关键是选择一个对员工人数有重要影响的预测变量。最常用的预测变量为销售量。销售量与员工人数之间的关系为正相关。一般用横轴表示销售量，纵轴表示实际需要的员工人数。

当销售量增加时，员工人数也随之增加。利用这种方法，经理们可以近似估计完成不同销售量时所需的员工数量。

随着计算机的广泛使用，人力资源经理们有了一个重要的预测方法——回归分析法。

由于公司业务量的变化与员工数量的变化成正比，所以回归分析法成为最常使用的预测方法。但在大多数情况下，员工数量是由多个因素决定的，因此可以考虑采用多元回归进行预测。

下面以一元线性回归分析为例进行说明。某公司销售额与销售人员的数量关系如表2-4所示。

表2-4 某公司销售额与销售人员的数量关系

销售额 x/百万元	8	17	20	21	25	30	35	37	42
销售人员数 y/人	195	270	210	335	480	430	520	470	490

利用最小平方法，求直线方程：$y=a+bx$。

其中：

$$a = \bar{y} - b\bar{x}, \quad b = \frac{\sum\limits_{i=1}^{n}(x_i - \bar{x})(y_i - \bar{y})}{\sum\limits_{i=1}^{n}(x_i - \bar{x})^2}$$

$$\bar{y} = \frac{\sum\limits_{i=1}^{n} y_i}{n}, \quad \bar{x} = \frac{\sum\limits_{i=1}^{n} x_i}{n}$$

得出：$a=117$，$b=9.74$，$y=117+9.74x$

可以预测，当销售额为 5 000 万元时，销售人员的期望人数为：

$$y = 117 + 9.74 \times 50 = 604 （人）$$

任务结语

通过本任务的学习，我们了解了影响企业人力资源需求的因素，掌握了企业人力资源需求预测的类型，重点掌握了企业人力资源需求预测的方法，学会使用工作负荷法以及趋势分析法进行计算。

任务3 连锁企业人力资源供给预测

情境导入

发展中的阵痛

广州市某医药连锁企业按业务成立三个针对不同产品的事业部，各事业部下设销售团队、技术支持团队和研发团队。各部门的业务收入和成本独立核算，但需要平摊后勤部门（行政部、人力资源部、财务部）所产生的成本。目前，公司共有员工134人（其中三事业部104人，后勤部门30人），高层领导4人。由于成立时间不到三年，客户资源不够稳定，业务波动较大。因此，工作任务繁重时有些员工，尤其是研发和技术人员，会抱怨压力过大，各事业部经理也会抱怨合格人手太少；工作任务相对较少的时期，经理们又会抱怨本部门的人力成本太高，导致利润率下降。在招聘人员过程中又出现"现抓现用"、招聘渠道单一、招聘来的人不能立即适应工作需要等问题。企业究竟该如何来处理这些管理乱象呢？

处于成长期的企业无疑会面临很多非常突出的问题，连锁企业要从以前的分散经营转变到统一规划下的有序经营，其中人力资源规划在其中起着重要的引导和协调作用。人员的招聘、培训、薪酬、合理分工、凝聚力的加强等都在此基础上进行。在进行规划的过程中，管理层要予以大力支持，也要对此工作本身进行监控，保证其子计划的后续执行。在对各个具体问题进行解决的过程中，要考虑组织的一些阻碍因素和资源要素，有重点、有针对性地逐渐推进。其中，管理层尤其是各个职能部门经理意识的改变和能力的提高很重要，能在很大程度上加强规划和各计划的执行力，以及人力资源部和其他部门的协调与合作。

任务描述

1. 了解内部人力资源供给预测的主要方法；
2. 掌握外部人力资源供给预测的思路；
3. 重点掌握马尔可夫分析法、人员替代法等。

人力资源供给预测是预测在未来某一时期，组织内部所能供应的（或经由培训可能补充的），以及外部劳动力市场所提供的一定数量、质量和结构的人员，以满足企业为达到目标而产生的人员需求。一般来说，供给分为内部供给和外部供给两个来源。内部供给是成本较低、更为可靠的劳动力供给来源。预测外部供给则需要对劳动力市场的变化与有关资料进行具体分析和估计，对企业自身在招聘时的竞争优势有客观的认识，并估计自身其他各项管理政策对企业竞争力的影响。而上述要求不仅牵涉组织外的环境，资料难以客观准确，且受制于许多不易控制的因素（如户口制度、国家政策等）。人力资源需求分析是研究组织内部对人力资源的需求，而供给分析则需要研究组织内部的供给和组织外部的供给两个方面。一般来说，在供给分析中，首先考察组织现有的人力资源供给，若内在市场没有足够的供给，就需分析外在的劳动力市场。进行内部供给预测时，要考虑人员年龄阶段分布、人员晋升、降职、离职以及退休等情况，核查员工填充预计的岗位空缺的能力，进而确定每个空缺职位上的接替人选，而且得出的结果不应该仅仅是员工的数量，而应该是对员工的规模、经验、能力、多元化和员工成本等各方面的综合反映。

一、内部人力资源供给预测的主要方法

分析内部人力资源供给，主要是了解企业内部人力资源的优劣，除分析现状外，还要预测未来的状况。常用的内部人力资源供给预测的方法有以下几种。

1. 马尔可夫分析法

马尔可夫分析法是一种统计方法，其方法的基本思路是：找出过去人事变动的规律，以此来推测未来的人事变动趋势。下面以一个会计公司的人事变动例子加以说明。某公司人力资源供给情况的马尔可夫分析如表2-5所示。

表 2-5　某公司人力资源供给情况的马尔可夫分析

职位层次	人员调动概率				
	G	J	S	Y	离职
高层领导人（G）	0.80				0.20
基层领导人（J）	0.10	0.70			0.20
高级会计师（S）		0.05	0.80	0.05	0.10
会计员（Y）			0.15	0.65	0.20

分析的第一步是做一个人员变动矩阵表，表中的每一个元素表示从一个时期到另一个时期（如从某一年到下一年），在两个工作之间调动的雇员数量的历年平均百分比（以小数表示）。一般以 5~10 年为周期来估计年平均百分比。周期越长，根据过去人员变动所推测的未来人员变动就越准确。

在表 2-5 中，在任何一年里，平均 80% 的高层领导人仍在该组织内，而有 20% 退出。在任何一年里，大约有 65% 的会计员留在原工作岗位，15% 被提升为高级会计师，20% 离职。用这些历年数据来代表每一种工作中人员变动的概率，就可以推测出未来的人员变动（供给量）情况。将计划初期每一种工作的人员数量与每一种工作的人员变动概率相乘，然后纵向相加，即得到如表 2-6 所示的组织内部未来劳动力的净供给量。

表 2-6　某公司人力资源净供给量的马尔可夫分析

职位层次	初期人员数量	G	J	S	Y	离职
高层领导人（G）	40	32				8
基层领导人（J）	80	8	56			16
高级会计师（S）	120		6	96	6	12
会计员（Y）	160			24	104	32
预计人员供给量		40	62	120	110	68

从表 2-6 可以看出，如果下一年与上一年相同，"预计人员供给量"为：下一年将有同样数目的高层领导人（40 人），以及同样数目的高级会计师（120 人），但基层领导人将减少 18 人，会计员将减少 50 人。这些人员变动的数据，与正常的人员扩大、缩减或维持不变的计划相结合，就可以用来决策使预计的劳动力供给与需求相匹配。

2. 人员替代法

人员替代法也称职位置换法。它通过对组织中各类管理人员的绩效考核和晋升可能性的分析，确定组织中各个关键职位的接替人选，然后评价接替人选目前的潜质及其职业发展的需要，考察其职业目标与组织目标的契合度，最终目的是确保组织未来有足够的、合格的管理人员。其典型步骤如下。

（1）确定人力资源规划所涉及的工作职能范围。

（2）确定每一个关键职位上的接替人选。

（3）评价接替人选的工作情况和是否达到晋升的要求。

（4）了解接替人选的职业发展需要，并引导其将个人的职业目标与组织目标结合起来。

可以通过图2-2清楚了解组织内人力资源的供给与需求情况，为人力资源规划提供了依据。

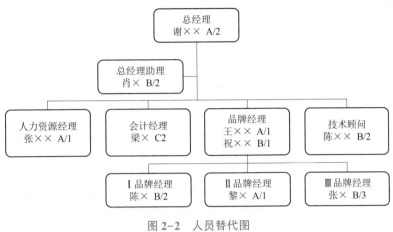

图2-2　人员替代图

框内名字代表可能接替职位的人员，字母和数字含义如下：

A表示可以晋升，B表示需要培训，C表示不适合该职位；

1表示优越，2表示良好，3表示普通，4表示欠佳。

在图2-2中，每个工作职位均视为潜在的工作空缺，而该职位下的每个员工均是潜在的供给者。人员替代法以员工的绩效作为预测的依据，当某位员工的绩效过低时，组织将采取辞退或调离的方法；而当员工的绩效很高时，他将被提升替代其上级的工作。这两种情况均会产生职位空缺，其工作则由其下属替代。

3. 人员核查法

这是对企业现有人力资源质量、数量、结构和在各职位上的分布状态进行的核查，从而掌握组织可供调配的人力资源拥有量及其利用潜力，并在此基础上评价当前不同种类员工的供给状况，确定晋升和岗位轮换的人选，确定员工的培训和发展项目的需求，帮助员工制订职业生涯开发计划等。其基本步骤如下。

（1）对组织的工作职位进行分类，划分其级别。

（2）确定每一职位、每一级别的人数。

人员核查法是一种静态的人力资源供给预测方法，不能反映组织中人力资源的未来变化，比较适用于中小型组织短期内的人力资源供给预测。

二、外部人力资源供给预测的思路

当企业内部的人力供给无法满足需要，或管理者希望改变企业文化，或企业需要引进某些专业人才时，都需要通过外部的劳动力市场解决人员的补充问题。这就要求企业必须了解外部劳动力市场的供给状况，主要包括三个方面。

（1）公司在扩张或内部供给不足时，外部的人力资源供给将是很好的人员补充来源。

（2）内部人员的晋升调职降职等再安置计划总是处于原有组织的风格与传统之下，在组织要做大幅变革（在管理方式、经营方针、技术改变等方面）时，必须有相当比例的新进人员才能实现。

（3）如果组织内发生升迁问题（如中级管理人员比例偏低、公司政策使内部晋升无法进行），利用外部人力资源就是比较理想的方式。

任务结语

通过本任务的学习，我们了解了内部人力资源供给预测的主要方法，学会使用马尔可夫分析法，掌握了外部人力资源供给预测的思路。

任务4　连锁企业人力资源供需平衡

情境导入

总体供需平衡的内部发展不均衡

珠海 SY 养发企业是近十年发展迅速的养发、植发私营连锁公司，市场前景良好，发展速度非常快，但问题也多。陈峰受邀对珠海 SY 养发企业进行综合诊断。研究发展部的前身是四海公司的一个办公室，当初就两个人，维修设备，做一些简单设计。这两年，随着企业发展的要求，在产品设计开发、技术引进等方面做了大量的工作，同时招聘了一些本科院校的本科生、研究生充实技术力量。目前的挑战是：技术人员、一线服务人员跳槽的太多了。一些应届毕业生经常在工作半年或一年后，就去了其他美容美发公司。虽然做了很多思想工作，但他们以对方工资高、有更多的晋升机会为由而拒绝留下。现在，此部门被他们弄得人心惶惶。营销部是 SY 养发企业规模最大的部门，在华北、东北和华东建立了经销网络和 1 000 余家门店。上半年统计显示，市场份额大概占 35%，比去年增长了 40%。这在一定程度上得益于紧抓服务的营销战略。上个月，东北地区的销售经理反映：公司单纯以销售额来评价各个地区销售业绩的政策影响了东北区的销售。因为不管从消费者数量，还是从收入来说，东北区都明显不如其他两个地区。而公司年初制定目标时，对这方面的考虑似乎不够充分。此外，销售人员的士气有些低落。生产部对人力资源部有些意见。根据质检部门的抽查和顾客服务部门的反馈，产品质量出现下滑。原因在于有些工人的操作不符合规定。三个月前，生产部曾经提出了对员工的培训要求。因为是出国培训，人力资源部就选派了平时表现好的员工。没有参加培训的员工，没有得到技术提高的机会。现在，不仅植发技术存在缺点，而且情绪低落。公司安排的一些文体活动，没有彻底解决他们的思想压力。如果这种状态继续持续下去，产品质量将很难得到保证。财务部人员较少，问题是：如何给财务人员分工？有时候有些人非常忙，而有些人又没有事做，效率不高。计划办公室的任务是做好企业的整体计划，包括企业的发展计划、生产计划等。有时还会同财务部门做预算。对于人力资源计划，人事部只是每年做一个很简单的关于招聘和薪酬方面的规划。

SY 养发企业在企业管理方面遇到的问题有哪些，如何做到人力资源供需平衡、人岗匹配？请同学们提出自己的建议与看法。

任务描述

1. 了解连锁企业人力资源结构分析的定义；
2. 掌握实现连锁企业人力资源生态平衡的主要内容。

一、连锁企业人力资源的结构分析

所谓连锁企业人力资源的结构分析，也就是对连锁企业现有的人力资源的调查和审核，只有对连锁企业现有人力资源有充分的了解和有效的运用，连锁企业人力资源的各项计划才有意义。

(一) 类别分析

通过对连锁企业人员的类别分析，可显示一个机构业务的重心所在。其包括以下两个方面的分析。

1. 工作功能分析

一个机构内人员的工作能力功能很多，归纳起来有四种：业务人员、技术人员、生产人员和管理人员。这四类人员的数量和配置代表了企业内部劳动力市场的结构。有了这项人力结构分析的资料，就可研究各项功能影响该结构的因素，这些因素可能包括以下几个方面：企业处在何种产品或市场中，企业运用何种技能与工作方法，劳动力市场的供应状况如何。

2. 工作性质分析

按工作性质来分，企业内部工作人员又可分为两类：直接人员和间接人员。这两类人员的配置也随企业性质的不同而有所不同。最近的研究发现，一些组织中的间接人员往往不合理地膨胀，该类人数的增加与组织业务量增长并无联系，这种现象被称为"帕金森定律"。

(二) 年龄分析

分析员工的年龄结构，在总的方面可按年龄段进行，统计全公司人员的年龄分配情况，进而求出全公司的平均年龄。了解年龄结构，旨在了解下列情况。
(1) 组织人员是年轻化还是日趋老化。
(2) 组织人员吸收新知识、新技术的能力。
(3) 组织人员工作的体能负荷。
(4) 工作职位或职务的性质与年龄大小的可能的匹配要求。
以上四项反映情况均将影响组织内人员的工作效率和组织效能。
企业员工的理想年龄分配应以呈三角形金字塔为宜。顶端代表50岁以上的高龄员工；中间部位次多，代表35~50岁的中龄员工；而底部人数最多，代表20~35岁的低龄员工。

(三) 数量分析

人力资源规划对人力资源数量的分析，其重点在于探求现有的人力资源数量是否与企业机构的业务量相匹配，也就是检查现有的人力资源配置是否符合一个机构在一定业务量内的标准人力资源配置。进行合理的人力资源配置通常有以下几种方法。

1. 动作时间研究

动作时间研究指对一项操作动作需要多少时间的研究，这个时间包括正常作业、疲劳、延误、工作环境配合、努力等因素。定出一个标准时间，再根据业务量的多少核算出人力的标准。

2. 业务审查

业务审查是测定工作量与计算人力标准的方法。该方法包括以下两种。

（1）最佳判断法。

该方法是通过运用各部门主管及人事、策划部门人员的经验，分析出各种工作所需的工作时间，再判断出人力标准量。

（2）经验法。

该方法是根据完成某项生产、计划或任务所消耗的人事记录，来研究分析每一部门的工作负荷，再利用统计学上的平均数、标准差等确定完成某项工作所需的人力标准量。

3. 工作抽样

工作抽样又称工作抽查，是一种统计推论的方法。它是根据统计学的原理，以随机抽样的方法来测定一个部门在一定时间内实际从事某项工作所占规定时间的百分率，以此百分率来测定人力数量的效率。该方法运用于无法以动作时间衡量的工作。

4. 相关与回归分析法

相关与回归分析法是利用统计学的相关内容与回归原理来测量计算的，用于分析各单位的工作负荷与人力数量间关系的方法。

有了人力标准的资料，就可以分析计算现有的人数是否合理。如不合理，应该加以调整，以消除忙闲不均的现象。

（四）职位分析

根据管理幅度原理，主管职位与非主管职位应有适当的比例。分析人力结构中主管职位与非主管职位，可以显示组织中管理幅度的大小，以及部门与层次的多少。如果一个组织中，主管职位太多，可能出现下列不当的结果。

1. 出现官僚作风

由于具体执行力不强，出现人浮于事的官僚作风。

2. 组织结构不合理

组织结构不合理主要表现在管理控制幅度太狭窄，而且部门与层次太多。

3. 工作程序繁杂

工作程序繁杂，增加沟通协调的次数，浪费很多时间，并容易导致误会和曲解。

4. 本位主义

由于本位主义造成相互牵制，势必降低工作效率。

（五）素质分析

人员素质分析就是分析现有工作人员的受教育程度及所受培训的状况。一般而言，受教育与培训程度的高低可显示工作知识和工作能力的高低，任何企业都希望能提高工作人员的素质，以期望人员能对组织做出更大的贡献。但事实上，人员受教育程度与培训程度的高低，应以满足工作需要为前提。因而，为了达到适才适用的目的，人员素质必须和企业的工作现状相匹配。管理层在提高人员素质的同时，也应该积极提高人员的工作效率，以人员创造工作，以工作发展人员，通过人与工作的发展，促进企业的壮大。

人员素质分析中受教育与培训只代表人员能力的一部分。一个企业及组织中，不难发现一部分人员的能力不足，而另外一部分人员则能力有余，未能充分利用，即能力及素质与工作的需求不匹配。其解决方法有以下几种。

（1）变更职务的工作内容。减少某一职务、职位的工作内容及责任，而转由别的职务人员来承接。

（2）改变及强化现职人员。运用培训或协助方式，来强化现职人员的工作能力。

（3）变更现职人员的职位。如果上述两种方法仍无法达到期望时，表示现职人员不能胜任此职位，因此应予以调动。

以上三种解决方法究竟选用何种为宜，事先需要考虑以下几个因素。

（1）担任该职位可能的时间长度。

如果某员工任该职位已届退休或轮调期满或组织结构更迭，则可采用临时性的调整。

（2）是否情况紧急，非立即改变不可。

如果该职务比较重要，足以影响组织目标的实施，则必须采取组织措施；否则应尽量少用组织措施解决。

（3）加强培训能否使当事人有所进步。

如果加强培训可使能力不足的员工有所进步，则没有必要采取变动人员的措施。

（4）此职位与其他职位的相关性程度。

如果此职位与上、下、平行多个其他职位的相关往来频度很高，则不应采取太突然的措施，以免影响其他职位的效率和工作进展。

（5）有无适当的接替人选。

如果短期内无法从内部或外部找到理想的接替人员，则应采取缓进的措施，以免损失更大。

（6）是否影响组织士气。

将某员工调职，是否会影响其他员工的情绪，使员工失去安全感，而有损组织的稳定。

二、实现连锁企业人力资源生态平衡

人力资源生态平衡主要就是指供需平衡，组织通过增员、减员和人员结构调整等措施，使组织人力资源由供需失衡达到供需基本平衡状态。组织人力资源的供需失衡是一种必然的现象，在组织的管理实践过程中，人力资源供需完全平衡是很少出现的，即使出现，也是暂时的匹配，不可能存在长期的均衡，这是由组织的动态性和复杂性所决定的。在人力资源供需预测的基础上，要进行人力资源供需的综合平衡。人力资源供需失衡一般有三种不同的状态，对不同状态应采取不同的平衡方法。

1. 供不应求

供不应求状态是人力资源需求大于人力资源供给时的状态，这种状态通常出现在组织规模扩大和经营领域扩大时期。组织在原有的规模和经营领域中也可能出现人力资源不足，例如人员的大量流失，这表明组织的人力资源管理政策出现了重大的问题。组织通常可以采用外部招聘、内部招聘、聘用临时工、延长工作时间、内部晋升、培训员工、调宽工作范围等措施保证人力资源的供需平衡。

外部招聘是最常用的方法，但一般来说应该优先考虑内部招聘和内部晋升计划。这样不仅可以节约外部招聘的成本，而且从内部招聘的人员对本组织更熟悉，对组织的忠诚度也更高。聘用临时工是一种比较灵活的措施，但是这种方法比较适用于出现季节性或临时性人员短缺的工作。延长工作时间的方法可能会降低员工的工作质量，而且工作时间也受到政府政策和法规的限制。培训的方法能够为内部晋升计划的实施提供有效的保障，也可以防止组织出现冗员的现象。调宽工作范围就是通过修改工作说明书，调宽员工的工作范围和增加员工的工作责任，从而达到增加组织工作量的目的，但这种方法必须与提高待遇相对应，与提高技术成分相配合。

2. 供过于求

供过于求的状态是人力资源需求小于人力资源供给时的状态，也就是组织人力资源过剩。绝对的过剩主要发生在组织业务活动萎缩时期，组织通常可以采用提前退休、增加无薪假期、减少工作时间、工作分享、裁员等措施处置过剩人员，以保证人力资源的供需平衡。

提前退休是指适当放宽退休的年龄和条件的限制，鼓励员工提前退休。这是一种比较容易被各方接受的方案，问题是提前退休的年龄和条件受到政府政策和法律的限制。增加无薪假期和减少工作时间的方法只适合于组织出现短期人力资源过剩时的情况。工作分享是由两个或两个以上的员工分担原先由一个人承担的工作和任务，其前提是降低薪资水平。裁员是不得已而为之，但同时又是最为有效的方法，不过它容易产生劳资双方的对立，也会带来一系列的社会问题，需要有一个完善的社会保障体系作为后盾。

3. 结构性失衡

结构性失衡状况是指组织中的某类人员供不应求，而另一类人员供过于求。结构性失衡是组织人力资源供需中较为普遍的一种现象，在组织稳定发展时期表现尤为突出。这时组织需要对现有的人力资源进行结构性调整，如将一部分人员从一些供过于求的岗位转移到另外一些供不应求的岗位。具体方法包括提升、平调甚至降职。另外，也可以针对某些人员进行专门的培训，同时辅以招聘和辞退，以保证人员结构的平衡。

 **案例分析 2-2**

连锁五金制品企业的人力资源规划

李智先生才调到连锁五金制品企业人力资源部当助理，就接受了一项紧迫的任务，公司负责人要求他在 10 天内提交一份公司的人力资源规划。

虽然他进这家公司已经有 3 年了，但面对桌上那一大堆文件、报表，他一筹莫展。经过几天的资料整理和思考，他觉得要编好这个计划，必须考虑以下各项关键因素。

首先，公司现状。公司共有生产与维修工人825人，行政和文秘性白领职员143人，基层与中层管理干部79人，工程技术人员38人，销售人员23人。

其次，据统计，近5年来员工的平均离职率为4%，没理由做出改变。不过，不同类别员工的离职率并不一样，生产工人离职率高达8%，而技术人员和管理干部则只有3%。

最后，按照既定的生产计划，白领职员和销售员要新增10%~15%，工程技术人员要增加5%~6%，中、基层干部不增也不减，而生产与维修的蓝领工人要增加5%。

有一个特殊情况要考虑：最近本地政府颁发一项政策，要求当地企业招收新员工时要优先照顾妇女和下岗职工。公司一直未曾有意地排斥妇女或下岗职工，只要他们来申请，就会按照同一种标准进行选拔，并无歧视，但也没有特殊照顾。如今的事实却是，销售员里只有一位女销售员，中、基层管理干部除两人是女性外，其余也都是男性，工程师里只有3位是女性，蓝领工人中约有11%是女性或下岗职工，而且都集中在最底层的劳动岗位上。

李智还有5天就要交出计划，其中包括各类干部和职工的人数、从外界招收的各类人员的人数，以及如何贯彻市政府关于照顾女性与下岗人员政策的计划。

此外，连锁五金制品企业刚开发出几种有吸引力的新产品，所以预计公司销售额5年内会翻一番。李智还要提出一项应变计划以应付这种快速增长。

案例思考：

1. 李智在编制人力资源规划时要考虑哪些情况和因素？
2. 他应制定一项什么样的招工方案？
3. 在预测公司人力资源需求时，他能采用哪些技术？

任务结语

通过本任务的学习，我们了解了人力资源规划结构分析的内容，掌握了实现连锁企业人力资源生态平衡的主要内容。

项目实训

实训内容

选择当地一家连锁企业，对该企业的人力资源规划进行查阅，提出建议，并写出人力资源规划调查报告。

实训目的

了解中国连锁企业人力资源规划现状及存在的问题，把握实施人力资源规划工作的重要性及内容。

实训步骤

（1）4~5人为一组（男生女生搭配），选一人为组长，负责协调与分工。

（2）可以讨论，也可以上网查资料，作业成果以书面形式提交，并签上小组成员名字。

（3）时间：以课外为主，结合课堂指导。

实训评价

实训内容	评价关键点	分值	自我评价（20%）	同学评价（30%）	教师评价（50%）
调查过程	实训任务明确	10			
	调查方法恰当	10			
	调查过程完整	10			
	调查结果可靠	10			
	团队分工合理	10			
调查报告	结构完整	20			
	内容符合逻辑	10			
	形式规范	20			
合计					

复习思考

一、名词解释

1. 人力资源规划。

2. 人力资源结构分析。

3. 人员使用规划。

4. 组织人力资源的供需失衡。

二、简答题

1. 人力资源规划与人力资源管理其他职能的关系如何？

2. 人力资源规划有什么作用？人力资源规划的程序是什么？

3. 应该如何预测人力资源的需求和供给？预测人力资源需求与供给的方法有哪些？

连锁企业职务分析

管理名言 ||||

经营管理要善于发现短板，及时补短板，而人的管理则要善于发现优势，不急于补短板。

项目导学 ||||

职务分析是人力资源管理的第一个环节，是人力资源规划的基础，是人员的选拔与任用、考核晋升、绩效评估、奖惩员工等的基本依据。职务分析方法主要有：问卷调查法、访谈法、观察法、关键事件法（CIT）、弗莱希曼（Fleishman）职务分析系统以及其他方法。职务分析误差的产生主要是由员工行为变化、工作环境变化、固定模式的答案、抽样不完全等原因造成的。

工作设计是指利用职务分析提供的信息，对一个新建组织，设计工作流程，工作方法，工作所需的工具及原材料、零部件、工作环境等。工作再设计是指对一个已经在运行的组织而言，根据组织发展的需要，重新设计组织结构、重新界定工作、改进工作方法、改善设备、提高员工的参与程度，从而提高员工的积极性、责任感和满意度。在设计工作和组织结构方面，企业需要做好公司所处环境、竞争战略及管理哲学与其工作、组织设计的匹配。本项目中将讨论职务分析的重要价值、能力、气质、性格与职业的匹配，并介绍职务分析的方法及手段，研究工作设计的方法。

学习目标 ||||

职业知识：了解职务分析的基本术语；掌握职务分析的概念及作用；掌握职务分析的原则、要求和流程；熟悉职务分析的一般方法；重点掌握职务说明书的编写原则和基本内容；掌握岗位设计的内容、基本原则和方法。

职业能力：能理解职务分析对于人力资源管理的重要性；具备编制职务说明书的基本能力；熟悉职务分析的基本方法，提升文字处理能力，加强沟通，提升协调能力，以更好的方式处理与社会的关系。

职业素质：了解连锁企业的人力资源基本情况，感受 HR 是应具有社会责任感和社会参与意识、法律意识的高素质技能人才；对自己的职业生涯规划有深入认知，对今后进入连锁企业的主要工作内容及流程有整体认识，有较强的集体意识和团队合作精神。

思维导图

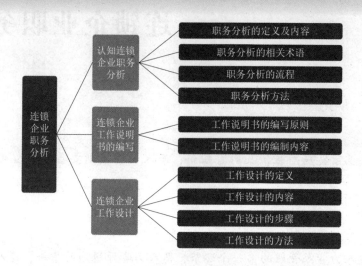

引导案例

匹配是否得当

越来越多的组织开始转为采用以团队为基础的组织结构中，工作是以群体的方式而不是以一个人为基础来进行组织和设计的。开创这种工作方式之先河的公司之一是美国克莱斯勒公司。该公司通过由工程、营销、采购、生产以及人事等各职能部门成员组成的"跨职能平台团队"，以缩短生产周期、改善计量以及提高顾客的满意度。当公司生产某种跑车时，各职能部门是彼此联系的，因此，让跨职能部门成员同时展开工作，而不采取流水线式的顺序工作方式，使队员协作顺畅，并相互激发创造性。

许多美国公司都曾试图通过创建自己的团队以效仿克莱斯勒公司所取得的成功，但是结果并不理想。例如，李维斯公司就指示其美国的工厂以团队导向的工作设计方式取代了个人化的生产过程组织方式。在以前的计件制度下，员工们都是个人独立完成工作，所执行的任务非常单一和具体（如给牛仔裤安装拉链），并且所得到的报酬也由其所完成的工作数量决定。但在新的工作系统中，由 10~25 名员工组成的工作小组需要共同完成一条牛仔裤所需要完成的所有各项工作任务，并且公司根据每个小组所生产的牛仔裤数量来向小组支付报酬。该公司的目的之一就是希望通过这样的改变使员工的工作有趣，减轻员工因重复性工作所带来的身体不适，降低成本以及提高生产率。

然而李维斯公司希望通过团队式工作结构来实现的那些预期效益并未如愿以偿。事实上，工作性质的变化带来的恰恰是相反的效应：员工的满意度不仅没有提高，而且其士气还有所下降。因为，新的工作系统使原来在以个人为基础的奖酬制度下干得很好的经验丰富、技术水平高的工人，与那些阻碍小组实现目标的工作速度、经验缺乏的员工之间产生了尖锐的冲突。如果以每小时生产的牛仔裤的数量来衡量生产效率，员工的生产效率下降到了组建小组生产之前效率水平的77%，而劳动力成本和管理费用增长了25%。原来一条牛仔裤的单位成本在5美元左右，而在团队工作方式下，同样一条牛仔裤的单位成本上升到了7.5美元。

正是这些数字反映出来的问题，团队的观念在李维斯公司的许多工厂中已经被管理人员们非正式地废弃了，又逐渐地、悄悄地并且是在没有受到公司任何阻止的情况下回到了原来的工作体系——似乎更适合公司原来那种"粗放地、个人主义"的文化。正如一位工厂的经理所说："我们给自己的员工制造了这么多的焦虑、伤害和痛苦，可我们又得到了什么呢？"

职务分析存在的价值何在？工作设计的方法有哪些？

任务1　认知连锁企业职务分析

情境导入

福特汽车的"精准工作分析"

20世纪初，美国福特汽车公司的产品T型轿车创造了一个奇迹，曾连续生产20年，最高年产量达到200万辆，成为世界上第一种产量最高、销路最广的车型，福特公司也因此成为当时世界上最大的汽车公司。亨利·福特在他的传记《我的生活和工作》一书中披露了T型轿车的秘密，详细叙述了8 000多道工序对工人的要求：949道工序需要强壮、灵活、身体各方面都非常好的成年男子；3 338道工序需要身体状态普通的男工；剩下的工序可由女工或年纪稍大的儿童承担，其中：50道工序由没有腿的人来完成；2 637道工序由一条腿的人来完成；2道工序由没有手的人来完成；715道工序由一只手的人完成；10道工序由失明的人完成。相信任何一个人力资源工作者都会感叹亨利·福特先生对工作内容和任职者的精确分析。正是这些精确工作分析有效地帮助福特组建了当时远远领先于同行的严密的工作流程和组织架构。

工作分析是人力资源管理最基本的环节，是整个人力资源管理的基础，是获得职务特点和承担职务的人员特点的过程。要做好人力资源管理，一个重要的前提就是要了解各种职务的特点以及能胜任这些职务的人员的特点。否则，管理工作就会无的放矢，失去科学的依据。

任务描述

1. 了解职务分析的定义及其内容。
2. 掌握职务分析的相关术语、职务分析的信息管理。
3. 重点掌握职务分析的流程、职务分析方法等。

一、职务分析的定义及内容

职务分析是指全面了解、获取与工作有关的详细资料的过程。具体来说，是对组织中的某个特定职务的工作内容和职务规范（任职资格）的描述和研究的过程，即制定职务说明和职务规范的系统过程。职务分析是通过一系列标准化的程序找出某个职位的工作性质、任务、责任及执行这些工作需要具备的知识和技能。

职务分析实际涉及的是两个方面的问题：一是工作本身，即工作岗位的研究。要研究每一个工作岗位的设置目的，该岗位所承担的工作职责与工作任务，以及与其他岗位之间的关系等。二是对从事该岗位的作业人员特征进行研究，即研究其任职资格，研究能胜任该项工作并能完成目标的任职者所必须具备的条件和资格。所以，我们认为，职务分析是对组织中某个特定的工作职务的目的、任务、职权、隶属关系、工作条件、任职资格等相关信息进行收集与分析，以便对该职务的工作做出明确的规定，并确定完成该工作所需要的行为、条件、人员的过程。严格地说，企业组织中系统的职务分析都应依照下列方式进行，即按照"职务分析的公式"来进行，要提出并回答下列问题："Why"（目的），"What"（干什么），"How"（怎么做），"Skill"（技能）。职务分析的结果就是要形成工作描述与任职说明。这就是人力资源管理与开发中必不可少的环节。

二、职务分析的相关术语

职务分析是一项专业性较强的人力资源管理工作，它涉及许多专业术语。

（1）工作要素：工作中不能再分解的最小动作单位。如一位秘书所进行的从文件篓中取出文件、开机、敲击键盘打字等都属于工作要素。

（2）任务：为了完成某种目的所从事的一系列活动，它可由一个或多个工作要素组成。如讲课、出考题、改考卷、答疑等，都是教师的工作任务。

（3）职责：员工在工作岗位上需要完成的主要任务或大部分任务，可由一项或多项任务组成。如人力资源部人员的责任之一是"员工的满意度调查"，它由设计调查问题、把调查问卷发给调查对象、将结果表格化并加以分析、把调查结果汇报给管理者或员工等组成。这里的"责任"并不是指工作的责任感。

案例分析 3-1

究竟该谁打扫卫生？

在组装车间，一个包装工将大量液体洒在操作台周围的地板上。正在一旁的小组长见状，立即走上前要求这位工人打扫干净。不料这位工人一口回绝："我的职责是包装产品，这远比清扫重要。您应该让勤杂工处理这样的工作。况且，我的工作职责中没有要求我打扫卫生。"

小组长无奈，只得去找勤杂工，而勤杂工不在。据说勤杂工只有在正班工人下班后才开始清理厂房。于是，包装组长只有自己动手将地板打扫干净。

第二天，小组长向车间主任请示处分包装工，得到了同意，谁料人力资源部门不但不予支持，反而警告车间主任越权。

车间主任感到不解，认为人力资源部的规定不合理，并向李总反映了这一情况，请求得到支持。小组长更是满腹委屈，感到自己尚且不如员工地位高，成了员工的服务员。他反问："难道我就该什么都负责？我的职责中也没有要求我打扫卫生呀！"

这样一来，公司生产部门与人力资源部门之间以及生产部门内部就出现了矛盾。李总觉得自己的车间主任受了委屈，就向刘总反映了这一问题，要求刘总警告人力资源部不要过多地干涉车间内部事务，否则生产运作就会受到太多的影响，甚至无法再干下去。

（资料来源：百度文库）

案例思考：

1. 为什么会发生操作工和服务工拒绝清扫这样的问题？

2. 你认为应怎样才能避免这样的问题发生？

（4）职位：又称为岗位，是根据组织目标为员工个人规定的一组任务及相应的责任。一般来说，职位与个体一一匹配，有多少职位就有多少员工，二者数量相等。职位是以"事"为中心确定的，强调的是人所担任的岗位，而不是担任这一个岗位的人。如市场部经理、培训主管等都是职位。

（5）职务：又称工作，是由一组主要责任相似的职位所组成的。在企业中，通常将所需知识技能及所需要的工具相类似的一组任务和责任视为同类职务（或工作），从而形成同一职务、多个职位的情况。如计算机程序员、生产统计员、推销员等均可由两个或两个以上的员工共同完成，这些职位分别构成对应的职务。而总裁、市场部经理可一人担任，它既可以是职位也可以是职务。

（6）职业：在不同时间内、不同组织中从事相似的工作活动的一系列工作的总称。如医生、教师、会计、采购员等就是不同的职业。

（7）工作族：又称工作类型，由两个或两个以上的工作所组成。这些工作，或者要求工作者具有相似的特点，或者包括多个平行的任务。如销售工作和生产工作分别是两个工作族。

（8）职位分类：是指将所有的职位（即工作岗位）按其业务性质分为若干职组、职系（从横向上讲），然后按责任的大小、工作难易、所需教育程度及技术高低分为若干职级、职等（从纵向上讲），对每一个职位给予准确的定义和描述，制成职位说明书，以此作为对聘用人员管理的依据。

职组、职系、职级、职等之间的关系与区别如表3-1所示。

表3-1 职组、职系、职级、职等之间的关系与区别

职组 职系 职级		V	IV	III	II	I
		员级	助级	中级	副高职	正高职
高等教育	教师		助教	讲师	副教授	教授
	科研人员		助理工程师	工程师	高级工程师	
	实验人员	实验员	助理实验师	实验师	高级实验师	
	图书、资料、档案	管理员	助理馆员	馆员	副研究馆员	研究馆员
科学研究	研究人员		研究实习员	助理研究员	副研究员	研究员

续表

职组 职系 职级		V	IV	III	II	I
		员级	助级	中级	副高职	正高职
医疗卫生	医疗、保健、预防	医士	医师	主治医师	副主任医师	主任医师
	护理	护士	护师	主管护师	副主任护师	主任护师
	药剂	药士	药师	主管药师	副主任药师	主任药师
	其他	技士	技师	主管技师	副主任技师	主任技师
企业	工程技术	技术员	助理工程师	工程师	高级工程师	正高工
	会计	会计员	助理会计师	会计师	高级会计师	
	统计	统计员	助理统计师	统计师	高级统计师	
	管理	经济员	助理经济师	经济师	高级经济师	
农业	农业技术人员	农业技术员	助理农艺师	农艺师	高级农艺师	
新闻	记者		助理记者	记者	主任记者	高级记者
	广播电视播音	三级播音员	二级播音员	一级播音员	主任播音指导	播音指导
出版	编辑		助理编辑	编辑	副编审	编审
	技术编辑	技术设计员	助理技术编辑	技术编辑		
	校对	三级校对	二级校对	一级校对		

职系（Series）是指一些工作性质相同，而责任轻重和困难程度不同，所以职级、职等不同的职位系列。

职组（Group）是指工作性质相近的若干职系总和，也叫职群。

职级（Class）是指将工作内容、难易程度、责任大小、所需资格皆很相似的职位划为同一职级，进行同样的管理、使用并给予同等的报酬。

职等（Grade）是指工作性质不同或主要职务不同，但其困难程度、责任大小、工作所需资格等条件充分相同的职级。

三、职务分析的流程

作为对工作的一个全面评价过程，职务分析过程可分为4个阶段、6个步骤，具体如图3-1所示。

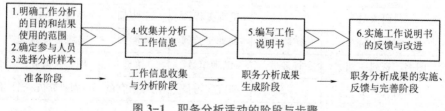

图3-1 职务分析活动的阶段与步骤

第一个阶段：准备阶段，此阶段可分为 3 个步骤。

步骤一：明确职务分析的目的和结果使用的范围。

步骤二：确定参与人员。

步骤三：选择分析样本。

第二个阶段：工作信息收集与分析阶段，此阶段包括 1 个步骤。职务分析的目的与所需收集的信息如表 3-2 所示。

表 3-2　职务分析的目的与所需收集的信息

目的	工作目标、活动内容	工作责任	工作复杂性	工作时间	劳动强度	工作危险性
工作描述	√	√		√	√	√
工作设计和再设计	√	√	√	√	√	√
对工作执行者的资格要求	√	√	√			√
制订培训计划	√		√			
人力资源开发	√					√
进行工作比较	√	√	√	√	√	√
工作绩效评估	√	√	√			
明确工作任务	√	√				

步骤四：收集并分析工作信息。

第三个阶段：职务分析成果生成阶段，此阶段包括 1 个步骤。

步骤五：编写工作说明书。

第四个阶段：职务分析成果的实施、反馈与完善阶段，此阶段包括了 1 个步骤。

步骤六：实施工作说明书的反馈与改进。

四、职务分析方法

1. 观察法

观察法是工作人员在不影响被观察人员正常工作的条件下，通过观察将有关的工作内容、方法、程序、设备、工作环境等信息记录下来，最后将取得的信息归纳整理为适合使用的结果的过程。

采用观察法进行职务分析时，应力求结构化，根据职务分析的目的和组织现有的条件，事先确定观察内容、观察时间、观察位置、观察所需的记录单，做到省时高效。

观察法的优点是：职务分析人员能够比较全面和深入地了解工作要求，取得的信息比较客观和正确。

缺点：

（1）要求观察者有足够的实际操作经验。

（2）不适用于工作循环周期长的工作。

（3）不适用于脑力劳动成分比较高的工作，以及处理紧急情况的间歇性工作，例如急救站的护士、律师、教师、经理等。

（4）所取得的资料的可信度会受到被观察对象的影响。

（5）不能得到有关任职者资格要求的信息。

宾馆服务员工作观察内容如表3-3所示。

表3-3　宾馆服务员工作观察内容

任职者姓名： 工作职位：	时间： 部门：	记录表页数：

序号	任务	所需时间
1	调整弹簧床垫，使之与床座保持一致	
2	使床的衬垫居中，以使其不长出弹簧垫	
3	在床上铺上最底层的床单	
4	横过床的顶部把床单塞进床垫下	
5	把两角折成直角	
6	铺盖单，盖单正面朝下，床头床单毛边与床垫下缘平齐	
7	将毛毯甩向床，再将毛毯拉回，使其边与床头距离为5厘米	
8	床尾床单、毛毯的多余部分塞入床垫下，在两床角处折成直角	
9	人立床头，将床单加在毛毯上，再连同毛毯向回折25厘米	
10	将两边床单、毛毯塞入床垫，侧面平撑，毯面平而无皱	
11	将枕套平铺于床上	
12	将枕芯对折塞入枕套内，将枕芯两角整平	
13	上下枕头均衡放于床头居中位置	
14	走到床尾，将床罩放在床上	
15	手持床罩尾部，将床罩甩向床头	
16	将床罩回拉，下缘离地毛毯3厘米，两角垂直，两下垂部分均等	
17	将床头床罩盖没枕头，将多余部分塞入两枕头中间	
18	折出一条枕线，平整枕头，使外形均匀	
19	整理罩面，使之平整	
20	床罩床头部齐床缘，不露白边	

2. 工作日志法

工作日志法是指任职者按时间顺序详细记录自己的工作内容与工作过程，然后经过归纳、分析，达到职务分析目的的一种方法。

优点：

（1）信息可靠性很高，适于确定有关工作职责、工作内容、工作关系、劳动强度等方面的信息。

（2）所需费用较低，对高水平与复杂性工作的分析比较经济有效。

缺点：

（1）将注意力集中于活动过程，而不是结果。

（2）使用范围较小，只适用于工作循环周期较短、工作状态稳定无大起伏的职位。

（3）信息整理的工作量大，归纳工作烦琐。

（4）任职者在记录时可能会夸大某些活动，同时也会对某些活动低调处理，最好由工作者的直接上级来检查矫正。

（5）任职者在填写时，会因为不认真而遗漏很多工作内容，从而影响分析结果，并在一定程度上影响正常工作。

3. 访谈法

访谈法是访谈人员就某一岗位与访谈对象按事先拟定好的访谈提纲进行交流和讨论的方法。访谈对象包括：该职位的任职者、对工作较为熟悉的直接主管人员、与该职位工作联系比较密切的工作人员、任职者的下属。为了保证访谈效果，一般要事先设计访谈提纲，事先交给访谈者准备。

访谈法通常用于职务分析人员不能实际参与观察的工作，其优点是：既可以得到标准化工作信息，又可以获得非标准化工作信息；既可以获得体力工作的信息，又可以获得脑力工作的信息；同时可以获取其他方法无法获取的信息，比如工作经验、任职资格等，尤其适合对文字理解有困难的人。其不足之处是被访谈者对访谈的动机往往持怀疑态度，回答问题有所保留，信息有可能被扭曲。因此，访谈法一般不能单独用于信息收集，需要与其他方法结合使用。

4. 问卷调查法

问卷调查法是根据职务分析的目的、内容等事先设计一套调查问卷，由被调查者填写，再将问卷加以汇总，从中找出有代表性的回答，形成对职务分析的描述信息的方法。问卷调查法是职务分析中最常用的一种方法。问卷调查法的关键是问卷设计，主要有开放式和封闭式两种形式。开放式调查表由被调查人自由回答问卷所提问题；封闭式调查表则是调查人事先设计好答案，由被调查人选择确定。

设计问卷的要求如下。

（1）提问要准确。

（2）问卷表格设计要精练。

（3）语言通俗易懂，问题不能模棱两可。

（4）问卷表前面要有导语。

（5）问题排列应有逻辑，能够引起被调查人兴趣的问题放在前面。

问卷调查法的优点是费用低、速度快、调查范围广，尤其适合对大量工作人员进行职务分析；调查结果可以量化，进行计算机处理，开展多种形式、多种用途的分析。但是，这种方法对问卷设计要求比较高，设计问卷需要花费较多的时间和精力，同时需要被调查人的积极配合。

职务分析调查问卷样本如表 3-4 所示。

表 3-4 职务分析调查问卷样本

姓名		部门		目前岗位		直接上级	
性别		学历		毕业时间		进入本公司时间	
年龄		专业		曾从事岗位		从事本工作时间	

工作的时间要求	1. 正常的工作时间每日（　　）时开始到（　　）时结束 2. 每日中午休息时间为（　　）小时，（　　%）可以保证 3. 每周平均加班时间为（　　）小时，每周休息一天（　　%）可以保证 4. 实际上下班时间是否随业务情况经常发生变化（总是，有时是，偶尔是，否） 5. 所从事的工作是否忙闲不均（是，否），最常发生在哪段时间 6. 每周外出时间占正常工作时间的（　　%） 7. 外地出差情况每月平均（　　）次，每次平均需要（　　）天

工作目标	主要目标： 1. 2. 3.	其他目标： 1. 2. 3.

工作活动内容	工作要素 （日常工作细分到最小单位）	占全部工作 时间的百分比	权限		
			承办	需报审	全权负责

失误的影响	若您的工作出现失误，会发生下列哪种情况 1. 不影响其他人工作的正常进行（　　） 2. 只影响本部门内少数人（　　） 3. 影响整个部门（　　） 4. 影响其他几个部门（　　） 5. 影响整个公司（　　）	将影响程度等级填入左边括号中 1　　2　　3　　4　　5 轻　较轻　一般　较重　重

内部接触	1. 在工作中不与其他人接触（　　） 2. 只与本部门内几个同事接触（　　） 3. 需要与其他部门的人员接触（　　） 4. 需要与其他部门的部分领导接触（　　） 5. 需要同所有部门的领导接触（　　）	将频繁程度等级填入左边括号中 偶尔　　经常　　非常频繁 1　2　3　　4　5

外部接触	1. 不与本公司以外的人员接触（　　） 2. 与其他公司的人员接触（　　） 3. 与其他公司的人员和政府机构接触（　　） 4. 与其他公司、政府机构、外商接触（　　）		将频繁程度等级填入左边括号中 偶尔　　经常　　　非常频繁 1　　2　3　　　4　5
任职资格要求	1. 您常起草或撰写的文件资料有哪些	频次	频率
	（1）通知、邮件、备忘录 （2）汇报报表或报告 （3）总结 （4）公司文件 （5）合同或法律文件 （6）其他		将频繁程度等级填入左边括号中 1　　　2　　　3　　　4　　　5 极少　偶尔　不太经常　经常　非常经常

任职资格要求	2. 学历要求		
	初中　　高中　　职业高中　　大学专科　　大学本科　　硕士　　　博士		
	3. 为顺利履行工作职责，应进行哪些方面的培训？需要多少时间？		
	培训科目	培训内容	最低培训时间（月）
	4. 一个刚刚开始工作的人，要多长时间才能基本胜任您所从事的工作？		
	5. 为了顺利履行您所从事的工作，需具备哪些方面的工作经历？约多长时间？		
	工作经历要求		最低时间要求
	6. 在工作中您觉得最困难的事情是什么？您通常是怎样处理的？		
	困难的事情：		处理方法：

考核激励	对于所从事的工作，你认为应从哪些角度进行考核和激励？基本标准是什么？	
	考核角度	考核基本标准

建议	您认为您从事的工作有哪些不合理的地方？应如何改善？	
	不合理处	改进建议

职业分析调查问卷主要内容如下。

（1）基本资料：姓名、性别、年龄、职称、部门、学历、职务、直属主管、职等、职级、入职日期等。

（2）工作时间调查：正常工作时间、休息时间、加班时间、出差情况、工作均衡等。

（3）工作内容调查：工作目标、工作概要、工作事项、各事项占全部工作时间的百分比、工作权限和结果等。

（4）工作责任调查：风险控制责任、成本控制责任、协调责任、指导监督责任、组织管理责任、工作结果责任、决策范围等。

（5）工作关系调查：内部协作关系、外部协作关系。

（6）任职资格调查：最低学历要求、知识多样性、熟练期、工作复杂性、工作经验、文字知识、数学知识、工作灵活性、综合能力等。

（7）工作强度调查：工作压力、精力集中程度、体力要求、创新与开拓、工作紧张程度、工作均衡性等。

（8）工作环境调查：工作环境舒适性、工作环境危险性等。

5. 关键事件法

关键事件法（CIT）是认定员工与职务有关的行为，并选择其中最重要、最关键的部分来评定其结果，可以分成以下几步来操作。

第一步：由一组专家（主管，在职者等）写下能反映出某一工作绩效优或劣的行为事例。

第二步：将所有行为事例归类到相似的行为组（如处理紧急情况）。

第三步：命名和定义行为类别。

第四步：根据对工作绩效的关键或重要程度，给各个行为类别打分。

优点：研究的焦点集中在工作行为上，因为行为是可观察的、可测量的。

缺点：费时，关键事件的定义是显著地对工作绩效有效或无效的事件，往往遗漏了平均绩效水平。而对工作来说，最重要的一点就是要描述"平均"的工作绩效。

📖 案例分析 3-2

晚上 7 时，飞机起降非常繁忙。一位顾客汗流满面地将 2 个大行李箱拖向办理登机手续的柜台。他向工作人员抱怨登机手续太复杂，而且效率低下。

工作人员看也不看这位顾客，便说道：如果你想轻松而快速地办理登机手续，你应该去乘头等舱。这位顾客以及排在他后面的另两位顾客，都非常气愤。片刻之后，这些顾客便和工作人员就其工作态度争论起来，办理登机手续也因这场争吵而中断了 3 分钟。

案例思考：怎样编写关键事件？

（1）将重点放在工作的行为上，尽量多用行为动词，如检查、打开、回答、草拟、介绍等。

（2）避免非具体的描述，如采取适当行动。

（3）这些行为必须能区分出好的和坏的绩效。

（4）确定关键事件的目的是理解什么是好的和坏的行为，而不是确定谁是好的或坏的执行者。

（5）在描述行为时，最好讨论行为的原因和效果。

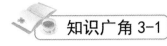 **知识广角 3-1**

不同职务分析方法的优缺点及适用范围

表3-5是几种职务分析方法的比较，各种方法的优缺点与适用性一目了然。在实际职务分析活动中应视具体情况将各种方法结合起来使用。

表3-5　职务分析方法的比较

方法	优点	缺点	适用
资料分析法	成本低，工作效率高	信息不全；不能单独使用，要与其他方法结合使用	有现成相关资料的工作
观察法	职务分析人员能较全面深入地了解工作要求	不适于脑力活动为主的工作和处理紧急情况的间歇性工作，不能得到任职资格的要求，被观察者可能会反感	标准化、任务周期较短、以体力活动为主的工作
访谈法	能了解到工作者的工作态度和工作动机等深层次的内容；收集信息简单、迅速、具体，有助于缓和工作压力	访谈者要接受专门训练，费时，成本高，信息易失真	任务周期长、工作行为不易被直接观察的工作
问卷调查法	成本低，速度快，适用范围广，结果可量化	问卷设计费时，员工与调查者之间交流不足	各种类型的工作，样本数量较大的场合
关键事件法	行为标准明确，能更好地确定每一行为的利益和作用	费时费力，无法描述工作职责、任务、背景、任职资格等，对中等绩效员工难以涉及	以招聘选拔、培训、绩效评估等为目的的职务分析
工作日志法	便于获取工作职责、内容与关系、劳动强度等信息，费用低，分析复杂工作时比较经济有效	关注过程而非结果；整理信息量大；存在误差；可能影响正常工作	任务周期较短、工作状态稳定的工作

任务结语

通过对本任务的学习，我们了解了职务分析的定义及其内容，掌握了职务分析的相关术语、职务分析所需收集的资料，重点掌握了职务分析的信息来源、职务分析的流程、方法，掌握了不同职务分析方法的优缺点及其适用范围。

任务 2 连锁企业工作说明书的编写

情境导入

随着招生规模的扩大，学校的组织结构不能适应目前管理的需要，急需增加职能部门和管理岗位，因此学校计划在 6 月份进行机构改革，重新对学校进行组织结构设计、岗位设置和职责界定，人力资源部门要为学院组织一次工作分析，现在请你作为学校人力资源部门人员做一份工作分析方案。请同学们按照以下要求进行思考：有组织机构、有时间进度安排、有工作分析地点、针对不同岗位有不同分析方法、有详细的预算，等等，按照工作分析的阶段科学合理地做出分析方案。

任务描述

1. 了解工作说明书的编写原则；
2. 掌握工作说明书的编制内容；

工作说明书又称职务说明书，是职务分析的成果，它包括两个部分：一是工作描述（Job Description），说明有关工作的特征；二是工作规范（Job Specification），又称任职资格，说明对从事工作的人的具体要求。

工作说明书作为组织重要的文件之一，是指用书面形式对组织中各类岗位（职位）的工作性质、工作任务、责任、权限、工作内容和方法、工作环境和条件，以及本职务任职人资格条件所做的统一要求（书面记录）。它应该说明任职者应做些什么、如何去做和在什么样的条件下履行其职责。一个名副其实的工作说明书必须包括该项工作区别于其他工作的信息，提供有关工作是什么、为什么做、怎样做以及在哪里做的清晰描述。

主要功能：①让员工了解工作概要；②建立工作程序和工作标准；③阐明工作任务、责任与职权；④为员工聘用、考核、培训等提供依据。

一、工作说明书的编写原则

工作说明书是关于工作内容以及工作任职者资格的一种书面文件。工作说明书的编写应该遵循以下原则。

（1）逻辑性原则，即以符合逻辑的顺序来编写工作职责。

（2）准确性原则，即工作说明书应当清楚地说明职位的工作情况，描述要准确，语言要简练，便于员工理解。

（3）实用性原则，即工作说明书要满足对员工聘任、考核、培训和评价的需要，应该达到任务明确好上岗、职责明确易考核、资格明确好培训、层次清楚好评价的要求。

（4）完整性原则，即在编写工作说明书的程序上要保证其全面性。

（5）统一性原则，即工作说明书的文件格式要统一，分类编号要统一。

二、工作说明书的编制内容

工作说明书主要包括以下内容。

（1）**基本资料**：主要包括岗位名称、岗位等级、岗位编码、定员标准、直接上下级、分析日期。

（2）**岗位职责**：主要包括职责概述和职责范围。

（3）**监督与岗位关系**：说明本岗位与其他岗位之间横向与纵向的联系。

（4）**工作内容和要求**：对岗位职责的具体化，即对本岗位所要从事的主要工作事项做出说明。

（5）**工作权限**：为了确保工作的正常开展，必须赋予每个岗位不同的权限，但权限必须与工作责任协调一致。

（6）**劳动条件和环境**：指在一定时间空间范围内，工作所涉及的各种物质条件。

（7）**工作时间**：包含工作时间长度的规定和工作轮班制的设计两方面的内容。

（8）**资历**：由工作经验和学历条件两个方面构成。

（9）**身体条件**：结合岗位的性质、任务对员工的身体条件做出规定，包括体格和体力两项具体的要求。

（10）**心理品质要求**：岗位心理品质及能力等方面要求，应紧密结合本岗位的性质和特点进行深入分析，并做出具体的规定。

（11）**专业知识与技能要求**。

（12）**绩效考评**：从品质、行为和绩效等多个方面对员工进行全面的考核与评价。

人事部经理岗位说明书如表3-6所示。

表3-6　人事部经理岗位说明书

岗位名称	人事部经理	所在部门	人事部	岗位编号	
岗位性质	管理	岗位工资范围		按公司薪酬制度执行	
直接上级	分管领导	直接下级	人力资源主管	岗位定员	1人
辖员人数	4人	拟定日期		修改日期	
职责概述：在总经理领导下负责公司的人力资源管理工作，以有效地激励、开发、利用公司的人力资源					
职责与工作任务					
职责一	根据公司生产经营实际情况，执行上级的要求，按公司的人力资源规划开展工作				
职责二	组织制定、执行公司各项人力资源管理制度，阶段性地就执行情况向上级进行反馈，为人事决策提供信息支持				
职责三	组织各部门进行职务分析，制定完善岗位说明书，定期组织各部门进行岗位评价				
职责四	根据年度培训计划，收集相关培训资料，评估培训效果				

职责五	负责薪酬发放与管理,向员工宣传公司薪酬福利制度;根据公司薪酬体系现状对人工成本进行统计汇总
职责六	负责办理员工人事变动相关事宜和员工劳动关系管理工作
职责七	依据公司绩效管理制度定期组织绩效考核

工作权限	
有权参与公司人力资源管理战略规划	
对人力资源管理工作有实施及奖惩的建议权	
对所属人员有奖惩、升迁建议权	

工作协作关系	
内部协调关系	积极与公司各部门协调、沟通
外部协调关系	与地方各相关职能部门协调、沟通

职业发展路径和工作轮换	
该岗位可轮换到	其他职能管理岗位
该岗位可晋升到	

任职资格	
教育水平	管理学专业或人力资源管理专业大学本科及以上学历
经验	两年以上同类岗位经验
知识	具备现代人力资源管理理念和扎实的理论基础,受过战略人力资源管理、组织变革管理、管理能力开发、人力资源会计等方面的培训
技能技巧	熟练使用办公软件及人力资源信息管理系统
个人素质	具有较强的判断能力、沟通能力、创新能力、计划与执行能力,较好的英文听、说、读、写能力
其他	具有较强的激励、沟通能力和强烈的责任心、事业心
使用工具和设备	电脑、电话、传真机、打印机、网络
工作环境	办公室
工作时间特征	正常工作,按工作需要加班
所需记录文档	各种方案及工作总结
上岗所需熟悉时间	3个月以上
体能要求	身体健康,能在压力下工作
工作均衡性	均衡
考核指标	
备注	

任务结语

通过对本任务的学习，我们了解了工作说明书编写的原则，重点掌握了工作说明书的编制内容。

任务 3　连锁企业工作设计

情境导入

设计是否合理？

凯达公司是一个中型连锁企业，主要业务是为用户设计和制作商品品类目录手册。公司在 A、B 两地各设有一个业务中心。A 中心内设有采购部和品类部。采购部负责接受用户的订单、选择和定购制作商品目录所需要的材料，其中每个采购员都是独立工作的，品类部负责设计用户定制的商品品类目录，该部的设计人员因为必须服从采购员提出的要求，因此，常常抱怨受到的约束过大，因而不能实现艺术上的完美性。B 中心则专门负责商品品类目录的制作。最近，根据经营主管的建议，公司在 B 地又成立了一个市场部专门负责分析市场需求，挖掘市场潜力，向采购员提出建议。但采购员和设计员都认为成立市场部不但多余，而且干涉了自己的工作。品类部人员则认为采购员和设计员墨守成规、缺乏远见。虽然公司经营主管做了大量的说服工作，并先后调换了有关人员，但效果仍不理想。请同学们利用所学知识分析市场部有无成立的必要？如果市场部有必要成立，应如何设计？如何协调采购部与市场部的关系？

任务描述

1. 了解工作设计的定义；
2. 掌握连锁企业工作设计的内容；
3. 重点掌握连锁企业工作设计步骤、工作设计方法等。

一、工作设计的定义

工作设计（Job Design）是指为了有效地达到组织目标与满足个人需要而进行的工作内容、工作职能和工作关系的设计。也就是说，工作设计是一个根据组织及员工个人需要，规定某个岗位的任务、责任、权力以及在组织中工作的关系的过程。

针对新单位、新职位，工作设计是指对工作完成的方式以及某种工作所要求完成的任务进行界定的过程。针对现有职位，工作再设计（Job Resign），是指改变某种已有工作中的任务或者改变其工作完成方式的过程，以使它们更富有效率或对承担工作的人更富有激励性。

工作设计和工作再设计在本质上是一致的，因此实践中通常统称为工作设计。

二、工作设计的内容

1. 工作任务

设计工作任务要考虑工作是简单重复的，还是复杂多样的，工作要求的自主性程度怎样，以及工作的整体性如何。

2. 工作职能

这是指每项工作的基本要求和方法，包括工作责任、工作权限、工作方法以及协作要求。

3. 工作关系

这是指个人在工作中所发生的人与人之间的联系，谁是他的上级，谁是他的下级，他应与哪些人进行信息沟通等。

4. 工作结果

这主要是指工作的成绩与效果，包括工作绩效和工作者的反应。

5. 对工作结果的反馈

这主要是指工作本身的直接反馈（如能否在工作中体验到自己的工作成果）和来自别人对所做工作的间接反馈（如能否及时得到同级、上级、下属人员的反馈意见）。

6. 任职者的反应

这主要是指任职者对工作本身以及组织对工作结果奖惩的态度，包括工作满意度、出勤率和离职率等。

7. 人员特性

这主要包括对人员的需要、兴趣、能力、个性方面的了解，以及相应工作对人的特性要求等。

8. 工作环境

这主要包括工作活动所处的环境特点、最佳环境条件及环境安排等。一个好的工作设计可以减少单调重复性工作的不良效应，充分调动劳动者的工作积极性，也有利于建设整体性的工作系统。

三、工作设计的步骤

为了提高工作设计的效果，在进行工作设计时应按以下几个步骤来进行。

1. 需求分析

工作设计的第一步就是对原有工作状况进行调查诊断，以决定是否应进行工作设计，应着重在哪些方面进行改进。一般来说，出现员工工作满意度下降和积极性较低、工作情绪消沉等情况，都是需要进行工作设计的现象。

2. 可行性分析

在确认要进行工作设计之后，还应进行可行性分析。首先应考虑该项工作是否能够通过工作设计改善工作特征；从经济效益、社会效益上看，是否值得投资。其次应该考虑员工是否具备从事新工作的心理与技能准备，如有必要，可先进行相应的培训学习。

3. 评估工作特征

在可行性分析的基础上，正式成立工作设计小组负责工作设计，小组成员应包括工作设计专家、管理人员和一线员工，由工作设计小组负责调查、诊断和评估原有工作的基本特征，分析比较，提出需要改进的方面。

4. 制定工作设计方案

根据工作调查和评估的结果，由工作设计小组提出可供选择的工作设计方案，工作设计方案中包括工作特征的改进对策以及新工作体系的工作职责、工作规程与工作方式等方面的内容。在方案确定后，可选择适当部门与人员进行试点，检验效果。

5. 评价与推广

根据试点情况及进行研究工作设计的效果进行评价。评价主要集中于三个方面：员工的态度和反应、员工的工作绩效、企业的投资成本和效益。如果工作设计效果良好，应及时在同类型工作中进行推广应用，在更大范围内进行工作设计。

四、工作设计的方法

工作设计的方法有多种，但其中心思想是工作丰富化，而工作丰富化的核心是激励的工作特征模型。

1. 工作专业化

工作专业化是一种传统的工作设计方法。它通过对动作和时间的研究，把工作分解为许多很小的单一化、标准化、专业化的操作内容和程序，并对工人进行培训和激励，使工作保持高效率。这种工作设计方法在流水线生产上应用最广泛。

2. 工作扩大化

工作扩大化的做法是扩展一项工作包括的任务和职责，但是这些工作与员工以前承担的工作内容非常相似，只是一种工作内容在水平方向上的扩展，不需要员工具备新的技能，所以，并没有改变员工工作的枯燥和单调。

3. 工作丰富化

所谓的工作丰富化，是指在工作中赋予员工更多的责任、自主权和控制权。工作丰富化与工作扩大化、工作轮换都不同，它不是水平地增加员工工作的内容，而是垂直地增加工作内容。这样员工会承担更多重的任务、更大的责任，员工有更大的自主权和更高程度的自我管理，还有对工作绩效的反馈。

4. 工作轮换

工作轮换是工作设计的内容之一，是指在组织的不同部门或在某一部门内部调动雇员的工作。目的在于让员工积累更多的工作经验。

5. 工作特征再设计

工作特征再设计是一种人性化的设计方法，是指针对员工设计工作而非针对工作特征要求员工。它主要表现为充分考虑个人存在的差异性，区别地对待各类人，以不同的要求把员工安排在适合于他们独特需求、技术、能力的环境中。

6. 工作设计综合模型

无论是工作轮换、工作扩大化还是工作丰富化，都不应看作解决员工不满的灵丹妙药，必须在职务设计、人员安排、劳动报酬及其他管理策略方面进行系统考虑，以便使组织要求及个人需求获得最佳组合，从而最大限度地激发员工的积极性，有效实现企业目标。因此，在管理实践中，人们根据组织及员工的具体需要探索了工作设计的综合模型。

工作设计的综合模型包括：工作设计的主要因素、绩效成果目标因素、环境因素、组织内部因素和员工个人因素等。

综合模型的特点是：着重要求企业管理人员分析和评价在工作设计、规划发展和贯彻过程中许多环境变量可能产生的影响。

 案例分析 3-3

工作设计需要不断优化

当美国人计划飞往国外时，很多人仍旧发现自己对恐怖主义非常担心。美国政府已经试图对危险的恐怖分子所造成的威胁做出反应，然而，事实证明在老练的恐怖分子面前没有什么有效的防护措施。更糟糕的是，现有的措施也会因人为原因而失效，特别是机场人员在面对大量不耐烦的旅客和堆积如山的行李进行超负荷工作时，他们经常会不知所措。比如，现有的一个主要问题是 X 光屏幕监视员的工作设计方式。这个工作是重复性的，毫无疑问员工会变得厌烦、劳累，屏幕监视员注意力不集中。考虑到 X 光屏幕监视员注意力不集中所带来的灾难性后果，航空公司应该考虑评价现有的工作设计的合理性。重新设计这份工作，使它变得更加有趣，而且使工作人员更加有工作积极性，这可以拯救很多人的生命。

糟糕的工作设计并不总是会导致危及身体甚至生命安全的后果；但是，在一个利润不断下降且全球竞争越来越激烈的情况下，公司如果不能不断地对产品和工作过程进行改进，后果将不堪设想。工作设计和再设计可以使公司的资源（人力、资本和技术资源）得到充分利用，从而使公司保持竞争优势。

案例思考：上述案例给你带来了哪些反思？

任务结语

通过对本任务的学习，我们了解了工作设计的定义及其内容，掌握了工作设计的步骤，重点掌握了工作设计的方法。

知识拓展：连锁企业职务胜任特征评估

项目实训

实训内容

到某连锁企业开展实地调研，了解各岗位的职务说明书编写情况，查阅之后提出建议并做各岗位的职务分析，编写职务说明书。

实训目的

了解中国连锁企业人力资源管理现状及存在的问题，把握实施职务分析工作的主要内容。

实训步骤

（1）5人一组，将学生分成若干调查小组，每一组在教师的指导下参观某一连锁企业，了解连锁企业职务分析工作的总体情况。

（2）也可以上网查找资料，作业成果以书面形式提交。

（3）时间：以课外为主，结合课堂指导。

实训评价

实训内容	评价关键点	分值	自我评价（20%）	同学评价（30%）	教师评价（50%）
调查过程	实训任务明确	10			
	调查方法恰当	10			
	调查过程完整	10			
	调查结果可靠	10			
	团队分工合理	10			
编写职务说明书	结构完整	20			
	内容符合逻辑	10			
	形式规范	20			
合计		100			

复习思考

一、判断题

1. 在运用面谈法进行岗位调查时，调查人应该作为主角，尽可能多地向被调查人提出问题。（　　）

2. 在岗位调查时，岗位的名称、工作地点，担任本岗位人员的职称、职务、年龄、工龄、技术等级、工资等级等都是需要调查的内容。（　　）

3. 工作说明书是对企业某类岗位的工作性质、任务、责任、权限、工作内容和方法、工作环境和条件以及本岗位人员的资格条件所做的书面记录。（　　）

4. 在职务分析的完成阶段，主要任务就是根据规范和信息编制"工作描述"和"工作说明书"。（　　）

5. 人力资源管理的作用表现在：有利于促进生产经营顺利进行，有利于调动企业员工的积极性。（　　）

二、简答题

1. 为什么要进行职务分析？

2. 职务分析应该坚持哪些原则？

3. 常用的职务分析方法有哪些？试比较它们的优缺点。

4. 如何编制职务说明书？

5. 如何根据气质差异在人力资源管理中使用人才？

连锁企业招聘

事实上，很少有比下列现象更危险的事：即一个组织经常地提升人员，以至于把提升人员作为做好工作的一种公认的报答。

——彼得·德鲁克

项目导学

在选才、育才、用才、留才的四大人力资源管理职能中，选才不但最为重要，而且是育、用、留的基础。如果选择的人不能适应工作与组织的需要，人力资源将变成"人力负债"。本项目着重阐述组织为实现其用人目标应该如何进行人员招聘。人员招聘要坚持岗位适应原则，根据招聘预算，结合招聘方法和程序开展招聘，并选择有效招聘渠道，对前来应聘的人员要进行甄选，从而为企业找到最适合的人才。

学习目标

职业知识：理解连锁企业开展内部招聘和外部招聘的优缺点；评价连锁企业开展内部招聘和外部招聘的各种具体途径；掌握连锁企业内部人才选用的基本技巧。

职业能力：掌握招聘的基本策略，提升招聘的有效性；明白人才的可贵，学会提高自己的能力；重视人际交往，以更好的心态处理与社会的关系。

职业素质：连锁企业开展招聘过程中，应坚持公平公正，有效通过不同的招聘方式吸引人才、招贤纳士，合法合规完成招聘工作，为企业注入新鲜力量，助力企业可持续发展；树立积极的竞争意识，树立正确择业观和就业观，熟悉劳动相关法律法规，学会对自我进行正确评估，调整就业心态，有效实现就业。

思维导图

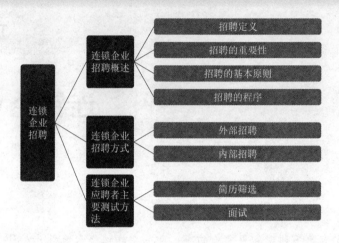

引导案例

一次失败的招聘

甲公司近年来在国内快速拓展连锁门店，重点发展社区生鲜连锁门店，以"为消费者提供新鲜健康食材"为经营理念，通过"日清"模式和会员制吸引客流，已快速发展成为社区生鲜行业的知名品牌。该公司所处行业为生鲜行业，行业发展蓬勃，薪水待遇相对高于其他传统行业，同时工作强度较高，工作节奏较快。连锁门店选址均位于一线城市大型居民区，社区配套成熟，交通便利。该企业因发展需要在2023年3月底从外部招聘新员工，其间先后招聘了两位助理店长，结果都失败了。具体情况如下。

第一位A，入职的第二天就没来上班，也没有来电话。上午公司打电话联系不到本人。经她弟弟解释，她不打算来门店上班了，具体原因没有说明。下午，她本人终于接电话，不肯来公司说明辞职原因。3天后又来公司，中间反复两次，最终决定不来上班了。她的工作岗位是门店店长助理，入职当天她和其他同事相谈甚欢，同事们对她的到来表示欢迎。但她自述的辞职原因是：工作内容和自己预期不一样，琐碎繁杂，工作强度大，觉得自己无法胜任店长助理的工作。HR对她的印象：内向，有想法，不甘于做琐碎的门店管理工作，对批评（目前是善意的）非常敏感，抗压能力较弱。

第二位B，工作10天后辞职。B的工作职责是负责协助店长完成门店管理，也是担任店长助理一职。自述辞职原因：奶奶病故，需要辞职在家照顾爷爷（但是辞职当天身穿红色毛衣，化了彩妆）。她透露家里很有钱，家里没有人给人打工。HR的印象：形象极好，思路清晰，沟通能力强，销售工作经验丰富。运营部门负责人印象：服务心态不好，有点娇生惯养，需要进行业务技能及心态培训。

招聘流程：①公司在网上发布招聘信息。②运营部门负责人亲自筛选简历。筛选标准：大专应届毕业生或者有相关门店管理工作经验。③面试：如果运营部门负责人有时间就直接面试。如果运营部门负责人没时间由HR进行初步面试，再由运营部门负责人最终面试。新员工的工作岗位、职责、薪资、入职时间都由运营部门决定。④面试合格后录用，没有入职前培训，直接进入工作。

在招聘过程中运营部门负责人与人力资源管理部门沟通不足，用人部门及招聘部门应该充分进行信息交互，及时针对门店管理岗位进行有效招聘及人员筛选。通过部门沟通能够提高招聘精准度及用人岗位适配度。同时，公司没有根据店长助理这个岗位的任职资格制定结构化的甄选标准，而只是凭面试官的直觉进行甄选，这样造成了招聘过程的不科学。因为面试官会在面试过程中受到归类效应、"晕轮"效应、自我效应和个人偏见等方面的影响。

任务 1　连锁企业招聘概述

情境导入

SY 的招聘体系

SY 养发品牌是一家集研发、生产、销售、服务、咨询于一体的综合性高新科技型企业。

SY 养发于 2005 年创立第一家 SY 养发馆并开启了连锁经营的商业发展模式，将门店+服务作为主业发展，辅以互联网 O2O 营销模式，秉承"从头皮养起，让头发越养越年轻"的理念，致力于防脱、生发、乌发、植发、养发、SPA 等护理系列，为消费者提供全方位的头皮头发养疗方案，现累计拥有 2 000 多家专门店，累计超 150 万个会员。随着企业及门店的快速发展，门店店长岗位需求缺口较大，因此企业人力资源部门要重点做好员工招聘及培训工作。

在做好员工招聘工作的同时，企业还高度重视人才发展，于 2008 年设立培训部，主要负责员工和店长岗前教育。2010 年正式成立 SY 商学院，增设王牌店长班、高管训练营等，至 2018 年企业大学正式成立，业务范围进一步扩大，涵盖员工和店长岗前教育、员工发展课程体系搭建及实施、校企合作培训及课程体系搭建、中高管训练、学历教育提升、培训平台体系搭建及管理等。2021 年 SY 企业大学更名为 SY 人才发展中心，深度耕耘校企合作，重视校园招聘及产教融合项目推进，深耕行业人才培养。

任务描述

1. 理解招聘的定义及重要性；
2. 掌握招聘的基本原则及程序。

一、招聘定义

在人类出现雇佣关系的同时，招聘活动就出现了。招聘的定义随着招聘活动不断科学化和丰富化而得到不断充实和提炼。所谓员工招聘，是指企业为了生存和发展，采用一定的方法吸纳或寻找具备任职资格和条件的求职者，而采取科学的方法，筛选出合适的人员予以聘用的过程。员工招聘实际上是一种企业与应聘者之间双向选择和相互匹配的动态过程。在这一过程中，企业和应聘者都应扮演积极的角色，而不是企业主动、应聘者被动的不平等关系。

二、招聘的重要性

1. 减少离职，增强企业内部的凝聚力

有效的员工招聘一方面可以使企业更多地了解应聘者到本企业工作的动机与目的，企业可以从诸多候选者中选出个人发展目标与企业趋于一致并愿意与企业共同发展的员工；另一方面，可以使应聘者更多地了解企业及应聘岗位，让他们根据自己的能力、兴趣与发展目标来决定是否加盟该企业。有效的双向选择可使员工愉快地胜任所从事的工作，减少人员离职以及因员工离职而带来的损失，增强企业内部的凝聚力。

2. 招聘是连锁企业人力资源管理中其他职能的基础

招聘为连锁企业人力资源工作形成一个基础平台，如果这一工作做得好，将会使后续工作相对容易，否则，会给后续工作造成困难，影响工作效率。例如，如果招聘的员工不能适应连锁门店岗位的要求，造成流动性大，则很难产生良好的工作绩效，连锁企业在门店岗位的人员培训方面要花费更多的招聘成本，人员重新安置更会带来一系列费用和管理问题。

3. 扩大企业知名度，树立企业良好形象

招聘工作涉及面广，连锁企业利用各种各样的形式发布招聘信息，如传统渠道及新媒体渠道，包括电视、纸媒、微博、视频号、抖音、公众号和直播等，扩大了企业知名度，让更多外界了解本企业。有的企业以震撼人心的高薪、颇具规模和档次的招聘过程，来表明企业求贤若渴和企业的雄厚实力。连锁企业在招收到所需的各种人才的同时，也通过招聘工作的运作和招聘人员的素质向外界展现了自己的良好形象。

4. 提高企业效益

频繁的人员流动将给企业带来巨大的成本支出，尤其是连锁门店工作相对琐碎，流程要求规范，服务意识要求高，对员工抗压能力、服务能力等综合素质要求较高，因此容易造成员工流失。频繁招聘及流失造成人员获取成本、开发成本和离职成本较高的问题。例如，一家公司招聘一名月薪 5 000 元的连锁门店店长，该员工进入公司两个月后辞职，这给公司造成的直接经济损失（含招聘费用、工资福利费用、培训费用、办公费用等）约为 30 000 元。招聘工作做得好，将减少企业因人员变动而造成的巨大损失，同时能有效发挥员工能效，实现降本增效。

5. 关系到企业的生存和发展

在激烈竞争的社会里，没有素质较高的员工队伍和科学的人事安排，企业将面临被淘汰的后果。员工招聘是一个企业人力资源形成的关键，它能确保企业当前和未来发展对人员的需求。

 **案例分析 4-1**

李鸿的一次应聘经历

李鸿毕业于国内某著名大学的工商管理学院，获得 MBA 学位。她在网上看见某大型跨国连锁公司要招聘一位销售部主管，决定去试一试，以下是她的应聘经历。

"当我到公司的时候，一位小姐友好地将我带到一个房间，来参加面试的人总共有8个。一会儿，几个人进来了，他们拿出一盒积木并向我们介绍了活动的规则，原来是让我们8个人一起设计一个公园。我们花了大约一个小时的时间建好了一个公园，之后那几个考官问了我们一些问题就结束了。休息了一会儿后给我们发了一些心理测验的题本，上午的时间就这样过去了。午饭之后，我们又做了一些测验，这个测验与上午的不同，我被安排在一个单独的小房间里，在一个文件袋里装了一大堆各式各样的文件，我被假设成为一个公司的代理总经理，批阅这些文件。在我批阅文件的过程中，有一个莫名其妙的'顾客'闯进来投诉。把那个难缠的'顾客'打发走后，我继续批阅那些文件。在我快要批阅完那些文件的时候，一个工作人员进来递给我一张纸条，要求我10分钟后作为这家公司的总经理候选人参加竞选，我必须根据文件中得到的关于公司的信息做一个3~5分钟的竞选演说。于是，我又匆忙准备这个竞选演说。10分钟后，工作人员带我到另外一个房间。考官们已经在那里坐好了。我就按照自己准备的内容做了演讲。紧张的一天就这样结束了。"

三、招聘的基本原则

有效的招聘应坚持以下几个原则。

1. 坚持能职匹配原则

招聘时，应坚持所招聘人员的知识、素质、能力与岗位的要求相匹配。俗语说："人尽其才，物尽其用。"一定要从专业、能力、特长、个性特征等方面衡量人与职之间是否匹配。招聘工作，不一定要招聘到最优秀的人才，但一定要量才录用，做到职得其人，用其所长，这样才能持久、高效地发挥人力资源的作用。

2. 协调互补原则

有效的招聘工作，除达到"人适其职"的目的外，还应注意群体心理的协调。一方面，考察群体成员的理想、信念、价值观是否一致；另一方面，注意群体成员之间的专业、素质、年龄、个性等方面能否优势互补，相辅相成。例如连锁门店工作对团队意识要求较高，因此门店内群体成员心理相容，感情融洽，行为协调，这有助于连锁门店工作效率的提升，更有助于企业文化的塑造、企业目标的认同，以及和谐高效系统的形成。否则，可能造成群体成员间情感隔阂，人际关系紧张，矛盾冲突不断，工作相互扯皮。

3. 公平公开原则

公开的招聘渠道能吸引足够多的应聘者，能够使招聘者有广阔的选拔余地；公平竞争能使人才脱颖而出，能够吸引真正的人才，进而能够对企业内部员工起到激励作用。公开与公平竞争原则有助于形成一种积极竞争的企业文化，使企业更有凝聚力。

4. 真实有效原则

真实原则即向应聘者陈述真实的工作岗位，包括职位优势和不足，让应聘者比较充分地了解该工作岗位。这种做法被称为真实职位预览（RJP）。在一些发达国家，人力资源管理中已经越来越推崇通过RJP，使应聘者形成一种更加接近真实情况的预期。这种真实预期在一定程度上有助于减少员工的流失率，降低缺勤率以及其他由预期不能满足而引发的消极劳动行为。因此，真实原则有助于降低雇员的流失率和提高雇员的满意度，以减少由于人才流失而造成的更大损失。有效原则指根据不同的招聘要求灵活运用适当的招聘形式，用尽可能低的招聘成本录用高质量的员工。即在招聘的时候首先考虑的应是企业的需求及招聘效率，可招可不招时尽量不招，可少招可多招时尽量少招。一个岗位宁可暂时空缺，也不要让不合适的人占据，招聘来的人员一定要充分发挥其作用，使其产生高效率。

5. 宁缺毋滥原则

为了避免岗位空缺的时间过长给企业造成损失，就要求人力资源部门在制订招聘计划时要提前做好规划。企业是一个创造效益的单位，机构臃肿、人浮于事会大大降低企业的工作效率。所以要根据企业发展、岗位需求，有效做好人力资源规划，保持员工工作的饱满度。

四、招聘的程序

大多数企业人事部门招聘人员的基本流程是确定人员需求—制订招聘计划—人员甄选—招聘评估，由此细化相关工作流程如下。

（1）用人部门提出申请：部门经理向人事部门提出所需人数、岗位、要求并解释理由。

（2）人力资源部门复核，由最高管理层审核招聘计划。

（3）人事部根据部门递交的需求人员申请单，确定招聘的职位名称和所需的名额。

（4）对应聘人员的基本要求即资格及条件限制，比如该职位所限制的学历、要求的年龄、所需能力和经验等。

（5）所有招聘职位的基本工资和预算工资的核定。

（6）制定及发布物料，准备通知单或公司宣传资料，申请办理日期。

（7）联系人才市场或张贴招聘通知，安排面试时间及场地、面试方式。

（8）最终确定人员，办理试用期入职手续、合格录用转正及手续。

（9）签订合同并存档。

根据基本的工作流程，在不同的连锁企业中也会有所差异。因此结合不同连锁企业所在行业、业态、发展阶段等，还需要细化每一个招聘流程的具体标准。下面以某商业零售连锁企业的招聘过程为例加以说明。

（一）"人员增补申请单"的填写

（1）当部门有员工离职、工作量增加等出现空缺岗位需增补人员时，可向人力资源部申请领取"人员增补申请单"。

（2）"人员增补申请单"必须认真填写，包括增补缘由、增补岗位任职资格条件、增补人员工作内容等，任职资格必须参照"岗位描述"来写。

（3）填好的"人员增补申请单"必须经用人部门主管的签批后才可上报人力资源部。

（4）人力资源部接到部门"人员增补申请单"后，核查各部门人力资源配置情况，检查公司现有人才储备情况，决定是否从内部调动解决人员需求。

（5）若内部调动不能满足岗位空缺需求，人力资源部将把公司总的人员补充计划上报总经理，总经理批准后人力资源部进行外部招聘。

（二）确定招聘计划

（1）招聘计划要依据岗位描述确定招聘各岗位的基本资格条件和工作要求，若公司现有的岗位描述不能满足需要，要依据工作需要确定、更新、补充新岗位的岗位描述。

（2）根据招聘人员的资格条件、工作要求和招聘数量，结合人才市场情况，确定选择什么样的招聘渠道：①大规模招聘多岗位时可通过招聘广告和大型的人才交流会招聘；②招聘人员不多且岗位要求不高时，可通过内部发布招聘信息，或参加一般的人才交流会；③招聘高级人才时，可通过网上招聘，或通过猎头公司推荐。

（3）人力资源部根据招聘需求，需准备以下材料：①招聘广告。招聘广告包括本企业的基本情况、招聘岗位、应聘人员的基本条件、报名方式、报名时间、地点、报名时需携带的证件、材料以及其他注意事项。②公司宣传资料。③应聘人员登记表，员工应聘表，复试、笔试通知单，复审通知单，面试评价表，致谢函及面试准备的问题和笔试试卷等。

（三）人员甄选

1. 收集应聘资料，进行初试

（1）进行初试时，招聘人员须严格按招聘标准和要求把好第一关，筛选应聘资料进行初试时一般从文化程度、年龄、工作经验、专业匹配度等方面综合比较。

（2）符合基本条件者可参加复试（面试），不符合者登记完基本资料后直接淘汰。

2. 面试程序

（1）连锁门店一线岗位人员由人力资源部经理进行面试。面试人员携面试通知，工作人员整理好面试者资料后，引领参加面试者到面试地点按顺序进行面试。

（2）财务人员、企划人员等各类职能部门专业人员的面试由相应部门经理进行面试。按以下程序组织：人力资源部收集整理好应聘人员的资料交于相应部门经理；部门经理进行初步筛选后将通过者名单交于人力资源部；人力资源部通知复试，复试（面试）人员到达复试指定地点后由工作人员引领，按顺序进行复试。

（3）其他岗位人员由人力资源部经理进行第一次面试，同上。

（4）应聘人员应向人力资源部门递交的个人资料：

①居民身份证复印件、户口本复印件、学历证明复印件、1寸照片3张。

②求职应聘表、个人简历及其他能证明身份和能力的资料。

3. 有下列情形之一者，不得录用为本公司员工

（1）有精神病史、传染病或其他不适宜岗位的重疾者。

（2）有刑事（劳改、拘留、判刑等）记录者。

（3）国家卫生防疫部门规定不能从事商业零售工作者。

（4）未成年者。

（5）曾在本公司被除名者。

（6）和其他企业劳动合同未到期者。

4. 笔试相关规定

（1）复试（面试）合格者才有资格参加笔试。

（2）参加笔试者必须按时到场，因特殊原因不能到场者应先和人力资源部工作人员联系安排其他场次。应试人员未事先通知或非特殊原因迟到半小时以上者，视为自动放弃所应

聘工作。不再安排下一场次笔试和复审。

(3) 应试者在笔试试卷上必须认真清楚地填写"姓名、应聘岗位、联系电话"。

5. 复审

(1) 笔试通过者有资格参加复审。

(2) 复审主要是给应聘者个人展示及深入沟通的机会,是对应聘者的最后把关,参加复审者需准备"自我介绍"。

(3) 复审有各级主管领导、人力资源部经理参加,是各级主管领导与应聘者的一次会面,工作人员须先安排布置好场地,主持人须有序组织面试,同时体现公司的精神面貌。

6. 员工录用

(1) 复审结束后,由各级总经理和人力资源部经理共同确定录取人员名单。

(2) 工作人员对最后确定的录用人员名单按编号发放员工录取报到通知,通知上需注明被录取者姓名、编号、员工报到时间、办理录用手续需准备的资料等。

(3) 人力资源部要为每一位新录用的员工建立员工档案或开通相关企业 App 的员工账号,新录员工办理录用手续时需签订劳动合同、交齐个人资料(身份证复印件、学历证复印件、照片或健康证明等相关资料)。

(四)招聘评估

(1) 招聘工作评估小组由各级主管领导、人力资源部经理、助理、招聘工作人员及需补充人员的部门领导组成。

(2) 招聘评估主要从招聘各岗位人员到位情况、应聘人员满足岗位的需求情况、应聘录用率、招聘单位成本控制情况等方面进行。

 **案例分析 4-2**

某集团的人才招聘要求

某集团创立于 2012 年,致力于改善消费者的视力问题,涵盖眼镜零售、视光疗程训练和产业学术等领域,具体落实为零售渠道、某视光中心以及某视光产业研究院。其中广东某视光光学科技有限公司(××眼镜)在华南地区拥有 100 多家直营门店,持续为消费者提供优质眼视力健康服务。同时该集团重视人才培养,通过校园招聘、社会招聘、内部培养、校企合作等共同开展门店验光师及配镜师的人才招聘及培养,连续多年获得省级、市级验光配镜职业技能竞赛团体一等奖等荣誉。下面以其门店眼镜验配师招聘要求为例,分析其人才招聘要求特点。

一、门店眼镜验配师职位概述

作为××眼镜店的一员,眼镜验配师将负责门店的卫生、摆设、商品销售、运营、验光配镜和咨询等主要事务。寻找门店销售相关经验或者相关专业的、热情并具备良好沟通能力的眼镜验配师加入我们的团队。

二、职责和职能

(1) 门店日常营运工作:做好个人仪容仪表、服务规范等工作,完成个人绩效目标以及配合店长完成门店团队目标。

（2）验光配镜，眼视光相关咨询服务。

（3）会员运营工作：配合团队做好口碑、宣传及外联活动；通过门店微信号、公众号等工具拉新会员，完成天猫、京东微商城等 B2C 的工具使用及配套服务，做到全渠道运营管理。

（4）店铺商品管理：主动学习时尚知识、流行趋势，维护商品的陈列排面量并做好库存管理工作。

（5）客户管理与个人 IP 打造：做好客户管理，维护相关数据的完整性并负责接待客户及定期回访客户，做好售前、售中、售后服务。通过客户需求及数据分析提升客户满意度，根据个人兴趣爱好专业程度打造个人 IP。

（6）其他上级主管交办的事项或者项目管理工作。

三、任职要求

（1）具备相关眼镜验配师工作经验，熟悉常见的验光仪器和配镜流程（无经验者，会安排导师进行带教）。

（2）具备良好的沟通和协调能力，能够与客户和团队成员建立良好的关系。

（3）具备较强的销售技巧和服务意识，能够满足客户的需求并促成销售。

（4）具备良好的团队合作精神，能够积极参与团队活动和项目。

（5）对眼镜行业有浓厚的兴趣和热情，愿意不断学习和提升自己的专业能力。

案例思考：

1. 你觉得该集团的招聘要求有何特点？请从专业匹配、能力要求及工作经验等方面进行描述。

2. 结合个人特点及学习工作经验，你认为自己是否符合该集团的招聘要求？

3. 该集团在招聘中为什么需要注重员工的"客户管理与个人 IP 打造"？

任务结语

通过本任务的学习，我们了解了招聘的定义及意义，掌握了招聘的相关原则，重点掌握了招聘的基本流程。

任务 2　连锁企业招聘方式

情境导入

小汤任职于知名连锁酒店品牌——首旅如家的人力资源部门人才中心，他从新人的视角出发，认为现在越来越多的"00 后"进入整个人才市场，他们会更在意公司的企业文化和给他们带来的情绪价值。而对于招聘来说更需要开拓新颖的创新的平台来吸引候选人，如抖音、小红书、视频号等内容传播的渠道。另外，他还说道："在招聘过程中，每一位候选人都相当于我的顾客，招聘端也是每一位候选人接触首旅如家的第一窗口，我们代表着如家的第一印象，我们要主动担当宣传公司形象、宣传公司福利、宣传公司企业文化的责任，让候选人对雇主品牌有良好的认知。"

（资料来源："首旅如家人"公众号《员工请回答之新人访谈》）

任务描述

1. 了解外部招聘的方式及优缺点；
2. 了解内部招聘的优缺点。

一、外部招聘

外部招聘是根据一定的标准和程序，从企业外部的众多候选人中选拔符合空缺职位工作要求的人员。当内部招聘不能满足企业对人力资源的需求时，就需要考虑从企业外部挑选合格的员工。

（一）外部招聘方式

1. 网络招聘

互联网的出现给社会生活的方方面面都带来了革命性的变化，因此，人员招聘的工作方式也深受互联网的影响。例如招聘 App 及直播带岗等网络招聘方式，都是数字经济时代衍生的新方式，同时人力资源管理部门还可以通过互联网或官网发布招聘信息，并通过 E-mail 或简历库收集应聘信息，经过信息处理后，初步确定所需岗位人选。

企业通过网络招聘人才有以下三个选择。

（1）通过商业性的职业招聘网站如 BOSS 直聘等进行招聘。

（2）在自己公司的主页上发布招聘信息进行招聘。

（3）通过短视频、抖音、视频号等新媒体方式进行招聘。

求职者可免费登录专业招聘网站，网站内容包括不同工作的分类，提供全职、兼职和专业知识的服务，并设有搜索功能。

2. 校园招聘

大学校园是专业人员与技术人员的重要来源。校园招聘已经成为我国越来越多的连锁企业喜欢运用的招聘手段。除了校园招聘外，结合职业教育发展，更多校企选择产教融合方式共同开展人才培育，有效优化校园招聘的效果。在选择学校时，组织需要根据自己的财务约束和所需要的员工类型来进行决策。如果财务约束比较紧张，组织可能只在当地的学校中选择；而实力雄厚的组织通常在全国范围内进行选择。一般连锁企业在选择学校开展招聘时主要考虑以下标准。

（1）本公司关键技术领域的学术水平。

（2）符合本公司技术要求专业的毕业生人数。

（3）该校以前毕业生在本公司的业绩和服务年限。

（4）在本公司关键技术领域的师资水平。

（5）该校毕业生过去录用数量和实际报到数量的比率。

（6）学生的质量。

（7）学校的地理位置。

一般来说，组织总是要极力吸引最好的工作申请人进入自己的公司。组织要达到这一目的需要注意以下问题。

　　一是进行校园招聘时要选派能力比较强的工作人员，因为他们在申请人面前代表着公司的形象。

　　二是对工作申请人的答复要及时，否则对申请人来公司服务的决心会产生消极影响。

　　三是应届毕业生自我要求较高，就业期望也较高，所以他们希望公司的各项政策能够体现出公平、诚实和顾及他人的特征。

3. 广告招聘

　　广告招聘是补充各种工作岗位都可以使用的吸引应聘者的方法，因此，应用最为普遍。阅读招聘广告的不仅有工作申请人，还有潜在的工作申请人，以及客户和一般大众，所以公司的招聘广告代表着公司的形象，需要认真实施。

　　企业使用广告作为广揽人才的手段，具有很多优点：工作空缺的信息发布迅速，能够在一两天内就传达给外界；有广泛的宣传效果，可以展示企业实力；在广告中可以同时发布多种类别工作岗位的招聘信息；广告发布方式可以使企业保留操作上的优势，这体现在企业可以要求申请人在特定的时间内亲自来企业、打电话或者向企业人力资源部门提交自己的简历和工作要求等方面的内容。

　　利用广告进行招聘，需要注意以下三点。

　　（1）媒体的选择。广告媒体的选择取决于招聘工作岗位的类型。一般来说，低层次职位可以选择地方性报纸，高层次或专业化程度高的职位则要选择全国性或专业性的报刊。表4-1总结了利用几种主要媒体进行招聘。

表4-1　利用几种主要媒体进行招聘的优缺点

媒体类型	优点	缺点	恰当地使用条件
报纸	标题短小精练；广告大小可灵活选择；发行集中于某一特定的地域；各种栏目分类编排，便于积极的求职者查找	容易被未来可能的求职者所忽视；集中的招聘广告容易导致竞争的出现；发行对象无特定性，企业不得不为大量无用的读者付费；广告的印刷质量一般较差	当你想将招聘限定在某一地区时；当可能的求职者大量集中于某一地区时；当有大量的求职者在翻看报纸，并且希望被聘用时
杂志	专业杂志会到达特定的职业群体手中；广告大小富有灵活性；广告的印刷质量较高；有较高的编排声誉；时限较长，求职者可能会将杂志保存起来再次翻看	发行的地域太广，希望将招聘限定在某一特定区域时通常不能使用；广告的预约期较长	当招聘的工作承担者较为专业时；当时间和地区限制不是最重要的时候；当与正在进行的其他招聘计划有关联时

媒体类型	优点	缺点	恰当地使用条件
广播电视	不容易被观众忽略；能够比报纸和杂志更好地让那些不是很积极的求职者了解到招聘信息；可以将求职者来源限定在某一特定地区；极富灵活性；比印刷广告能更有效地渲染雇佣气氛；较少因广告集中而引起招聘竞争	只能传递简短的、不是很复杂的信息；缺乏持久性；求职者不能回头再了解（需要不断地重复播出才能给人留下印象）；商业设计和制作（尤其是电视）不仅耗时而且成本很高；缺乏特定的兴趣选择；为无用的广告接受者付费	当处于竞争的情况下，没有足够的求职者看印刷广告时；当职位空缺有许多种，而在某一特定地区又有足够多求职者的时候；当需要迅速扩大影响的时候；当在两周或更短的时间内足以对某一地区展开"闪电式轰炸"的时候；当用于引起求职者对印刷广告注意的时候
现场购买（招聘现场的宣传资料）	在求职者可能采取某种行动的时候引起他们对企业雇佣的兴趣，极富灵活性	作用有限，要使此种措施见效，首先必须保证求职者能到招聘现场	在一些特殊场合，如在为劳动者提供就业服务的就业交流会、公开招聘会、定期举行的就业服务会上布置的海报、标语、旗帜、视听设备等；或者当求职者访问组织的某一工作地时，向其散发招聘宣传资料
网站广告	不受时间空间的限制，方式灵活、快捷；成本不高	没有在网站上查找工作的潜在候选人可能没有看到职位空缺信息	适用于有机会使用电脑和网络的人群，不论是急需招聘的职位还是长期招聘的职位都合适

（资料来源：华茂通咨询，《员工招聘与配置》，中国物资出版社）

（2）广告的结构。广告的结构要遵循 AIDA 原则。第一个 A 代表注意（Attention），广告要吸引人的注意。在报纸的分类广告中，那些字与字之间距离比较大，有比较多的空白空间的广告显得比较突出，能够引起人们的注意。I 代表兴趣（Interest），广告要能引起求职者对工作的兴趣，这种兴趣可能是由工作本身的性质、工作活动所在的地理位置、收入等所引发的。D 代表欲望（Desire），广告要能引起求职者申请工作的愿望，需要在对工作感兴趣的基础上，加上职位的优点，如"就近安排""就业创业一体化"以及工作中所包含的成就感、职业发展前途、旅行机会或其他优点。最后一个 A 代表行动（Action），广告能够鼓励求职者积极采取行动，如"心动不如行动""请马上联系我们"等，这些话语都有让人马上采取行动的力量，也是招聘广告中不可忽略的一部分。图 4-1 是一则招聘广告设计范例。

图 4-1　招聘广告设计范例

（资料来源：深圳百果园实业（集团）股份有限公司）

招聘广告撰写指导

提高招聘广告的成功率对企业节省招聘成本大有益处，一份好的招聘广告至少要达到两个目的：一是吸引人才，二是宣传企业价值观与形象。所以撰写与发布招聘广告应当紧紧围绕这两个目的进行。

1. 常见问题

（1）没有招聘单位名称，让读者对企业的可信度产生怀疑，至少无法了解企业的经营范围。

（2）没有关于招聘职位的工作信息，即没有交代清楚所招聘岗位的主要职责与任务。

（3）对人的自然属性进行限制，即对年龄、性别、身高等内容提出了要求，有歧视倾向。

（4）能力要求太笼统。例如，"出众的中英文书写及沟通技巧"，"出众"一词过于模糊；"社会关系良好，具有卓越的领导才能"，其中"社会关系良好"是指关系融洽还是关系广泛，没有明确定义；还有"卓越的领导才能"，没有进行详细描述，让人摸不着头脑。

（5）要求过高或过于全面。找到满足招聘广告中所有要求的青年高级人才恐怕非常困难，即使有具备了这些条件的人才，现在必定身居要职，不会轻易跳槽，更不会跳到一个连名字都不（敢）写的企业。

（6）令人不愉快的用词或用语，例如，"谢绝来电与来访"。

2. 设计原则

招聘广告的设计原则与其他广告基本相同，应符合 AIDAM（Attention，Interest，Desire，Action，Memory）原则。即引起注意原则、产生兴趣原则、激发愿望原则、采取行动原则和留下记忆原则。

4. 职业介绍机构

在国外，职业介绍所有公立的也有私立的。公立职业介绍所主要为蓝领员工服务，有时还兼管失业救济金的发放。私立职业介绍所主要为高级专业人才服务，要收一定的服务费，费用可以由求职者付费，也可以由公司付费，这往往要取决于劳动力市场的供求状况，但实际上由公司付费的情况居多。

就业服务机构作为一种专业的就业机构，自然掌握比单个企业更多的人力资源的资料，而且招聘筛选的方法也比较科学，效率较高，可以为企业节省时间。另外，就业机构作为第三方，能够坚持公事公办、公开考核、择优录用的原则，公正地为企业选择人才。

 知识广角4-2

"外来和尚"会念经吗？

很多企业重视外部招聘而忽视内部人才的培养，往往把希望寄托在从外面招来的人才身上，希望这个人能有出奇制胜的方法把企业带出困境，使企业扭亏为盈。

企业在以下五种情况下适合从外部招贤纳士。

（1）出于地域扩张的考虑，企业现有管理人士不熟悉当地情况，语言上也存在障碍。

（2）企业希望把眼光放得更远，在一个增长迅猛的新领域加强专家实力时。

（3）招聘企业顾问或首席执行官的某些职位。

（4）物色合适人选帮助公司推出新的战略业务。

（5）将内部经理人屡屡碰壁的业务交给一个外来经验丰富的管理者。

5. 猎头公司

猎头公司是一种与职业介绍机构类似的就业中介组织，但是由于它特殊的运作方式和服务对象，经常被看作一种独立的招聘渠道。猎头公司是专门为雇主"搜捕"和推荐高级经营管理人员和高级技术人员的公司，他们设法诱使这些人才离开正在服务的企业。猎头公司的联系面很广，而且特别擅长接触那些正在工作并对更换工作没有积极性的人。它可以帮助公司的最高管理者节省很多招聘和选拔高级主管等专门人才的时间。但是，借助于猎头公司的费用由用人单位支付，而且往往很高，一般为所推荐的人才年薪的 1/4～1/3。

借助于猎头公司寻找人才的企业需要注意以下问题。

（1）必须首先向猎头公司说明自己需要哪种人才及其理由。

（2）了解猎头公司开展人才搜索工作的范围。美国猎头公司协会规定，猎头公司在替客户推荐人才后的两年内，不能再为另一个客户把这位人才挖走。所以，在一定时期内，猎头公司只能在逐渐缩小的范围内搜索人才。

（3）了解猎头公司直接负责指派任务的人员的能力，不要受其招牌人物的迷惑。

（4）事先确定服务费用的水平和支付方式。通常是开始时支付 1/3 作为订金，在接近完成招聘过程最后期限前的 30 天左右支付另外 1/3 聘金，最后的 1/3 聘金在完成招聘工作的 60 天内支付。在出现意外的情况下，所支付的费用可能还不止这些。有时候实际支付的费用可能会比收费标准多 1/10 ~ 1/5，甚至更多。

（5）选择值得信任的人。这是因为替公司搜索人才的人不仅了解本公司的长处，还了解到本公司的短处，所以一定要选择一个能够为公司保密的人。

（6）向这家猎头公司以前的客户了解这家猎头公司服务的实际效果。

6. 员工推荐与应聘者自荐

当企业出现职位空缺时，通常采用内部员工推荐的方法来填补，例如不少连锁门店内出现人才短缺的情况，对企业认可度较高的资深员工多数愿意推荐身边朋友亲戚进行应聘。因此，关注资深员工对企业的认可度也利于招聘转化及提升效率。人力资源部门可将有关工作空缺的信息告诉现有员工，请他们向企业推荐潜在的申请人。员工推荐可以节省招聘人才的广告费和付给职业介绍所的费用，企业还可以得到忠诚而可靠的员工。对于毛遂自荐的应聘者，公司应该礼貌地接待，最好让人力资源部门安排简单的面谈。对于应聘者的询问信，公司应该予以礼貌且及时的答复。这不仅是尊重自荐者的自尊心，还有利于树立公司声誉和今后的业务开展。

（二）外部招聘的优点

1. 避免过度使用内部不成熟的人才

以次充优和过度使用内部人才是内部招聘的主要弊端，而外部招聘则可以按照"能职匹配"的原则，使内部人员获得必要的培训和充足的成熟时间，避免过度使用不成熟人才的状况出现。

2. 能够给企业带来新思想、新观念，补充新鲜血液，使企业充满活力

来自外部的应聘者可以为企业带来新的管理方法和经验。他们没有太多的束缚，工作起来可以放开手脚，从而给企业带来较多的创新机会。

3. 树立企业形象的好机会

外部招聘是一种与外部交流的机会，借此机会企业可以在潜在的雇员、客户和其他外界人士中树立良好的形象。

（三）外部招聘的缺点

1. 人才获取的成本高

招聘高层人才，所需的人才少，招聘的覆盖区域却很广，有时甚至覆盖全国或者一个大片区；招聘人才层次低，所需人才多，招聘的覆盖区域却可以相对小，有时甚至在一个县区或一个地区即可。但无论是招聘高层次人才，还是中、低层次人才，均须支付相当高的招聘

费用，包括招聘人员的费用、广告费、测试费、专家顾问费等。

2. 对工作的熟悉以及与周边工作关系的密切配合也需要时间

新引入人才能够进入角色是一件不容易立刻办到的事情，对本职工作的熟悉，对企业工作流程的熟悉，对与之配合的工作部门的熟悉，对领导、下属、平级同僚的工作配合均需时间，对企业外界相关工作部门的熟悉和与之建立良好关系，同样也需要时间，这种时间成本的投入也是必须考虑的不利因素。

3. 对内部员工的积极性造成打击

这是外部招聘最大的局限性。多数员工都希望在企业中有不断的发展机会，都希望能够担任越来越重要的工作。如果企业经常从外部招聘人员，而且形成制度和习惯，则会隔断内部员工的升迁之路，从而挫伤他们的工作积极性，影响他们的士气。

4. 文化的融合需要时间

引入的人才会带来新观念、新思想、新信息，同时，也带来了对现有企业文化的挑战和思考，文化和价值观的融合需要时间。彼此的认同和相互吸引是事业成功的基础，而融合的时间会暂时影响部分工作的进展。

 **案例分析 4-3**

挥泪斩马谡——错误选才的惨痛教训

诸葛亮到了祁山，决定派出一支人马去占领街亭，作为据点。让谁来带领这支人马呢？当时他身边有几个身经百战的老将，可是他都没有用，单单看中了参军马谡。马谡这个人确实读了不少兵书，平时很喜欢谈论军事。诸葛亮找他商量起打仗的事来，他就谈个没完，也出过一些好主意。因此诸葛亮很信任他。这一回，他派马谡啃骨头当先锋，王平做副将。

马谡和王平带领人马到了街亭，张郃的魏军也正从东面过来。马谡看了看地形，决定在街亭旁边的山上扎营。

王平提醒他说，临走的时候丞相嘱咐过，要在要道扎营。在山上扎营太冒险。

马谡没有打仗的经验，自以为熟读兵书，根本不听王平的劝告；坚持要在山上扎营。

王平一再劝说马谡也没有用，只好央求马谡拨给他一千人马，让他在山下临近的地方驻扎。

张郃率领魏军赶到街亭，看到马谡未在要道扎营，却把人马驻扎在山上，暗暗高兴，马上吩咐手下将士，把马谡扎营的那座山围困起来。

马谡几次命令兵士冲下山去，但是由于张郃坚守住营垒，蜀军没法攻破，反而被魏军乱箭射死了不少人。

魏军切断了山上的水源。蜀军在山上断了水，连饭都做不成，时间一长，自己先乱了起来。张郃看准时机，发起总攻。蜀军兵士纷纷逃散，马谡要禁也禁不了，最后，只好自己杀出重围，往西逃跑。

街亭失守，蜀军失去了重要的据点，又丧失了不少人马。诸葛亮虽然与马谡情谊深厚，但还是按照军法挥泪斩了马谡。以上便是著名的"挥泪斩马谡"的故事，这个故事深刻告诉我们错误选才的惨痛代价。

马谡固然有错误，但我们也要反思一下，诸葛亮起用马谡作为先锋就没有过错吗？显然，这里缺少一个严谨的选才策略确定过程。只是凭着个人印象来选才用才，可以说，从起用马谡那一刻起就已经注定了街亭失守的结局。

案例思考：

1. 如何避免错误选才？

2. 企业管理者应该如何面对错误选才的后果并承担责任？

二、内部招聘

实际上，连锁企业中绝大多数工作岗位的空缺是由公司的现有员工填充的，因此，企业内部是最大的招聘来源。一些调查显示，成功企业中 70% 以上的管理职位都是由从企业内部提拔起来的人担任的。不少知名连锁企业也非常重视内部员工培育及提拔，一方面能有效鼓舞士气，另一方面也能节省招聘成本，提高效率。

（一）内部补充机制的优点

1. 员工能够迅速地熟悉和进入工作，离职的可能性比较小

内部获取的人力资源由于熟悉企业，熟悉企业的工作环境和工作流程，熟悉企业的领导和同事，了解并认可企业的文化、核心价值观和其他硬件环境，为胜任新的工作岗位所需要的指导和训练会比较少，因此，他们能够迅速地进入角色，减少了由于陌生而必须缴纳的各种"学费"，包括时间、进度和可能的失误。

2. 人才获取的费用最少

一次大规模的公开招聘，总要消耗企业相当多的时间和财力。其中的各个环节，包括招聘前的准备，招聘中的运作、评价、测试和背景资料的收集，招聘后人员到位的一系列安排，均需消耗企业的财力、物力和时间。内部获取可以节省各个环节相当多的财力开支，使人才获取的费用降到最小值。

3. 提拔内部员工可以提高员工对组织的忠诚度

这样他们在制定管理决策时，能考虑得比较长远。

4. 激发员工的内在积极性

随着社会的进步和经济的发展，人们的需求已逐步地从对货币报酬的狂热转移到一些非货币报酬上来，更多关注工作成长。在非货币报酬中，有工作本身的报酬（包括工作的挑战性、趣味性等）和工作环境的报酬（包括企业的知名度和社会美誉度、企业的发展前景、个人的发展空间、有能力而公平的领导、健康舒适的工作环境、融洽的人际关系等），其中，人们最关心的是"工作的挑战性"和"个人的发展空间"。内部获取本身就存在着极大的鼓舞员工内在积极性的功能。企业一旦启动内部招聘机制，员工就会感受到企业真正给自己提供了发展空间，就存在着晋升的可能与推销自己、引起组织注意和信任的希望。

（二）内部招聘的不足

当然，作为一种选择范围相对狭小的招聘方式，内部招聘也有许多不足之处：那些申请了却没有得到职位或者没有得到空缺信息的员工可能会感到不公平、失望甚至心生不满，从

而影响其工作的积极性，因此，需要做解释和鼓励的工作；由于新主管从同级的员工中产生，工作集体可能会不服，这使新主管不容易建立领导声望；很多公司的老板都要求经理人张贴职位公告，并面试所有的内部应聘者，然而经理人往往早有中意人选，这就使得面试浪费了很多时间；缺少思想碰撞的火花，影响企业的活力和竞争力；如果组织已经有了内部补充的惯例，当组织出现创新需要而急需从外部招聘人才时，就可能遭到现有员工的抵制，损害员工工作的积极性。

组织内部招聘人员最普通的方法是职位公告。职位公告意味着将职位空缺公之于众（如通过企业的布告栏、公众号、微信工作群组、钉钉、内部 OA 系统等），并列出工作的特性，如资格要求、管理人员姓名、工作时间表、薪资等级等。图 4-2 是一个职位公告范例。

职位公告

编号：_____ 公告日期：_____ 结束日期：_____

在_____部门中有一个全日制职位可供申请。此职位对（不对）外部候选人开放。

薪资支付水平：最低_____ 中间点_____ 最高_____

所要求的技术或能力

（候选人必须具备此职位所要求的所有技术和能力，否则不予考虑）

1. 在现在/过去的工作岗位上表现出良好的工作绩效，其中包括：

——有能力完整、准确地完成任务

——能够及时完成工作并能够坚持到底

——有同其他人合作共事的良好能力

——能进行有效的沟通

——可信、良好的出勤率

——较强的组织能力

——解决问题的态度与方法

——积极的工作态度：热心、自信、开放、乐于助人和献身精神

2. 可优先考虑的技术和能力：

（这些技术和能力将使候选人更具有竞争力）

3. 员工申请程序如下：

（1）电话申请可拨号码_____，每天 15:00 之前，_____除外。

（2）确保在同一天将已经填写好的内部工作申请表连同截至目前的履历表一同寄至_____，对于所有的申请人将首先根据上面的资格要求进行初步审查。

人才选用工作由_____负责。

机会对每个人来说都是平等的

图 4-2　职位公告范例

（资料来源：百度文库）

任务结语

通过对本任务的学习，我们了解了招聘的两种方式，掌握了外部招聘的定义及其内容，比较了外部、内部招聘的优缺点，重点掌握了外部招聘的方式。

任务3 连锁企业应聘者主要测试方法

情境导入

张三通过 BOSS 直聘网站进行求职信息搜索，发现某连锁企业需要招聘 1 名门店督导，薪资待遇和行业发展状况等都符合张三需求，故投递了简历。企业人力资源专员通过查阅其简历也发现其与岗位匹配度较高，而且有相关工作经验，很快便电话通知其到公司总部进行面试。

任务描述

1. 了解简历筛选的基本方法；
2. 能够正确把握面试的方法；
3. 能够正确区分面试的类型；
4. 重点掌握面试的工作步骤、面试的心理误区。

一、简历筛选

（一）查看简历的基本信息

1. 硬性条件

根据公司对该岗位的任职资格（性别、年龄、学历、业绩、相关工作经历等方面），筛选简历前应明确哪些条件是必须的，可快速做出判断，对不符合硬性条件的迅速筛选。

2. 软性条件

通过简历制作的完备程度及用词精准程度可侧面反映求职者的心态。高效简历包括精准数据表述、相关工作经验描述、个人特长及性格描述等，相关工作经验描述对于招聘者也是一种有效参考。

3. 其他条件

如待遇要求公司很难达到，或者专业程度不足，都可快速筛选。再如简历上应聘者的居住地址离公司较远，极不方便，比如公司在北边，尽量不要通知住在南边或者其他更远的地方的人来面试，除非公司提供住宿，或者对方愿意搬到公司附近住。

（二）查看简历的工作内容

（1）工作内容的对口性，简历的工作内容是否与企业要求的工作内容相吻合。

（2）工作时间长短与专业深度的符合情况，如发现简历中工作时间短，而实践的内容比较精深，需要在面试时重点考察。

（3）跳槽的频率。查看简历中跳槽的频率，如果经常跳槽，则其工作的稳定性比较差。一般而言，在一个公司工作 3~5 年以上为稳定，如果有几份工作都只任职 1 年左右，那么该面试者的工作稳定性就需要慎重考虑。

（4）工作时间的间距长短，如果简历工作时间中出现较长时间的空档期，应该在面试时重点关注。

（5）职位与工作内容是否匹配。例如连锁企业招聘开发岗位、门店管理岗位等的描述是否精准。

（6）工作所属行业的跨度。一般而言，有明确的职业定位的人都会限定在某个行业内，如果简历上行业跨度大，不具有相关性，则可以看出此人职业定位模糊。

（三）辨别简历的真伪

（1）年龄与学历的匹配。

举例：某公司拟招聘一名员工，面试的时候，一个应聘者的其他条件都比较符合，但他简历上写的 20 岁大专毕业，令招聘官有点怀疑，于是让他出示证件，他说放家里了，招聘官连问了他几个他所学专业、课程等方面的问题，结果他回答得结结巴巴。那么他学历的真实性就存疑了。

（2）简历中是否有自相矛盾的地方。

（3）查看简历中是否有水分。

例如，在一个利润微薄的行业的普通岗位，应聘者填的是比较高的薪酬，可见该应聘者并不诚实。如果应聘者在大公司做人力资源主管，一般不可能负责人力资源的六大项目，不可能样样精通。公司的战略决策，公司的人力资源战略规划一般不可能由其独立完成。另外，简历中如果有一些模糊性的词汇，如"非常好，取得了很大的成绩"等就要追问具体情况。一般简历中的成绩最好要用数字表示，比如一个人力资源经理，可以描述自己的成绩：把公司的人才流失率从 20% 降低到 10%，人岗匹配率从 50% 提升到 90%，通过人员的调整，人均产值从多少上升到多少等。这样更能给人以真实感。

（四）如何透过简历看应聘者

（1）应聘的岗位比较多的，例如 1 个人投简历既应聘人事助理，又应聘客服文员，说明该应聘者定位不明确，求职动向模糊。

（2）如果求职者从大公司跳槽到小公司，岗位没有什么变化，薪资也没什么变化，基本可以判断此员工能力不强。相反，如果求职者的岗位在不断晋升，公司的规模一家比一家大，可以判断此员工上进心较强。

（3）如果在短时间内（1 天以内）连续投 2 份或以上的简历，基本可以知道这个应聘者比较粗心。相反，如果间隔时间较长（一周以上）又投简历的，可以看出应聘者对该公司的该岗位特别感兴趣。

（4）简历中错别字较多，可以判断出应聘者比较粗心。如果简历特别有层次感，逻辑性强，重点突出，说明应聘者思维清晰。

一般来说，公司在见到面试者之前，做初步筛选的时候，所有与应聘者有关的信息都只能从个人简历中得来，因此应当具备简历筛选的技巧。同时，投递简历的数量巨大，这样的技巧也可以帮助 HR 尽快完成工作任务，提高工作效率。

二、面试

面试是精心设计的，通过主试与被试双方面对面地观察和交流，来科学测评被试的基本素质、工作动机、发展潜力和实际技能以及与拟录用职位的匹配性的一种测评方法。

（一）面试的特点

（1）语言行为、非语言行为：以观察和谈话为主。

（2）工作内容，经历、背景，回答情况：面试内容的随机性。

（3）情感交流、能力的较量：面试的双向沟通性。

（二）面试的种类

1. 根据面试对象的多少分类

根据面试对象的多少，面试可分为个别面试和小组面试。个别面试是一次只有一个应聘者的面试，现实中的面试大都属于此类；而小组面试是同时对多名应聘者进行的面试，小组讨论就是一种小组面试，面试官同时要对多名应聘者进行评价。

2. 根据面试目的的不同分类

根据面试目的的不同，面试可分为压力面试和行为描述面试。压力面试通过事先营造一个紧张的气氛，提出一些敌意或粗鲁的问题，给被试意想不到的一击，使其处于不愉快或尴尬的情景之中，以观察被试的反应，从而识别被试的敏感性和压力承受力。

行为描述面试，是近年来的研究成果。这种面试是基于行为的连贯性原理发展起来的。

3. 根据面试的结构化（标准化）程度分类

根据面试的结构化程度，面试可分为结构化面试、半结构化面试和非结构化面试。结构化面试又称为指示面试，是在面试之前，已有一个固定的框架（或问题清单），主考官根据框架控制整个面试的进程，严格按照这个框架对每个被试分别提出相同的问题，同时记录下对方的回答。

非结构化面试又称为非指示面试，即主考官事先无须太多的准备，没有固定的格式，没有统一的评分标准，所提问题可以因人而异，往往提一些开放性的问题。事先无须准备太多，面试者只要掌握组织、职位的基本情况即可，具有很大的随意性。

半结构化面试是介于结构化面试与非结构化面试之间的面试。

（三）面试的优缺点

面试的优点：①适应性强。②可以进行双向沟通。③具有人情味。④全面、多渠道获得被试的信息。

面试的缺点：①时间较长。②费用较高。③受主试主观影响大。④不易数量化。

（四）面试的基本步骤

理想的面试包括以下五个步骤。

1. 面试准备

首先，主考官应当提前做好面试准备。特别是要审查应聘者的申请表和履历表，并注明那些能表明应聘者优点或缺点的地方。主考官应当查阅工作规范，这样主考官将带着理想应聘者特征的图像进入面试。在面试前主考官还要准备合适的面试地点。理想的面试地点应是僻静的房间，尽量不要安装电话，其他的干扰也要降至最低。

2. 建立和谐气氛

使面试者放松，不感到拘束，除选择不受干扰的房间外，还可以通过问一些题外话，如天气或交通状况来开始谈话。这样做的目的是使面试者能够全面和明智地回答提问，而且不论其是否被聘用，都应受到友好、礼貌的对待，从而树立公司的良好形象。

3. 提问

提问可以是一对一的方式、小组方式或由一系列主考官提问。无论哪种方式都要注意下面几件事：避免能以"是"或"否"进行回答的问题；相反，要提开放性的问题，鼓励对方充分表达自己。采取尊重、平等交谈的态度提问，而不是"审问"。面试者和主考官是在交谈，而不是任何一方控制整个谈话。

 **知识广角 4-3**

面试中的提问技巧

招聘面试中常用的提问技巧有以下几种。

一、连串式提问

连串式提问，即主考官向面试者提出一连串相关的问题，要求应试者逐个回答。这种提问方式主要是考察面试者的反应能力、思维的逻辑性和条理性。

二、开放式提问

所谓开放式提问，就是指提出的问题面试者不能使用简单的"是"或"不是"来回答，而必须另加解释才能回答圆满。因此，主考官提出的问题如果能引发面试者给予详细的说明，则符合"开放式提问"的要求。面试的提问一般都应该用开放式的提问，以便引出面试者的思路，真实考查其水平。

三、非引导式提问

对于非引导式提问，面试者可以充分发挥，尽量说出自己心中的感受、意见、看法和评论。这样的问题没有"特定"的回答方式，也没有"特定"的答案。

四、封闭式提问

这是一种可以得到具体回答的问题。这类问题比较简单、常规，涉及范围较小。关于下面的一些情况常用封闭式提问：工作经历，包括过去的工作职位、成就、工作成绩、个人收入、工作满意与否以及调动原因。学历，包括专业、学习成绩、突出的学科、最讨厌的学科、课程设置等。早期家庭状况，包括父母的职业、家庭收入、家庭成员等。个性与追求，包括性格、爱好、愿望、需求、情绪、目标设置与人生态度等。对于这类问题，面试者一般不需要像回答开放式问题那样充分发挥，因为这类问题一般有具体而明确的答案，面试者只要根据自己的实际情况加以回答即可。

五、引导式提问

引导式谈话中，一方问的是特定的问题，另一方只能做特定的回答。主考官问一句，应试者答一句。这类问题主要用于征询面试者的某些意向、需要一些较为肯定的回答。

4. 结束面试

在面试结束之际，应留有时间回答面试者的问题，然后以尽可能诚实礼貌的方式结束面试。如果认为面试者可以被录用，就告诉其大概什么时间可以得到录用通知；对于不准备录用的面试者，也告诉他如果录用，会发通知给他。

5. 回顾面试

面试者离开后，主考官应当检查面试记录，填写结构化面试指导（如果在面试中没有填写的话），并趁面试在头脑中尚清晰时回顾面试的场面。在面试者离开后仔细回顾面试，这有助于主考官避免过早下结论和强调面试者的负面资料。主考官应该根据面试者现有的技能和兴趣来评价其能够做什么，根据面试者的兴趣和职业目标来评价申请人愿意做什么，并在申请人评价表上记录主考官的满意程度。

 **案例分析 4-4**

为什么他并不像我想象得那么好呢？

广州某广告有限公司市场部经理周总上月刚刚通过网络渠道招聘到一名高级市场经理魏某，此人是美国某大学的 MBA，以前做过某制造公司市场部经理，有过管理 20 多个下属的经验。初见面时，他给人的感觉十分干练、一表人才、足智多谋，因此周总对他非常满意。而 1 个月之后，周总则感到有些困惑，魏某有很多想法，说得也好，但实施能力却不足，特别是在与团队中其他人合作方面显得较差，也缺乏对团队成员的领导力。周总感到有些失望，"为什么他并不像我想象得那么好呢？在面试的时候怎么就没有看出这些问题呢？"

周总回想招聘过程，自己与魏某聊得特别开心，他的很多想法与自己如出一辙，按道理这样的人招进来不会有问题的呀？

当周总向某人力资源管理公司的主管述说自己的苦恼时，该主管问他："你们在招聘测试方面做了哪些工作？"

"还能测试？怎么测试？一定很麻烦吧，让他先进来试一段时间就看出行不行了。"

"如果行，大家皆大欢喜，但如果不行，您不是得不偿失吗？通过测试我们就可以在是否聘用某个员工之前得出一个结论，这样我们可以节省很多成本。"

"那你快点告诉我该怎么测试吧！"周总已经急于想了解招聘测试的方法了。

于是，该主管和周总就招聘测试的方法、内容、流程交流沟通到了深夜……

案例思考：结合具体实际，作为 HR 的你该如何设计人员选拔方法？

（五）影响面试效果的因素

在企业的录用面试过程中，主考官通常可能出现以下几个方面的问题，从而影响录用面试工作的效果，因此，需要在面试中有意识地努力克服。

1. 强调应聘者的负面资料

主考官比较容易受到应聘者负面资料的影响。这包括两个方面的含义。

一是主考官对应聘者的印象容易由好变坏，但不容易由坏变好。

二是对于应聘者同样程度的优点和缺点，主考官会强调缺点而忽视优点。

这种负面效应存在的原因是公司对主考官招聘到合格的员工通常没有奖励，而对招聘到不合格的员工却会进行批评或提出不满。这种只有惩罚而没有奖励的奖惩不对称性使主考官一般都比较保守，不愿承担风险。结果，面试经常被用来搜寻应聘者的不利信息，因此，大部分面试对应聘者不利。

2. 第一印象效应

主考官经常在见到应聘者的几分钟之内就已经根据应聘者的申请表和个人仪表做出是否录用的判断，而且即使延长面试时间也无济于事。如果主考官在面试之前就已经得到了应聘者的负面资料尤是如此。

3. 雇佣压力

当主考官处于雇佣较多应聘者的压力下时，主考官进行的面试可能会很糟糕。例如，在一项研究中，一群经理人员被告知他们没有达到招聘定额，另一群则被告知他们已经超过了招聘定额。那些被告知没达到招聘定额的经理人员对同样的应聘者的评价要比另一群经理人员更高。

4. 非言语行为的影响

作为主考官可能还会受到应聘者的非言语行为的影响。例如，几项研究表明，表现出更多眼神接触、头移动、微笑，以及其他非言语行为的应聘者得到的评价更高。

5. 主考官不熟悉工作要求

这是指主考官经常不了解工作内容，不清楚哪一种人才能够胜任工作。在这种情况下，主考官就无法依据与工作岗位要求密切相关的信息制定录用决策。经验表明，在人才选用标准不明确的情况下，主考官经常会给应聘者一个偏高的评价。

6. 对比效应

主考官的面试次序会影响应聘者的评价。一位普通的应聘者在连续几位不理想的应聘者之后接受面试常常会得到很高的评价，而同样这位应聘者如果在连续几位很理想的应聘者之后接受面试又会得到过低的评价。

（六）面试中常见的误区

1. 内容准备不够

有些招聘者临时被拉来负责招聘工作，事先对要招的岗位要求缺少了解，不知道应聘者应具备何种能力、专长、学历才能符合岗位要求，匆匆披挂上阵，他们不清楚从哪些方面来提问，采用什么样的方式提问，因而面试效果不佳。

2. 时间仓促

有些大公司在招聘时，由于岗位待遇颇诱惑人，因而应聘者云集，而招聘者时间不多，因而分配给每个应聘者的时间非常有限，以至于不能对应聘者做出判断。

有些招聘者一边与应聘者谈话，一边对下属做出批示或为秘书布置工作，或者因接电话而使面试过程被打断，应聘者因感到不受重视而愤懑、恼火。

3. 忽视姿态语言

面试过程中，双方信息交流的方式不仅限于语言，也包括姿态和行为。如果对方一连串的表情、姿势与语言表达的内容一致、协调，那么就可以充分相信对方的陈述，否则很可能受对方的迷惑和欺骗。

4. 缺少语言艺术

面试离不开语言的交流，而说话是一种艺术，要注意语言规范、发音清楚、语速适中。面试的过程是招聘者对应聘者进行了解、判断的过程。为了做出正确的判断，首先要对应聘者有清楚的了解，应该让应聘者多说，多表露自己的观点。而有些招聘者则忽视了这一点，说得多了，必然听得少，以至于不能从应聘者那里获取需要了解的东西。

5. 晕轮效应

晕轮效应是指根据不完全的信息即第一印象做出的对被知觉对象的整体印象与评价。人与人见面约 5 分钟后就会产生第一印象。最好的办法是用驳回代替确认，即利用预先判断作为假设，围绕其假设进行提问，并试图将其驳回。总之，第一个 5 分钟对应聘者至关重要，招聘者切不可妄下结论。

6. 轻视应聘者

有些大公司由于知名度高，福利待遇好，招聘时门庭若市，招聘者便有随便挑挑的想法，以至于不尊重应聘者的人格，在面试时有意无意地贬低应聘者的才能及过去的成就，故意提些问题为难应聘者，如此不但不能了解应聘者，而且会使应聘者产生对立、戒备情绪，甚至破坏公司的形象，招不到真正想要的人才。

7. 自信与刻板

有些招聘者过分自信，思想上已经有了定式，不管应聘者反应如何，他都根据自己事先已经考虑好的内容去判断，这样就会造成失误。

刻板印象是指有时对某个人产生一种固定的印象。例如，一听到老年人，马上就认为这是一种保守的人，认为穿牛仔裤的人一定是思想开放的人。这种刻板印象往往会影响招聘者客观、准确地评价应聘者。

8. 与我相似

与我相似这种心理因素就是指当听到应聘者某种背景和自己相似时，就会对他产生好感、产生同情这样一种心理活动。

任务结语

通过对本任务的学习，我们了解了简历筛选的基本方法，掌握了查看简历的工作内容以及如何透过简历看面试者，掌握了面试的基本分类、面试工作基本方法，重点掌握了面试的工作步骤、面试的心理误区。

知识拓展：连锁企业其他甄选工具　　知识拓展：连锁企业录用与评估

项目实训

实训内容

假如你是 ABC 公司的人力资源经理，现在你接到上级的要求——选择最合适的方式来为公司招聘一个财务主管。经过细心考虑，你认为用哪种招聘方式是最合适的？请撰写招聘广告。你所选择的广告媒体是什么？通过调查预估招聘费用。

实训目的

了解连锁企业人力资源招聘管理现状及存在的问题，让学生把握实施招聘工作的主要内容。

实训步骤

（1）4~5 人为一组（男生女生搭配），选一人为组长，负责协调与分工。

（2）可以讨论，也可以上网查资料，作业成果以书面形式提交，并签上小组成员名字。

（3）时间控制：利用休息时间，以课外为主，结合课堂指导。

实训评价

实训内容	评价关键点	分值	自我评价（20%）	同学评价（30%）	教师评价（50%）
组织过程	实训任务明确	20			
	团队分工合理	10			
招聘广告	结构完整	20			
	内容符合逻辑	20			
	形式规范	10			
	吸引力足	20			
合计					

复习思考

一、名词解释

1. 员工招聘。

2. 笔试。

3. 面试。

4. 压力面试。

5. 人员人才选用。

6. 劳动合同。

7. 结构化面试。

二、简答题

1. 描述内部招聘相对于外部招聘的优点、缺点。

2. 你认为招聘内部资源是有效的还是无效的？为什么？

3. 在面试中，主考官应该注意哪些问题？

4. 假设你在一个劳动力市场上招聘餐馆服务员，你将采用什么样的外部招聘方法和创造性的招聘方法？

5. 人员人才选用的方法有哪些？你认为在什么情况下采用什么方法最好？为什么？

6. 评价中心包括哪些方法？你认为在什么情况下采用什么方法最好？为什么？

连锁企业培训与开发

管理名言

职工培训是老板给职工最好的礼物。

——杰克·韦尔奇

项目导学

随着生产技术的发展、企业规模的扩大，工作内容和工作组织日趋复杂，人的因素受到越来越多的关注，人力资源培训的地位不断提升，成为连锁企业人力资源管理的一项日常工作。本项目在介绍培训基本问题的基础上，就人力资源培训与开发问题进行了研究与思考。本项目也对人力资源培训的重要性进行了分析。当今时代，人力资源已取代自然资源成为最重要的企业生产要素，是一个企业或事业单位最宝贵的资源，是企业竞争的优势所在。企业应建立完善的人力资源培训体系，熟悉培训的流程，重视培训的内容、方式和方法，在此基础上对全体员工实施培训，全面提升员工的适应能力和工作能力，进而提高企业的价值创造能力和战略实施能力。另外，企业还要重视人力资源开发系统。人力资源开发系统的构建应以企业发展战略、培训与开发系统战略规划、员工职业生涯发展规划和职位分析为基础。变化是企业发展永恒的主题，适应这种变化的环境则是企业生存和发展的首要任务，而培训正在成为企业增强应变能力的必要手段。长期以来，国际上的许多著名企业都非常重视员工培训工作。员工的培训与开发对企业改进生产效率、提高工作和产品质量以及增强竞争力是至关重要的。员工的培训与开发是企业人力资源管理的重要职能之一，是提高员工素质、拥有高素质人才队伍、帮助企业获得竞争优势的重要工作；同时也是开发企业人力资源潜能，帮助员工实现自身价值、提高工作满意度、增强对企业责任感和归属感的重要内容。因此，企业在任何时候都要十分重视员工的培训与开发工作。

学习目标

职业知识：了解员工培训的概念、作用以及类型和原则；掌握培训工作的基本流程；掌握培训的内容、方式和方法；理解人力资源开发的含义并掌握人力资源开发的途径。

职业能力：能制作连锁企业项目培训方案；能合理设计培训课程体系；提升统筹能力，重视人际交往。

职业素质：员工进入企业后，仍需接受培训及学习以提升能力。因此，企业员工必须具备自主学习能力和积极向上的意识。企业也应该树立以人为本的意识，结合企业员工工作特点和职业规划开展相应培训，通过丰富的工作内容，提升员工学习的积极性，支持员工全面发展，最终实现企业的发展。

思维导图

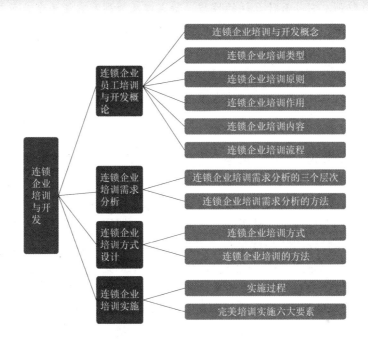

引导案例

波音公司的培训中心

美国中部圣路易斯市的密苏里河畔，有一块占地 286 英亩的"宝地"——波音领导培训中心。公司的管理人员轮流来此接受培训，开展交流。为此，波音公司投资高达 8 000 万美元。

由于参加培训人员的需求各异，请出全公司的 130 名管理人员，确认其事业发展过程中的五个转折点：第一次担任管理职务、准备担任中层管理职务、准备担任高级管理职务、担任高级管理职位的初期、迎接作为全球领导人的挑战，然后以此为依据开发核心课程。这些核心课程内容与业务需要完全匹配。一半教员是聘请的名牌大学教授，一半是公司高层管理人员。行政人员需参加一个为期 13 天的行政人员培训项目；承担国际职责的行政管理人员，则参加为期 27 天的"全球领导人培训项目"海外专题研讨会；对于有经验的中层经理，有为期 13 天的"战略领导研讨会"课程；而新提拔的中层经理，有为期 6 天的"当好中层经理"活动项目。此外，还有一个为期 5 天的"向经理层过渡"课程，为新提拔的基层经理而设立。

领导培训中心是一个思想火花撞击的角斗场。学员之间打破了职务界限，采取"一帮一"的互助行动，每个人发挥自己的特长和优势。在培训过程中，学员们畅所欲言，加强了相互沟通，也对公司以及自己所扮演的角色有了新的认识。他们认真思考担任领导意味着什么，思考如何才能尽善尽美。在讨论、解决问题和商业模拟练习的过程中，他们提高了理解力和技能，这些都是公司继续发展所必需的。当学员重返岗位后，大都能把在名为"明星联盟"的集中模拟训练中学到的东西用于实践，不仅学会了将知识转化为策略，明确了自己的商业职责，还开始从全局的角度看待整个公司。

什么是人员培训？它具有什么样的性质、特点以及原则？它能为企业员工带来什么样的变化、起到什么作用？这些问题是我们首先要弄清楚的。

任务1　连锁企业员工培训与开发概论

情境导入 \\\\\\

在企业人力资源管理工作中，招聘工作完成后的员工培训与开发效果将影响企业人才竞争力提升。深圳某实业（集团）股份有限公司与多家职业院校共同开展校企合作，将人才培养融入产教融合工作中，企业不仅关注校园招聘人才的数量，更注重校企协同育人培养的质量，开发员工培训课程体系，赋能员工可持续发展，切实有效推进职业教育育人目标。

该公司人力资源管理团队高度重视产教融合工作，根据项目进度与各合作院校沟通协调，从新生入学起，企业讲师将行业发展、企业文化、企业价值观与大学生职业规划等内容提前植入行业认知讲座中，强化企业雇主品牌形象。同时借助校企共建党支部、乡村振兴助农活动等校企党建活动赋能育人体系，全方位强化培训质量，为后续订单班招募、现代学徒制共建等育人项目夯实基础。同时该公司与合作院校定制订单班及现代学徒制项目教学标准及课程体系，脚踏实地推进育人培训项目。

任务描述 \\\\\\

1. 了解连锁企业培训与开发概念；
2. 能够正确区分连锁企业培训类型；
3. 能够正确理解连锁企业培训原则；
4. 重点把握连锁企业培训的作用。

在企业，对员工进行教育培训与开发是人力资源开发的重要组成和关键职能，是促使员工的行为方式在知识、技能、观念、道德品行等方面有所改进和员工队伍整体素质提高的重要工作。

在现代化生产条件下，世界科学技术迅速发展，企业装备不断提高，对员工素质的要求也在不断提高，并且各行各业的职业技术成分所占的比重逐渐增加，单凭体力从事的工作项目越来越少，生产工人的劳动技能不再是以体力为主，而是以智力为基础。同时，社会生产力的发展依赖于人类对文化科学知识的掌握和运用，生产力的提高是通过知识教育—积累—转化，从而促进生产率的进一步提高；而且从另一方面看，由于现代科学技术的发展，又加快了职业知识、技能的更新及提高，这就需要不断开发智力，以使人们对劳动对象的物质结构的认识逐步深化，从而更充分和有效地运用新技术，使企业得以发展。为了适应这种形势的要求，促进企业经营发展，就需要通过人力资源培训这一途径来提高员工的思想觉悟，帮助员工掌握必要的文化和技术，从而培养一批精通科学技术的工人、技术人员、管理人员，造就一支思想良好、作风过硬、技术精湛的员工队伍。

一、连锁企业培训与开发概念

培训与开发是一种有组织及针对性的知识传递、技能传递、标准传递、信息传递、信念传递、管理训练行为，它是组织员工学习的过程。其目的是通过培训使员工学到新的知识和技能，不断开发其智力，发挥其潜能。

连锁企业的培训根据不同岗位有所侧重，例如连锁门店岗位培训以技能传递为主，主要集中在上岗前培训。其目的是达到标准化、规范化作业管理，通过目标规划设定、知识和信息传递、技能熟练演练、作业达成评测、结果交流公告等现代信息化的流程，让员工通过一定的教育训练技术手段，达到预期的水平提高目标。在人力资源管理中，"培训"有着不同的名称和含义。如员工培训、企业培训、成人教育、员工教育、继续教育、职工教育、职工培训、人员培训等。但是，人们对于人力资源培训的基本内容和基本理解还是一致的，是为了强调企业对员工的培训，是企业人力资源开发和管理的主要职能之一，对于提高组织的人力资本存量、提升组织价值和竞争力有着重要意义。

人力资源培训是指组织为开展业务及培育人才的需要，采用各种方法对员工进行有目的、有计划的培养和训练的管理活动，其目标是使员工不断地更新知识、开拓技能，改进员工的动机、态度和行为，使其适应新的要求，更好地胜任现职工作或担负更高级别的职务，从而促进组织效率的提高和组织目标的实现。

培训与教育的区别在于：培训是企业为了提高员工执行工作上所必要的知识、技能与态度，或培养其解决问题的能力；而教育则指个人一般知识、能力的培养。培训可帮助员工学习与工作相关的技能，提高工作绩效并促进组织目标实现；教育使员工学习面向未来的工作能力。培训与教育是开发员工技术和能力的主要手段，也是实施战略的重要途径，因为它影响到员工的价值观、态度和习惯，它也是管理者所控制的一个重要的沟通手段。教育和培训均是通过学习经验而导致行为改变的历程。

二、连锁企业培训类型

员工培训与开发的项目和方式繁多，可以从不同角度分类概括。

（一）按照培训与开发的对象与重点划分

在组织中，若根据培训的对象层次，可划分为高级、中级和初级培训；若按照对象及其内容特点的不同来划分，一般可分为以下类型。

1. 新员工教育

组织新招收的员工面临着新的环境，有了新的心情，各个组织也有自己的特点，为了使二者尽快协调一致，使员工适应新的环境，掌握组织要求的技能等，组织必须开展新员工教育。

（1）上岗前教育。

上岗前教育的主要目的是消除新员工上岗前的不安，使之具有在组织内生活的愿望，其目标是尽快实现成为组织员工的早期转换，以长期的观点构筑培养基础。对于上岗前教育，因为新员工没有体验过组织内的生活，所以除了文字资料之外，影音资料的宣传教育和现场实习等也会取得较好的效果。

（2）上岗时教育。

上岗时教育分为导入教育和基础教育两类。导入教育主要是激发新员工对组织和工作的兴趣（组织概要、组织、方针、产品、干部的介绍，工作环境的参观等），让员工明白生活待遇和将来的期望（劳动条件、工会、劳动协作、就业规划、社会保险、劳动保险、退休金、养老金等）。基础教育主要是让员工在有关部门了解各工种，对内部工种进行比较观察，并根据新员工的适应性，再参照新员工的愿望合理配置。

2. 高层管理人员培训

组织管理的主体最终是组织的高层管理人员。组织中众多的员工如果没有成熟干练的高层管理人员引导，势必群龙无首，成为一盘散沙，组织的目标也将无法达到。高层管理人员的培训目的在于开发其经营能力。具体来说，有以下四点：第一，对未来的洞察力；第二，以此为前提的经营战略思想、决策能力；第三，经营指挥能力；第四，培养后继者的能力的形成、提高。高层管理人员的培训内容主要是政策法规、管理知识的培训等。

3. 管理人员培训

管理人员管理水平的增长带来的劳动生产率的提高比普通劳动者和固定资产投资带来的快得多。管理者在组织内基于经营战略、方针、计划，在作业现场作为指挥者，管理者是以组织的经营战略方针、计划为基础实现其目的的。所以对于组织来说，管理人员的培训更为重要。管理人员的培训主要有三个目标：第一个目标是掌握新的管理知识；第二个目标是训练担任领导职务所需要的一般技能，如做出决定、解决问题、分派任务等，以及其他一些管理能力；第三个目标是训练处理人与人之间关系的能力，使管理者与员工的关系融洽。培训方法有管理手段学习培训、研讨会培训、参加短期学习班等。

4. 普通员工培训

（1）自我学习。

自我学习是指每个员工根据自己的意志和判断使能力提高。每个人都有使自己称职于本职工作的要求，如果能够通过自己的从业经验知道应该掌握怎样的能力，一般人都会以自己的意志为之努力。要使自我学习法有成效，组织管理人员还应做推动工作，唤起员工自我学习的愿望，如对工作给予适当的评价等。

（2）岗位培训。

岗位培训是指上级组织在岗位上直接对下属员工进行的教育训练。这种方法的本来目的是使下属员工掌握工作上所必要的能力，具有以岗位为舞台而进行的特点。其优点在于：可以在劳动时间内反复进行，可以在把握下属员工状况的情况下进行有针对性的指导，可以直接确认指导后的效果，使员工能较好地理解。缺点在于：如果上级指导技术不足，则效果欠佳。

（3）岗位外培训。

岗位外培训是指离开岗位而进行的教育训练。现代组织岗位外培训变得越来越重要。其优点是员工可以专心致志地参加学习；由外部教师指导，效率高，可以和组织外的人交流。缺点是员工需停止日常业务工作。

5. 专业技术人员培训

国内外经验证明，现代化建设的关键是科学技术的现代化，没有充分的科技力量和大量的有文化、有技术的专门人才，实现经济增长是根本不可能的。科学技术进步又是突飞猛进的，知识爆炸，新技术、新发明、新开发层出不穷，科技人员要赶上并超越科技进步的潮流，没有经常性的培训学习是不行的。因此，专业技术人员的培训属于继续教育，一般是进行知识更新和补缺的教育。专业技术人员的培训要有计划性，每隔几年都应该有进修机会。进入高等院校进修、参加各种对口的短期业务学习班、组织专题讲座或者报告、参加对外学术交流活动或者实地考察等都是提高技术人员业务水平的有效途径。

（二）按照培训与开发同工作的关系划分

根据培训和开发与员工工作活动的关联性状况，一般可以分成以下三类。

1. 半脱产培训

半脱产培训是脱产培训与不脱产培训的一种结合，其特点是介于两者之间，可在一定程度上取两者之长，弃两者之短，较好地兼顾培训的质量、效率与成本等因素。但两者如何恰当结合是一个难点。

2. 脱产培训

脱产培训即员工脱离工作岗位，专门去各类培训机构或院校接受培训。这种形式的优点主要是员工的时间和精力集中，没有工作压力，知识和技能水平提高较快，但在针对性、实践应用性、培训成本等方面往往存在缺陷。

3. 不脱产培训

不脱产培训也称在职培训，指员工边工作边接受培训，主要在实际工作中得到培训。这种培训方式经济实用且不影响工作与生产，但在组织性、规范性上有所欠缺。

三、连锁企业培训原则

无论企业进行何种内容、何种形式、何种层次的员工培训，都必须使培训工作同企业或组织的发展目标、管理目标、生产方式及特点密切结合起来，因而培训的形式或内容可能有异。但是各类企业培训都有普遍适用的规则，其用于培训定位的培训原则基本是一致的，并没有必要走弯路、坚持全部独创。企业员工培训要得以成功、有效地实施，就要遵守员工培训的这些基本原则，做到"形不散而神也不散"。企业员工培训主要应遵循以下原则。

1. 全方位原则

企业员工培训涉及多项工作任务及多种知识与技能活动，且它们之间有着十分密切的关系。其中，任何一项活动的成功都有赖于其他项活动的成功。对任何一项培训活动分析、实施的遗漏或忽视，都可能使整个培训工作出现一个缺憾或薄弱环节。因此，在企业进行员工培训的活动中应该全方位地考虑所有与培训相关的问题，尽可能涵盖所有活动。

2. 效率原则

一般的效率原则是指在培训过程中一定的投入量所产生的有效成果。投入量是指组织为了实现培训目标所需消耗的人力、物力、财力。效率原则可用公式表示为：

$$效率 = 有效结果/投入量$$

提高效率的途径很多，可供采用的方法也很多，确定提高效率的对象并选择最为有效的方法就是培训实施过程的关键环节。如果从融入企业文化的效率原则看，可用公式就变成了：

$$基于企业文化的效率 = 企业得到的物质和精神的有效结果/投入量$$

从这个公式可以看出，企业对基于企业文化的人力资源培训投入量会更大，但培训的效果也会更持久。要使基于企业文化的员工培训有效果，要及时地在不同阶段利用不同方法进行不同层面的培训反馈（包括企业文化效果反馈和经济效率指标反馈），为下一阶段人力资源培训的进行提供依据。

3. 效益原则

一般企业的人力资源培训实施过程中的效益原则，就是要以尽量小的人力资源培训消耗，创造出最大的企业经济价值。如果企业的人力资源培训不遵循企业、社会的价值观，不与企业的发展相结合，向受训者提供的培训虽然消耗了大量的人力、物力、财力，但是这样的培训是没有效益的，是不利于企业发展的。所以要体现企业文化的效益原则，在企业人力资源培训实施过程中，一方面要尽量考虑以最小的企业投入的培训消耗，换取人力资源培训所带来的最大经济利益价值；另一方面要考虑企业人力资源培训中对企业文化的透彻理解，在人力资源培训中融入企业文化。例如，企业老员工或退休员工的"传、帮、带"等一系列的培训教育，尽管从表面看没有给企业带来实际的经济价值，但通过类似的培训活动，传承了企业的宝贵传统文化价值，对于提升员工对企业的忠诚度、使员工理解企业的规章制度是大有裨益的。从长远看，企业文化价值最终也会直接体现到企业的经济效益上。

4. 改进创新原则

企业员工培训受社会生产力发展水平、人员素质、企业经济状况及需要不一，以及文化传统与背景等多种因素的影响。在组织企业培训时，要考虑与各类受训员工的工作、知识、技能的现状及发展要求相适应，与我国的经济、科技和社会进步的发展需要相适应，同时还要充分反映新的科学理念、新的知识、新的技术等信息。企业员工培训的多变与不稳定的特征，使企业培训系统成为一个充分考虑个人、企业、社会、经济、文化的相互作用的动态系统。因此，要针对不同的工作性质、不同的岗位特点、不同的培训层次、不同的培训对象，合理安排培训工作，选择适宜的培训方式和方法，通过改进创新适应不断的培训新需要，使员工有计划、有步骤地补充和改善知识结构、增进技能、提高素质，适应实际工作的不同需要。

5. 战略原则

企业在组织员工培训时，要从企业发展战略的角度去把握培训的全局，去思考问题，去适应环境变化，这样才能避免"为培训而培训"这一最大误区的出现，才能有条不紊、顺利有效地为企业做好人才储备。

企业培训由一系列培训项目构成，培训项目本身由需求调查、课程设计、培训实施以及培训评估等一系列活动构成。因此，企业在安排培训项目时，只有以明确的培训整体发展计划为依托，以培训战略为基础，针对每一个培训项目详细地制订计划和加以实施，才不会使培训混乱、无效，才不会导致发现一个培训需要就搞一个培训项目现象的发生。

企业员工培训不仅要重视培训战略的制定，还要注意处理好企业员工培训长远战略与近期目标的关系，做到既能满足当前企业生产或经营的迫切需要，又考虑到长远的战略发展。然而很多时候，近期目标和长远目标在培训需要的物质条件上（如人、财、物等）的利用极易产生冲突，且近期目标可能立竿见影，使企业容易看到短期利益而忽视了企业培训战略，将重点放在企业员工培训的短期行为上，这就极大地阻碍了企业培训正常有序地开展。因此，为了更好地制定、实施企业培训战略，要进行周密思考和准备。

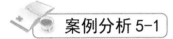 **案例分析 5-1**

快而好连锁餐饮公司应该如何改进培训？

快而好连锁餐饮公司开办不足 3 年，发展得很快，从开业时的 2 家门店，到现在已经成为由 30 多家分店组成的连锁网络。

不过，公司分管人员培训工作的副总经理张某却发现，直接寄到公司和由"消费者协会"转来的顾客投诉越来越多，上个季度竟达 80 多起。这不得不引起他的不安和关注。这些投诉并没有反映大的问题，大多是鸡毛蒜皮的小事，如抱怨菜及主食的品种、味道，卫生不好，价格太贵等；但更多是有关服务员的服务质量，投诉提及服务员不仅态度欠热情、上菜太慢、卫生打扫不彻底、语言不文明，而且业务知识差，对顾客有关食品的问题，如菜的原料、规格、烹制程序等一问三不知，而且有时顾客发现饭菜不太熟，服务员拒绝退换。

张某分析，服务员业务素质差，知识不足，态度不好，主要因为生意扩展快，大量招入新员工，匆忙开展半天或一天岗前集训，有的甚至未培训就上岗干活了，这样当然会影响服务质量。服务员工作实行的是两班制。张某指示人力资源部杨部长拟订一个计划，对全体服务员进行为期两周的业余培训，每天三小时。既有"公共关系实践""烹饪知识与技巧""本店特色菜肴""营养学常识""餐馆服务员操作技巧训练"等务"实"的硬性课程，也有"公司文化""敬业精神"等务"虚"的软性课程。张某还准备亲自去讲"公司文化"课，并指示杨部长制定"服务态度奖励细则"并予以宣布。经过培训，效果显著，以后连续两个季度，投诉事件分别减至 32 起和 25 起。

案例思考：如果你是该公司的人力资源经理，该如何改变现状？

四、连锁企业培训作用

企业员工培训作为企业人力资源开发的关键内容之一，已被视为"向管理要效益"的基础性工作，更被视为企业与员工共同成长的联系纽带。从员工个人来看，员工培训可以提高自我职业能力，充分发挥和利用其人力资源潜能，更大程度地实现其自身价值，提高工作满意度，增强对企业的组织归属感和责任感，转变员工的观念；从企业来看，员工培训可提高员工的能力与素质，以便更好地服务于企业的发展，并且有效的培训可以减少事故、降低成本、提高工作效率和经济效益，从而增强企业的市场竞争力，强化企业体制的完整性，增强企业文化的凝聚力，发展企业智力来源，协助企业体系进步。据专家预测，在今后的 5 年内，75%的职业可能都是新的，在知识爆炸的时代，没有人能详细地了解他将来从事的职业需要哪些知识和技能。因而，一个企业想要永葆生产经营的活力，就一定要让自己的员工不断适应新形势的发展要求，对员工进行系统、有效的培训，不断更新他们的知识与技能，这样才能使本企业在国内外激烈的市场竞争中保持人力资源的战略优势，使企业永立于不败之地，可持续地发展下去。也可以说，企业人力资源培训是锻造企业活力的真正之本，是塑造自我职业竞争力的源泉。通过培训，企业才能有效地保证员工素质的一致性、员工与企业运作的协调性，才能保证企业内部稳定运行的各个环节的充分吻合。培训的作用主要体现在以下两个方面。

1. 对于员工的作用

（1）为组织造就人才。

有效的培训会使员工的知识水平、技术能力及人际关系的处理能力都得到强化，从而使员工成为某一领域的专门人才。

（2）提高员工工作绩效。

通过对员工进行有效的培训和开发，员工的知识结构得到更新，工作技能明显提高，人际关系得到改善。

（3）有助于提高和增进员工对组织的认同感和归属感。

通过培训，组织中具有不同的价值观、信念、工作作风的员工和谐地统一起来，为了共同的目标而各尽其力。

（4）改善员工工作态度，增强组织的稳定性。

通过培训，员工可以提高自己胜任工作的能力，也可以帮助组织改变不良的管理实践，从而使员工对组织产生新的认识，在一定程度上改变员工的工作态度，缓解员工的波动情绪。

2. 对于组织的作用

（1）促进组织变革与发展，使组织更具生命力和竞争力。

组织发展的内在动力就在于组织的不断创新。员工的培训与开发，为组织发展提供了智力资源，使组织不断调整自己的战略，朝更高的目标迈进。

（2）员工培训是培育企业核心竞争力的基本途径。

企业间竞争的成败，越来越取决于企业核心竞争能力的大小。而人力资本是 21 世纪企业的核心竞争力所在。企业人力资本的扩充和增强有两条主要途径：一是从激烈竞争的市场中直接取得，二是对现有员工进行培训与开发。但现实的情况是：一方面，市场上可能没有足够符合企业条件的人才储备；另一方面，人才的社会化造成了人才的高流动性，企业有可能无法吸引或留住人才。这就要求企业不断地培训和开发自己独特的、不可模仿的人力资本。企业通过人力资源培训，扩充和增强人力资本存量，进而提高劳动生产率，提高产品技术含量和竞争力，提高科技成果的转化率，提高管理水平和管理效果。因此，必须从根本上规范和加强企业的人力资源培训。

（3）员工培训是建立学习型组织的必然要求。

美国《财富》杂志指出："未来最成功的公司，将是那些基于学习型组织的公司。"学习型组织是企业未来发展的趋势。要想在知识经济时代立于不败之地，就必须构建学习型组织，使组织成员和组织不断学习、不断进步。一个企业只有当它是学习型组织的时候，才能保证出现源源不断的创新，才能具备快速应变市场的能力，才能充分发挥员工人力资本和知识资本的作用，也才能实现企业满意、顾客满意、员工满意、投资者和社会满意的最终目标。人力资源培训无疑是构建学习型组织的重要途径。通过组织实施有效培训，组织中才能形成学习的氛围，才能引导组织成员和整个组织养成持续学习的习惯、规范科学的学习方法，最终成为学习型组织。

（4）员工培训是人力资本投资的基本形式。

人力资源培训是人力资本投资的基本形式之一。据国外有关资料测算，一个大学毕业生所学知识仅占其需要的职业技能知识的 1/10 左右，大量知识和技能是靠走上工作岗位后的"再教育"或称"人力资本的再生产"完成的。另外，社会经济和科学技术的飞速发展，不仅使物质资本的无形损耗加剧，而且使原来已经受过专门教育的"合格"的人力资本加速贬值。为了克服这种知识老化造成的人力资本贬值，通过各种形式的"再教育"，不断增加和积累现有人力资本存量，更新和提高人力资本质量水平，对于推动经济的持续增长具有重要意义。

（5）员工培训是人力资源管理系统中的一项重要职能。

人力资源培训同人力资源管理的其他工作职能紧密相连，共同构成人力资源管理体系。培训可以为雇员在现任岗位、晋升、平级调动、转岗和降级这些人力资源计划中可能担当更大的责任做好准备。人力资源培训具有从根本上提升员工素质与企业人力资本存量的职能，在人力资源管理的职能中起着不可替代的基础性作用。如果培训工作没有做好，势必影响到人力资源管理系统内其他职能作用的发挥。只有将培训工作做细、做强，并与其他职能建立起密切而有机的联系，人力资源管理才能真正收到实效，企业才能真正从培训中获益。

总之，人力资源培训具有很重要的作用。一方面，企业中的员工通过培训提高知识与技能、端正工作态度、培养自身创造力，以适应工作需要而不被淘汰，进而谋求得到更多的报酬或更好的工作与发展机会；另一方面，企业通过对员工实施有效的培训，提高员工的专业水平和工作能力，培养员工的企业精神和团队精神，提高员工在企业生产过程中的工作效率与工作积极性，提升企业效益，促进企业发展。同时，企业职工培训也是促进人力资本尽快增值的有效方法。

五、连锁企业培训内容

企业培训的内容不仅包括知识、技能、技巧和方法的传授，还包括理念、价值观的树立和文化的熏陶等，可谓层次不一、立体多元。本书对企业培训内容进行以下分类。

1. 态度

态度指员工通过培训习得的对人、对事、对物、对己的反应倾向。作为一种学习结果，它会影响员工对特定对象做出一定的行为选择。如售后服务部门员工要热情、周到地对待客户咨询与投诉，并在 24 小时内回复来电或来函。

要呈现正确态度的榜样，正确态度得到强化的示范，创设激发认知的情境。

2. 数字化技能

数字化技能指员工经过培训后能够熟练运用岗位所需的数字化工具的能力。随着数字化经济的发展，连锁企业不同岗位都需要熟练使用各项数字化工具，如软件操作、工具使用等，加强相关数字化工具使用培训，能够有效提升员工操作数字化工具的效能，也适应当下数字化经济发展趋势。培训师要有适当的言语指导，呈现精心挑选的正反案例，安排间隔性的复习。

3. 言语表达

言语表达作为一种职业必须技能，指员工通过培训，能记忆名称、符号、时间、对事物的描述等具体事实，并能够在需要的时候将这些事实表述出来及合理有效开展沟通的能力。例如，学习连锁门店安全管理的相关规定就属这一类培训。这类培训较为简单，但言语作为思维的载体，其大量掌握不仅可以为其他培训提供指导，也更易促成培训的迁移。

言语表达的培训重点在于要提供相关的有意义背景，使员工在新旧知识之间建立联系；同时要提供一些外部线索，以减少信息混淆的可能性。

4. 动作技能

动作技能指员工通过培训能够获得的、按一定规则协调自身肌肉运动的能力。它通常表现为在各种工作情境中能够精确而流畅地从事动作活动。例如，针对连锁茶饮门店的员工，要进行通过加强茶饮制作的训练形成肌肉记忆等技能操作培训。

该部分培训要有有效的指导与示范、动作技能的分解与整合训练，并要有大量的反复练习，为练习提供及时而全面的反馈信息。

5. 认知策略

认知策略是指对员工进行的，运用使有关人员如何学习、记忆、思维的规则来支配自身的学习、记忆或认知行为，并提高学习、记忆或认知效率。培训后员工的主要表现是能够选择有效的手段解决各种实际问题。例如，培训员工如何管理自己的思考和学习过程，从而使其能够使用三种不同策略判断设备故障。

该部分培训要创设问题情境，激发员工的探究和思考，提供变式练习的机会。

以上各种分类并非泾渭分明，各培训类型有时也是相互交织的。如很多情况下，态度的学习都与一定的动作技能学习相联系。但要明确的是，不同类型培训所需内外条件是不同的，对培训内容加以分类，可为考察培训情境及其限制因素提供明确方向。

六、连锁企业培训流程

企业的战略往往通过中长期的企业目标得以体现，而人力资源培训就是为了更好地执行企业的中长期目标而设定的。因此作为整个企业战略的一个组成部分，人力资源培训应该在整体战略中来制定和实施。要根据企业战略，通过对企业未来人力资源的需求和要求的分析与预测，综合考虑财务等多种因素，制定出使企业人力资源培训与企业发展相适应的综合性发展计划。首先，管理者需要界定人力资源培训的使命、愿景，使其符合企业的价值观，服从于企业的战略；其次，将这些确定下来的内容转变为人力资源开发战略目标和广义的行动过程，包括实现这些内容的计划、项目和程序；再次，在此基础上确定人力资源部门和其他相关职能部门的行动计划和目标，通过制定预算与资本决策来进行资源分配；最后，还要对培训的效果进行评估。一般来说，培训可分为五个步骤进行：培训需求分析、培训计划制订、培训教学设计、培训实施、培训效果评估，如图5-1所示。

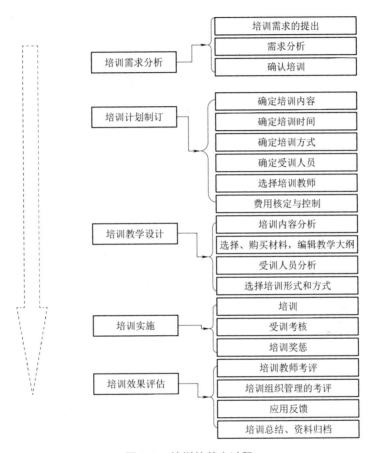

图5-1　培训的基本过程

(一) 培训需求分析

培训需求分析的主要目的是确定连锁企业员工是否需要培训以及什么方面需要培训。它又可以分为以下几个阶段。

(1) 培训需求的提出。相关人员根据企业员工的要求和现实表现之间的差距，提出培训需求的意向，并报告企业培训组织部门的负责人。

(2) 需求分析。分析目的是确定企业员工是否需要培训，哪些方面需要培训。要求和现实之间的差距可能是由多种因素造成的，并非都是人的素质和能力的原因，所以要求对产生差距的原因进行全面的分析，如果不是人的因素就要排除培训或者否定培训的意向；如果是人的因素也要充分考虑现任职员是否具备培训的能力、培训教育费用，或者在短时间内能否达到培训目标的要求。

（3）确认培训。就是确认企业哪些岗位的任职人员需要培训，需要提高的是能力还是素质，是哪些方面的能力或素质。

（二）培训计划制订

这是企业培训准备工作的第一步，在这个环节中主要包括以下内容。

（1）确定培训内容。

（2）确定培训时间。

（3）确定培训方式。

（4）确定受训人员。

（5）选择培训教师。

（6）费用核定与控制。

（三）培训教学设计

这个环节是进入实质性培训的开始，这个阶段是以培训教师为主要执行人而进行的工作。教学设计的内容一般包括以下几个方面。

（1）培训内容分析。

（2）选择、购买材料，编辑教学大纲。

（3）受训人员分析。

（4）选择培训形式和方式。

（四）培训实施

这是培训的中心环节，这个环节主要是在企业培训组织管理部门或岗位人员的组织下，由培训教师实施培训，并由该培训项目的组织管理责任人组织考核和考评。

（1）培训。培训教师在规定的时间、场所对所确定的受训人员进行培训。

（2）受训考核。这是考核受训人员对受训内容的接受情况，并且是督促受训人员的一种方法。

（3）培训奖惩。这是督促受训人员接受培训的一项强制和激励措施，是保障良好培训效果的一种重要手段。

（五）培训效果评估

这是培训的最后一个环节。它是对培训进行控制的一种手段，通过他来对培训进行修正、完善和提高。具体来讲，培训效果评估包括以下几个方面内容。

（1）培训教师考评。

（2）培训组织管理的考评。

（3）应用反馈。

（4）培训总结、资料归档。

培训实施注意事项如表 5-1 所示。

表 5-1　培训实施注意事项

培训阶段	注意事项
培训前	制订培训计划 编写培训教材 聘请培训教师 安排培训场所 准备培训设备 安排好有关人员的食宿
培训中	保持与培训人员的联系 保持与受训人员的联系 观察受训人员的课堂表现 及时将受训人员的意见反馈给培训人员 保证培训设施的便利使用 保证培训场所的干净整洁 适当安排娱乐活动
培训后	评价受训人员的学习效果 听取培训人员和受训人员的改进意见 酬谢培训人员 培训总结 跟踪调查受训人员的工作绩效 调整培训系统

任务结语

通过对本任务的学习，我们了解了培训的定义及其内容，掌握了培训的原则、程序，重点掌握了培训的内容、培训的作用。

任务2　连锁企业培训需求分析

情境导入

RA 公司位于华南地区，拥有超过 300 家连锁门店，处于向上发展阶段。近段时间，公司客流下降严重，通过数据分析，公司认为：消费者对于品牌认知还是不错的，商圈分析及选址、选品等都没有太大问题，主要问题出现在门店服务及鲜度管理方面，这就需要加强门店员工的服务培训及商品管理技能培训，于是公司决定通过开设一系列课程解决这个问题。

培训被安排在工作时间之后，要求员工在休息时间到公司总部参加培训，历时 10 周，没有额外补贴，员工可以自愿听课。但人事主管表示员工如果积极参加培训，将记录到个人发展档案，作为升职加薪的参考指标。

课程由业务部门李经理进行主讲，公司内所有对此感兴趣的员工都可以去听课学习。刚开始时听课人数有 30 人左右，课程快结束的时候已经下降到 10 人左右。而且培训时间多数安排在晚上，因此不少听课人员心不在焉，总想提早结束课程回家。

人力资源部门进行总结的时候，认为授课培训讲师设计的课程内容充实、知识系统，而且授课方式丰富幽默、引人入胜，听课人数减少不是授课讲师的过错。公司负责人李总不解，问道："既然培训讲师没有过错，那活动组织培训不成功，效果不佳，又是什么问题导致的呢？"人力资源部门负责人无言以对。

任务描述

1. 理解连锁企业培训需求分析的三个层次；
2. 掌握连锁企业培训需求分析的方法。

彼得·圣吉在《第五项修炼》中写道："未来唯一持久的优势，是谁有能力比他的竞争对手学习得更快。"知识经济时代，企业对员工进行科学系统的培训，已成为企业成功发展的必要条件。培训是连锁经营企业的生命力所在，是企业不断学习新知识的源泉。培训不仅可以帮助企业充分利用人力资源潜能，实现员工的自身价值，提高工作满意度，而且可以降低成本，提高工作效率和经济效益，从而增强企业市场竞争力。

一、连锁企业培训需求分析的三个层次

培训需求分析是在企业战略与培训目标两者达成一致的前提下进行的，包括针对工作层面、个人层面、组织层面三个不同层次的分析。

1. 工作层面

针对工作层面的分析主要是通过对员工各自承担的职责，包括执行任务所需要的知识、技能、经验，研究员工的行为与期望的行为标准，找出现实状态与理想状态下的差距，从而确定其需要接受的培训。当然这时也应当把现有工作岗位的标准与市场同行业先进水平进行比较，岗位培训的目的必然是通过培训能够达到同行业岗位领先水平。

2. 个人层面

针对个人层面的分析主要是分析员工的工作表现，现有的知识、技能与所承担的责任是否匹配，涉及每个能力的主要行为表现指标，衡量其能力是否足以应付目前及将来的职位需要。

3. 组织层面

针对组织层面的分析是就企业的整体战略、发展目标、人力资源需求结构、企业效率进行分析，从组织角度确定培训的总体设计，当然也要考虑到年度财务的限制，合理安排培训需求的重要次序。刚开始进行这样全面的培训需求分析时，一定会有特别多的培训内容待安排，而任何一个企业的物力都是有限的，所以应当把每一分预算都用在最为关键和迫切的地方。

通过对上述三个层面的需求分析，我们确定了培训对象及主要内容，这时候要就每一个具体的部门和岗位制定培训目标，只有有了具体到部门和岗位的目标，才能形成自己的培训体系。这个层次目标的设定既要把部门与企业有机地结合起来，使部门的培训围绕企业战略

展开，也要使制定的目标是本年度培训所能达到的。这样的目标才有意义，才能在培训评估时有参照标准，才能使整个培训流程有的放矢。整个培训需求的分析，既要考虑部门的需求，同时又贯穿到人力资源培训整个计划的可行性等限制中。

这里需要指出的一点是，人力资源培训是一个累积的过程。企业对其投入得越早，后期对于企业的发展越有帮助。而且如果企业因人力资源问题导致的企业绩效前期落后于同行业水平，那么差距只会越来越大。因此用一句话来说就是：先投入要优于晚投入，晚投入要优于不投入。

案例分析 5-2

施乐公司通过培训获取竞争优势

作为新任施乐公司（Xerox）的首席执行官，戴维·凯恩斯（David Keans）面临一个严重的问题。由于复印机行业的竞争十分激烈，施乐公司本土和海外的市场份额正经历着严重的下滑，从 18.5% 下降到 10%。

凯恩斯意识到，要想重新获取竞争优势，施乐公司必须大力改善其产品和服务质量。因此，施乐公司开发并贯彻执行了一个名为"通过质量来领导"的 5 年计划。该计划有两项基本内容：第一，使消费者永远满意；第二，提高质量是每一位施乐员工的工作。

为了贯彻这一计划，施乐公司开设了一系列培训课程，都是针对指导员工加强质量意识，在质量改善方案中完成新的工作任务。首先，管理部门向员工说明施乐公司为什么要从事这样大规模的质量培训计划，高层管理部门认为的质量含义是什么，以及每个员工的任务是什么。随后，向部门经理及其员工提供有效的团队工作和以解决问题的技能为中心的培训。之后，鼓励员工在工作中实践这些新的技能，经理则提供反馈和咨询意见来帮助他们调整这些技能。

施乐公司的这次培训费用十分昂贵并消耗了大量时间，估计花掉 1.25 亿美元和 400 万工时。然而，培训的效果却远远超过它的支出。消费者的满意度增加了 40%，对有关质量的投诉降低了 60%。更重要的是，施乐公司重新夺回了复印机市场的王位。

案例思考：施乐公司的培训为企业带来哪些改变？

二、连锁企业培训需求分析的方法

可以用来进行培训需求分析的方法有许多种，在这里主要介绍八种可供选择使用的培训需求分析方法：访谈法、问卷调查法、观察法、关键事件法、绩效分析法、经验判断法、头脑风暴法、专项测评法。

1. 访谈法

这种方法就是通过与被访谈人进行面对面的交谈来获取培训需求信息。应用过程中，可以与企业管理层面谈，以了解组织对人员的期望；也可以与有关部门的负责人面谈，以便从专业和工作角度分析培训需求。一般来讲，在访谈之前，要求先确定到底需要何种信息，然后准备访谈提纲。访谈中提出的问题可以是封闭性的，也可以是开放性的。封闭式的访谈结果比较容易分析，但开放式的访谈常常能发现意外的更能说明问题的事实。访谈可以是结构式的，即以标准的模式向所有被访者提出同样的问题；也可以是非结构式的，即针对不同对象提出不同的开放式问题。一般情况下是把两种方式结合起来使用，并以结构式访谈为主、非结构式访谈为辅。

采用访谈法了解培训需求，应注意以下几点。

（1）确定访谈的目标，明确"什么信息是最有价值的、必须了解的"。

（2）准备完备的访谈提纲。这对于启发、引导被访谈人讨论相关问题、防止访谈中心转移是十分重要的。

（3）建立融洽的、相互信任的访谈气氛。在访谈中，访谈人员需要首先取得被访谈人的信任，以避免产生敌意或抵制情绪。这对于保证收集到的信息具有正确性非常重要。

另外，访谈法还可以与下述问卷调查法结合起来使用，通过访谈来补充或核实调查问卷的内容，讨论填写不清楚的地方，探索比较深层次的问题和原因。

2. 问卷调查法

这也是一种为大家所熟知的方法。它是以标准化的问卷形式列出一组问题，要求调查对象就问题进行打分或做是非选择。当需要进行培训需求分析的人较多且时间较为紧急时，就可以精心准备一份问卷，以电子邮件、传真或直接发放的方式让对方填写，也可以在进行面谈和电话访谈时由调查人自己填写。在进行问卷调查时，问卷的编写尤为重要。

编写一份好的问卷通常需要遵循以下步骤。

（1）列出希望了解的事项清单。

（2）一份问卷可以由封闭式问题和开放式问题组成，两者应视情况各占一定比例。

（3）对问卷进行编辑，并最终形成文件。

（4）请他人检查问卷，并加以评价。

（5）在小范围内对问卷进行模拟测试，并对结果进行评估。

（6）对问卷进行必要的修改。

（7）实施调查。

3. 观察法

观察法是通过到工作现场，观察员工的工作表现，发现问题，获取信息数据。运用观察法的第一步是要明确所需要的信息，然后确定观察对象。观察法最大的一个缺陷是，当被观察者意识到自己正在被观察时，他们的一举一动可能与平时不同，这就会使观察结果产生偏差。因此观察时应该尽量隐蔽并进行多次观察，这样有助于提高观察结果的准确性。当然，这样做需要考虑时间上和空间条件上是否允许。

在运用观察法时应注意以下几点。

（1）观察者必须对要观察的员工所进行的工作有深刻的了解，明确其行为标准。否则，无法进行有效观察。

（2）进行现场观察不能干扰被观察者的正常工作，应注意隐蔽。

（3）观察法的适用范围有限，一般适用于易被直接观察和了解的工作，不适用于技术要求较高的复杂性工作。

（4）必要时，可请陌生人进行观察，如请人扮演顾客观察终端销售人员的行为表现是否符合标准或处于何种状态。

4. 关键事件法

关键事件法与整理记录法相似，它可以用以考察工作过程和活动情况，以发现潜在的培训需求。被观察的对象通常是那些对组织目标起关键性积极作用或消极作用的事件。确定关键事件的原则是：工作过程中发生的对企业绩效有重大影响的特定事件，如系统故障、获取大客户、大客户流失、产品交期延迟或事故率过高等。关键事件的记录为培训需求分析提供了方便而有意义的消息来源。关键事件法要求管理人员记录员工工作中的关键事件，包括导致事件发生的原因和背景、员工特别有效或失败的行为、关键行为的后果，以及员工自己能否支配或控制行为后果等。

进行关键事件分析时应注意以下两个方面。

（1）制定保存重大事件记录的指导原则并建立记录媒体（如工作日志、主管笔记等）。

（2）对记录进行定期分析，找出员工在知识和技能方面的缺陷，以确定培训需求。

5. 绩效分析法

培训的最终目的是改进工作绩效，减少或消除实际绩效与期望绩效之间的差距。因此，对个人或团队的绩效进行考核可以作为分析培训需求的一种方法。

运用绩效分析法需要注意把握以下四个方面。

（1）将明确规定并得到一致同意的标准作为考核的基线。

（2）集中注意那些希望达到的关键业绩指标。

（3）确定未达到理想业绩水平的原因。

（4）确定通过培训能够达到的业绩水平。

6. 经验判断法

有些培训需求具有一定的通用性或规律性，可以凭借经验加以判断。比如，一位经验丰富的管理者能够轻易地判断出他的下属在哪些能力方面比较欠缺，因而确定应进行哪些方面的培训。又如，人力资源部门仅仅根据过去的工作经验，不用调查就知道那些刚进入公司的新员工需要进行哪些方面的培训。还如，公司在准备将一批基层管理者提拔为中层干部时，公司领导和人力资源部门不用做调研，也能大致知道这批准备提拔的人员应该接受哪些培训。再如，在企业重组或兼并过程中，有关决策者或管理部门不用调研，也能大致知道要对相关人员进行哪些方面的培训。

采取经验判断法获取培训需求信息可以十分灵活，既可以设计正式的问卷交由相关人员，由他们凭借经验判断提出培训需求，还可以通过座谈会、一对一沟通的方式获得这方面的信息。培训部门甚至可以仅仅根据自己的经验直接对某些层级或部门人员的培训需求做出分析判断。那些通常由公司领导亲自要求举办的培训活动，其培训需求大多来自公司领导的经验判断。

7. 头脑风暴法

在实施一项新的项目、工程或推出新的产品之前需要进行培训需求分析时，可将一群合适的人员集中在一起共同工作、思考和分析。在公司内部寻找那些具有较强分析能力的人并让他们成为头脑风暴小组的成员，还可以邀请公司以外的有关人员参加，如客户或供应商。

头脑风暴法的主要步骤如下。

（1）将有关人员召集在一起，通常是围桌而坐，人数不宜过多，一般十几人为宜。

（2）让参会者就某一主题尽快提出培训需求，并在一定时间内进行无拘无束的讨论。

（3）只许讨论，不许批评和反驳。观点越多、思路越广越好。

（4）所有提出的方案都当场记录下来，不做结论，只注重产生方案或意见的过程。

事后，对每条培训需求的迫切程度与可培训程度提出看法，以确认当前最迫切的培训需求信息。

8. 专项测评法

专项测评法是一种高度专门化的问卷调查方法，设计或选择专项测评表并进行有效测评需要大量的专业知识。通常，一般的问卷只能获得表面或描述性的数据，专项测评表则复杂得多，它可通过深层次的调查，提供具体且较系统的信息，比如可测量出员工对计划中的公司变化的心理反应以及接受培训的应对准备等。由于专项测评法操作要求极高，并需要大量的专业知识作为支撑，企业一般是外请专业的测评公司来进行。然而，由外部专业公司提供专项测评，会受到时间和经费的限制。

最后，运用这些方法分析培训需求时，需要慎重考虑每一种被使用的方法的具体使用效果：其中的一些方法本身就可能无法得出"全面客观"的结果，而其中的另一些方法则需要企业"用到位"才可能产生"全面客观"的结果。

任务结语

通过对本任务的学习，我们了解了培训需求分析的三个层次，掌握了培训需求分析的方法。

知识拓展：连锁企业培训计划制订

任务3　连锁企业培训方式设计

情境导入

培训是连锁经营中一个非常重要的环节，这一点被列入特许经营相关法规，《商业特许经营管理条例》第十四条规定："特许人应当向被特许人提供特许经营操作手册，并按照约定的内容和方式为被特许人持续提供经营指导、技术支持、业务培训等服务。"首先从培训效果来看，初始培训不能解决特许经营体系中的所有问题。因此需要针对体系设计培训方式，做好培训规划，有效推进企业文化、业务技能、商品或服务知识等培训。其次从培训对象来看，除了受许人外，还有特许人本身、特许人企业员工、网点管理者和基层员工都需要接受相应培训，不仅招商人员和督导人员需要加强培训，广告营销、财务管理、法务、技术支持等部门与加盟商及其员工也会进行接触沟通，所以也应注意做好有效培训，从而推动连锁企业全方位、全链路地持续学习，实现自我提升。

任务描述

1. 了解连锁企业培训方式；
2. 熟练掌握连锁企业培训的方法。

员工是企业的主体，只有不断提高员工自身素质，才能使他们更好地完成工作任务，更好地提高企业的绩效。所以，企业要注重对员工进行可持续开发，培养员工的知识、技能、经营管理水平和价值观念，采用不同的管理方法，使员工得到锻炼，充分发挥其主动性和创造性。同时确保企业能够获得具有良好技能和具有较高激励水平的员工，进而使企业获得持续的竞争优势，形成组织战略的能力。

一、连锁企业培训方式

培训方式的选择影响着培训的效果。随着培训工作的普遍开展，企业对培训方式的要求也越来越高。

培训的方式具体包括以下几种。

1. 外派学习

这是指派出部分人员参加外部培训机构或大学主办的培训课程、讲座或进修课程。参加这类培训的往往是企业中高层级的营销或销售管理人员。

这种培训方式的优点是：在参加学习的人员较少的情况下，学习成本相对于聘请外部专家来企业内部授课成本较低；由于参加这类培训班课程学习的往往有来自多行业的学员，学员之间不仅可以相互交流实践经验，甚至可以获得新的销售机会；在这类培训班中，培训师可以无所顾忌地讲授新思想和新观念，因而学员可能学习到新的有用的知识和技巧。

2. 视频学习

视频学习包括两种具体方式：一是自主开发微课，让员工在企业 App 完成观看和学习考核，完成培训全过程记录。这种方式的开发成本较高，但针对性较强。二是购买培训公司的网络视频课程，让员工随时上网学习。这一方式的成本相对较低，深受中小型连锁企业青睐。

3. 师傅带教制

采取师带徒方式有两种经验可循：一是指定内部资深的人员作为新进人员或资历浅的员工的师傅，二是聘请一位或多位外部顾问作为特定人员的师傅。二者的共同特征是：当徒弟在工作中碰到问题时，可以随时或定期向师傅请教；师傅在徒弟有请求时，会尽力给予指导。

4. 专家讲座

这是最常见的培训方式之一，已经为许多企业经常性采用。这种培训方式的通用形式是：选择一位专家，将需要培训的人员集中在一个特定的空间内，由那位专家运用一定的专业培训设备和技巧对员工进行专门主题的训练。

这一培训方式的优点包括以下几点。

（1）将员工集中在一个特定空间里学习，避免了各种可能的干扰，学习效果相对较好。

（2）专家有专业培训经验，了解员工学习的特点，善于使用专业的培训技术和技巧，容易调动学习者的学习兴趣。

（3）专家可能具有企业内部讲师或管理人员所不具备的丰富的经验和知识，可以为员工带来新的观念、知识和技能。

（4）专家在员工的心目中更具权威，这将有利于他们接受专家的观点。

5. 内部讲师培训

许多企业出于培训成本和效果的考虑，开始越来越注重内部培训师的培养和运用。使用内部培训师的优点首先是成本低，他们十分了解企业内部环境及员工的情况，无须调研便能设计和实施有针对性的培训项目；其次，他们培训的形式可能不如外部培训师那样"专业"，但培训不会偏离企业管理者对员工的基本要求，不会造成观念冲突；最后，他们往往是把知识和技能传授同企业对员工的制度性考核和管理要求结合在一起来实施培训，因而培训的实际效果更好。

6. 业务会议

定期和不定期举行的业务会议也是一种很好的培训方式。业务会议一般会涉及下面三大项内容，管理者如果善于有意识地安排会议形式和内容，便可以使参会的每一个员工都受到一定的培训。

一是涉及阶段性工作目标及其实现方式。当参与会议的人员对本部门、班组和岗位所涉及的工作目标和实现方式进行充分讨论时，参与会议的每一个人如果心态端正，便可以从中学习到很多有用的内容。

二是涉及上一阶段业绩表现好的部门、班组和个人以及业绩表现较差的部门、班组和个人。业绩表现好的部门、班组和个人必有获得好业绩的经验，业绩表现较差的部门、班组和个人必有导致差业绩的教训。如果管理者善于鼓励业绩表现好的部门、班组和个人在会议上把获得好业绩的经验介绍出来，并让业绩表现差的部门、班组和个人把导致差业绩的教训总结出来，则参会的每一位员工都将从他们的经验和教训中受益。

三是在每一次业务会议中，主持会议的领导通常会发表较长篇的讲话，其讲话内容必然会涉及公司的理念和制度、员工应该采取的策略与方法等，这些内容实际上就是在对与会的员工进行培训。

当然，要把每一次业务会议均作为一次培训活动，需要对业务会议的形式和内容进行专门设计才更有效。

 **案例分析 5-3**

惠而浦的入职培训

入职培训是让企业所录用的员工快速进入角色、融入企业，从"局外人"转变为"企业人"的关键。入职培训的目的就是要通过规范系统的方法，使员工感到受尊重、被关注，从而形成员工的归属感，对其在企业中的职业发展充满信心。可以说，入职培训既是选才招聘的后续步骤，也是企业留住人才的第一步。

设在美国密歇根州的惠而浦公司的主营业务是白色家电。惠而浦公司最富创造性的培训方式之一是实地培训。新进公司的销售人员，7个人一组，被安排住进公司总部附近的房子里，进行为期两个月的入职培训。他们每天除了参加培训课程外，还要洗衣服、做饭、洗碗，用的都是公司的产品。这就使员工既能尽快熟悉公司的产品，也能加强员工间的情感交流，为日后共事打下良好的基础。

案例思考：惠而浦的培训方式有何特别之处？

二、连锁企业培训的方法

1. 针对员工的培训方法

（1）讲授法。讲授法是一种传统的培训方法，也称课堂演讲法。这是最容易准备和实施的方法。它能以最低的成本、最少的时间向受训者提供大量的信息。在企业培训中，经常开设的专题讲座就是采用讲授法进行的培训，适用于向群体学员介绍或传授某个单一课题的内容。此法最重要的因素是教师、学生和授课内容、授课环境。教学资料可以事先准备妥当，教学时间也容易由授课者控制。这种方法要求授课者对课题有深刻的研究，并对学员的知识、兴趣及经历有所了解。重要技巧是要保留适当的时间使授课者与学员进行沟通，从而使授课者及时获取学员对讲授内容的反馈。授课者通过测试或讨论了解学员的情况，并对自己的讲授进行评估。此外，授课者表达能力的发挥、视听设备的使用也是增强效果的有效辅助手段。

（2）操作示范法。操作示范法是部门专业技能训练的通用方法，一般由部门经理或管理员主持，适用于较机械性的工种，是职前实务训练中常用的一种方法，由技术能手担任培训师，在现场向学员简单地讲授操作理论与技术规范，重点进行标准化的操作示范。学员要反复模仿，经过一段时间的训练，使操作熟练直至符合规范的程序与要求。培训师在现场进行指导，随时纠正学员操作中的错误表现。这种方法有时显得单调而枯燥，但效果明显。

（3）现场个别培训和专门指导。强调"一对一"的现场个别培训是一种传统的培训方式，又称为"师傅带徒弟"式培训。具体的做法是，学员紧跟在有经验的员工后面，一边看，一边问，一边做帮手，通过观察和实践来学习工作程序。专门指导是个别培训的方法之一，在学员对工作实践进行摸索的基础上，培训师针对其工作情况和特殊的需要实施个别指导。这两种方法常常运用在技能培训当中。但它们的缺点是：培训的对象较少，时间较长。

（4）案例研讨法。这是一种用集体讨论方式进行培训的方法，是指向学员提供一些实际的案例，要求学员对案例提供的信息进行分析，并根据具体情况做出决策的方法。与讨论法的不同点在于：通过研讨不单是为了解决问题，而是侧重培养学员对问题的分析判断及解决能力。在对特定案例的分析、辩论中，学员集思广益，共享集体的经验与意见，有助于他们将受训的收益在未来实际业务工作中思考与应用，建立一个系统的思考模式。这种方法能激发学员的兴趣，并在相互交流中开阔视野，有利于问题的解决和决策能力的培养。同时学员在研讨中还可以学到有关管理方面的新知识与新原则。案例研究一般在培训时进行，培训师的作用是引导学员讨论，并对讨论结果进行指导。

（5）视听法。这是以短视频、微课等线上学习为主要培训手段的方法。有不少企业还自行拍摄培训视频。不少知名连锁企业会根据门店实务操作规范程序、礼貌礼节行为规范等内容自行制作微课视频用于企业培训。其优点是形象直观，能做到精准培训。

（6）研讨法。这是对某一专题进行深入探讨的培训方法，以这种方法达到传授知识和技能的目的。其目的是解决某些复杂的问题，或通过讨论的形式使众多学员就某个主题进行沟通，谋求观念看法的一致。这种方法能让学员积极地学习，并鼓励他们提问，深入探讨，做出反应。采用研讨法培训，必须由一名或数名指导训练的人员担任讨论会的主持人，对研讨会的全过程实施策划与控制。参加研讨培训的学员人数一般不宜超过25人，也可分为若干小组进行讨论。研讨法培训的效果，取决于培训师的经验与技巧。主持人既要善于激发学员，引导学员自由发挥想象力，增加参与性，还要控制好研讨会的气氛，防止讨论偏离主题；通过分阶段对讨论意见进行归纳总结，逐步引导学员对讨论结果形成比较统一的认识。成功的讨论有利于参与者相互启发，加深对问题的理解或矫正不正确的认识。在培训前，培训师要花费大量的时间对研讨主题进行分析准备，设计方案时要征集学员的意见。受训人员应事先对研讨主题有认识并有所准备。在讨论过程中，要求培训师具有良好的应变、临场发挥与控制的才能。在结束阶段，培训师的口头表达与归纳总结能力同样也是至关重要的。研讨法比较适用于管理层的训练或用于解决某些具有一定难度的管理问题。

（7）头脑风暴法。头脑风暴法是相互启迪思想、激发创造性思维的有效方法。头脑风暴法的关键是要排除思维定式，消除心理压力，让参加者轻松自由，各抒己见。它能最大限度地发挥每个参加者的创造能力，提供解决问题的方案。运用头脑风暴法只规定一个主题，明确要解决的问题，把参加者组织在一起无拘无束地提出解决问题的建议和方案。事后再收集各参加者的意见，交给全体参与者，然后排除重复的、明显不合理的方案，重新表达内容含糊的方案，全体参加者对各可行方案逐一评价，选出最优方案。头脑风暴法适用于对决策层、管理层和营销人员的培训，要求参训人员必须完全放松，其缺点是时间不容易控制。

（8）职位扮演法。职位扮演法又称角色扮演法，也是一种模拟训练方法，适用的对象为实际操作或管理人员。它呈现一种情境，让学员扮演一种特定的角色，在扮演他人的过程中，真正体验所扮演角色的感受与行为，提高个人敏感度，加强对事物的全面了解，以发现并改进自己原先职位上的工作态度与行为表现，多用于改善人际关系的训练中。为了增进对对方情况的了解，在职位扮演法训练中，学员常扮演自己工作所接触的对方的角色而进入模拟的工作环境，以获得更好的培训效果。在角色扮演中，要求参加者对他们实际工作中可能遇到的具体问题做出反应。培训的效果主要取决于培训师的水平，如果他能及时反馈和强化，则效果相当理想，而且学习效果转移到工作情境中的程度也较高。角色扮演通常被用于管理人才开发中。它可以有效地用于面试、申诉处理、工作绩效评价、领导模式分析等方面。但培训费用较高，因为它只能以小组形式进行培训，人均费用高。

（9）管理游戏法。这是目前一种较先进的高级训练法，是案例研讨法的动态展现，培训的对象是企业中较高层次的管理人员。在案例研讨法中，学员会在人为设计的理想化条件下，较轻松地完成决策。管理游戏法则侧重更多切合实际的管理矛盾设计，需要学员积极地参与训练，而且决策过程中决策成功或失败的可能性同时存在。要求创造性运用有关的管理理论与原则、决策力与判断力对游戏中所设置的种种遭遇进行分析研究，采取有效办法去解决问题，以争取游戏的胜利。管理游戏法培训对事先准备即游戏设计、胜负评判等都有相当的难度要求。

（10）岗位轮换法。企业为了适应日趋复杂的经营环境，都在设法建立弹性组织结构，要求员工具有较强的适应能力。当公司经营方向或业务内容发生转变时，能够迅速实施人力资源转移，于是公司要求员工不能只满足于掌握单项技能，必须是复合性人才。岗位轮换是将员工由一个岗位调到另一个岗位以扩展其经验的培训方法。这种知识扩展对完成更高水平的任务常常是很有必要的。工作轮换培训项目也可以帮助新员工理解他们工作领域内的各种工作。它既是一种新兴的管理制度，也是一种行之有效的培训方法。

（11）多媒体培训。多媒体培训是把视听培训和计算机培训结合在一起的培训方法。这种培训综合了文本、图表、动画视频等视听手段，以移动端为基础，参训者可以用互动的方式来学习培训内容。在培训中可以采用交互式录像、国际互联网和公司内部网等多种培训方式。多媒体培训方式目前已经相当普及。在为员工进行软件和计算机基本应用技能培训时，多媒体培训的使用频率最高。而在进行管理技能和技术技能培训时，同样要用到多媒体。多媒体培训可以促进员工学习，提供及时的信息反馈和指导，测试员工的掌握程度，并可以让员工按照自己的进度来学习。多媒体培训的一个最大问题在于培训费用。另外，多媒体培训也不太适用于对人际交往技能的培训，尤其是当学习者需要了解或给出微妙的行为暗示或认知过程时更是如此。

（12）虚拟仿真培训。虚拟仿真是指可为学员提供三维学习方式的计算机技术。通过使用专业设备和观看屏幕上的虚拟模型，学员可以感受模拟的环境并同各种虚拟的要素进行沟通，同时还可利用技术来刺激学员的多重知觉。这些装置可使学员产生身临其境的感觉。同时利用各种装置将学员的运动指令输入电脑，及时对学员获得的知觉信息的数量、对环境传感器的控制力以及对环境的调适能力进行分析反馈。

（13）远程学习。远程学习是指通过计算机和网络技术使不同地域的人能够达到同步学习的目的。远程学习适用于为分散在不同地域的公司提供关于新产品、政策、程序的信息以及技术培训和专业讲座。远程学习通常采用两种方式使人们之间进行双向沟通。一种方式是学员的同时性学习，即通过培训设备学员可以同培训者和其他使用个人电脑的学员进行沟通。这包括电话会议、录像会议及文件会议。另一种方式是通过个人电脑进行的个人培训。只要拥有个人电脑，员工就可以随时接受培训。通过公司的内部网或企业 App、视频教学软件可以分发课程材料和布置作业。而培训者和学员之间则可以通过电子信箱、公告栏和电子会议系统进行沟通。录像远程会议通常会配备电话线，可以让观看录像的学员通过电话向培训者提问。而且公司还可以通过卫星网络来开展专业课程和教育课程的培训，使学员可以获得大学文凭和工作资格认证。远程培训的一个最大优点在于能为公司节约交通费用，主要缺点在于培训教师和学员之间缺乏沟通。

2. 针对组织的培训方法

（1）冒险性学习。冒险性学习也称野外培训或户外培训，是指注重利用现有企业的户外活动来开发团队协作和领导技能的一种团体建设培训方法。冒险性学习一个最重要的特点在于练习可作为企业行为的"隐喻"，即学员在团队中工作时会像在练习中做的那样，在工作中会发生与在冒险性学习实践中类似的行为方式。它最适用于开发与团队效率有关的技能，如自我意识、问题解决、冲突管理和风险承担。冒险性学习的实践让学员共享一段具有感情色彩的经历，这种感情经历能帮助受训者打破原有行为方式，使他们愿意改变自己的行为。通过冒险性学习使他们对自己有了更进一步的了解，并且知道如何与同事们交往。

（2）团队培训。团队培训是指将单个人的绩效协调在一起工作，从而实现共同目标的一种培训方式。团队绩效有三个要素，即知识、态度和行为。知识要素是指团队成员头脑灵活、记忆力好，能在意外的或新的情况下有效运作；行为要素是指团队成员必须采取可以让他们进行沟通、协调、适应且能完成任务以实现目标的行动；态度要素是指团队成员对任务的理解和对彼此的感觉。团队培训一般采用多种方法，可利用讲座或录像向学员传授沟通技能，也可通过角色扮演或仿真模拟给学员提供讲座中强调的沟通技能的实践机会。

（3）行动学习。行动学习是指给出团队实际工作中面临的问题，让学员合作解决并制订一个行动计划，然后由他们负责实施这一计划的培训方式。一般情况下，行动学习包括6~30名团队成员，还可包括顾客和经销商。在欧洲，行动学习是被广泛采用的一种培训活动。由于它涉及的是团队成员实际面临的问题，这种方法可使学习和培训成果的转化实现最大化。而且行动学习有助于发现妨碍团队有效解决问题的一些非正常因素。

任务结语

通过对本任务的学习，我们了解了培训方式的几种类型，掌握了有效培训的方法。

任务4　连锁企业培训实施

情境导入

作为本土的便利店品牌，美宜佳历经20多年的发展，现拥有超过3万家连锁门店。从2014年开始，伴随企业的快速扩张，需要大量的人才做支撑。美宜佳成立了培训中心，并潜心研究现代学徒制。

对于企业来说，现代学徒制能够让新员工和实习生获益，工作中的"学"与"教"满足了他们成长的需求，进而降低员工的离职率。以美宜佳为例，无论是校招还是社招，通过现代学徒制的导入，因为有评估师帮助员工、关心员工，将保留率提高到了七成，给企业创造了效益。此外，在培养的时间上，由于不是脱岗培训，而是在岗培训，员工边做边学，对企业来说也降低了成本。此外，师傅带教的过程，就是在践行"让最优秀的人培养更优秀的人"的理念，这降低了培养的成本，提高了培养的经济效益。

现代学徒制应学的知识点与技能点是明确的、量化的，通过学徒提交的证据，可以清楚其学习的里程碑。学习过程的评估，不是师父主观评判徒弟是否过关，而是评估师体系，这提升了评估的客观性。以学徒为中心，强调能力本位且能够将能力展现出来，这是较为科学评价学徒的学习成果。从管培生到职业店长，再到门店指导员，美宜佳技能岗位采用了现代学徒制的培养方式。美宜佳从英国学徒制的标准中探索并能自主开发岗位标准。以店长岗位为例，开发以门店销售数据做决策以及线上销售等技能。也就是结合企业的岗位能力要求，转化出知识点和技能点，帮助他们快速地学习新技能。现代学徒制的职业标准里，不止告诉员工如何做，还包含为什么这样做，有没有更好的方法，培养学徒创新的思维。同时，企业数字化转型对人才提出了新要求和新高度，企业在员工能力的培养上，急需优化与迭代，这也是美宜佳正在努力探索的方面。

（资料来源：美宜佳，《学徒制助力技能人才发展》）

任务描述

1. 了解人力资源培训实施过程；
2. 能够正确理解完美培训实施的六大要素。

这是培训的中心环节，这个环节主要是在连锁企业培训组织管理部门或岗位人员的组织下，由培训教师实施培训，并由该培训项目的组织管理责任人组织考核和考评。

一、实施过程

培训活动实施是根据企业发展和员工个人的需要，将培训定位具体化并予以实施的过程。培训实施是在制订培训计划之后，根据培训计划开展的具体培训活动。一般的培训实施流程如图5-2所示。

图5-2　培训实施流程

1. 培训前期准备

培训是一项复杂的工作，在具体培训项目实施前，培训组织者应按照拟订好的培训计划，将培训过程中需要做的准备工作一一列出，然后逐项准备。包括教材的准备、培训工具的准备、培训辅助材料的准备等。

2. 下发培训通知

培训需要专人负责，确保每一个受训者都收到通知，并使每个人都确切地知道培训的时间、地点及参加培训所需要做的准备。

3. 组织培训

培训项目应该按照计划实施，并控制整个培训的过程，控制好整个培训的效果、效益和效能。做好培训记录，为培训过程结束后进行评估做准备。同时，对参加培训的员工做好签到工作。

4. 结束后的考核

培训结束后应做好考核工作，考核方式可根据具体情况进行选择，对考核情况做好记录统计。

5. 修正培训方案

培训方案实施后，可以发现方案中存在的不足，通过科学的修改，以后在对相同类型的员工做培训时可以重复使用。

二、完美培训实施六大要素

在工作中，经常听许许多多的人力资源经理和培训经理们讲："这次请某某老师上的培训课，效果不好，老总们不认同；上次请的国内某大牌培训师做的培训，大家感到收获很少；而自己公司内部的培训师尽管熟悉业务，有实战基础，却因表达和授课技巧问题而使大家提不起兴趣……"那么，培训如何做才会有效呢？培训应该如何实施才能做到完美呢？

1. 充分摸清学员需求

培训师和企业培训管理者要共同努力、有效沟通，把握学员们真正的培训需求。培训师在培训过程中就学员的需求展开针对性的培训。一句话，摸清了学员需求，培训就成功了一半。

2. 全面做好培训准备

无论是培训师还是企业培训组织者、学员在培训前都要做好充足的准备工作。培训师要理解学员的需求，有针对性地制作 PPT 和设计案例，包括课程演绎流程、教学手法运用，在培训之前都要同企业方总经理、人力资源部高级经理进行有效沟通，达成共识；在培训教材制作完毕后交由企业方高层审定才实施培训。同时，在培训开始前，企业方人力资源部门要针对培训的场地、环境、设施、相关资料、培训时间等与所有学员做有效沟通和问卷调查，了解学员的要求。同时，在培训开讲前，企业方可就公司如何做好定岗、定编、定员和岗位职务分析工作召开部门经理级会议，在会上人力资源部做小范围的讲解，让学员做好学习准备和心态准备。这些都为培训正式开始实施做好了铺垫。

3. 企业领导者高度重视

企业培训，只有高层领导者和学员们都真正重视起来，才能确保效果。一方面，高管层要做到按时出席，全程参加学习，在课间分组活动和讨论时，高层领导不仅要与中层管理者一起讨论问题，参与管理活动，而且可以担任小组长，在课堂中和管理者们一起有效互动和沟通，完成培训师布置的作业和任务。同时，要积极、主动参与心得分享交流。高层领导的重视，良好的学习心态，能够带动全体学员积极参与和主动学习，而良好的学习氛围也可使培训师有更精彩的发挥。

4. 培训技巧及方法得当

一堂完美的培训，培训师始终是主角。培训师的教学水准与状态决定培训效果。因此，培训师要使整个培训过程严谨、活泼、高效、有序、有料、有趣。

严谨：指培训的时间掌控要严谨，做到不多余、不拖堂、不浪费，时间适度，同时教学的内容要严谨，所讲的知识点、案例、操作工具，要做到讲解透彻、分寸有度，通俗易懂，方便学员们理解和接受。

活泼：指教学表达方式不枯燥乏味，教学形式活泼，互动方式多样，而且不是为了培训而故意强加几个游戏或故事。所讲的故事和所做的互动游戏要与培训内容、主题息息相关，让学员们能更好地理解和接受。

高效：指每讲完一个单元、一个小节要复述，要让学员分享，并进行相关的理论测试或以作业形式让学员完成，考测学员的理解和掌握程度，让学员们更好地理解和掌握所讲的内容和工具，使教学目标能高效完成。同时，教学过程也是高效的。培训师恰到好处地表达，学员用心听讲和互动，教学相长，共同促进和提高，使整堂培训课一直处于高效率、高收益之中。

有序：指培训师要确保所讲的内容有条理，逻辑思维严密，循序渐进。学员们在培训师的带动下，一步步进入纵深和正题。同时，要营造良好有序的学习环境。因此培训师要善于运用多种教学手法，既有演讲又有案例，既有游戏又有作业，既有工具演练又有小组分享，使学员们在专注和有序的环境下获得知识和技能的升华。

有料：指培训师所讲的内容充实、案例充实、针对性强，学员听起来不枯燥，感到很有收获。同时，培训师在课堂上能认真、高效地解答学员们提出的各类问题。

有趣：指培训师的表达方式、演讲方式有趣味，能将原本枯燥的理论、乏味的管理工具通过各种表达方式、教学技法的运用，使学员们感到有味道，能接受。

因此，培训师在教学前要做好准备，精确设计学员们喜爱的表达方式、互动方式、分享方式等，让学员们在既适度紧张又轻松愉悦的环境中得到知识和技能的提高，身心愉悦。

5. 良好的教学环境、合适的培训时间、活跃的课程氛围

培训的效果与教学环境、培训时间的安排以及课堂的整体气氛息息相关。教学环境包括硬环境和软环境两个方面。硬环境是指培训的场地空间要适宜，学员不觉得拥挤，有活动的空间，教室里的灯光、温度、湿度等适中，投影仪、电脑、激光笔、音响、话筒、功放、白板、笔、纸和记分牌等在培训前都准备就绪，这些细节是确保培训顺利进行的关键。另外，课堂上的软环境比硬环境更重要。软环境是指课堂游戏规则要清楚，上课时间安排合理，学员听讲、讨论和互动有张有弛，全情投入。而软环境更要靠培训师去创造。因此，讲师要善于破冰，善于观察学员的情绪和学习状态，适时引导学员放松，调节课堂气氛，使课堂的活跃度、紧张度、愉悦度有效匹配，这样才能确保学员有良好的状态，使培训在愉悦的环境中进行，从而达到培训目标。

6. 积极、不懈地做好培训效果的转化

培训完毕后，为什么效果不明显呢？很多企业和学员反馈："老师讲起来很精彩，想起来也的确感动，可回到公司就是不能应用和行动。"这个问题的关键是没有做好培训效果的转化，在课后去实施课堂上培训师所讲、所要求的内容才会起作用，学以致用是关键。一般来讲，以下五个方面有利于培训内容的转化应用。

（1）当场分享。

每节课完毕，培训师请学员代表当堂谈心得、谈体会、谈工作中的实际问题，培训师予以解答，让学员感到很有收获。

（2）理论测试。

培训完毕后，组织理论测试，考查学员对教学内容的掌握程度。

（3）心得总结。

企业可要求学员在培训结束后三天时间内，根据课堂上所听、所想、所悟，结合培训师的讲解，写一篇 300 字以上的总结报告，并提交给人力资源部，同时就学员的总结报告进行评比和点评。

（4）培训转化。

必须结合自己的培训心得总结和培训师所提供的教材和工具，自己制作一个更经典、更实用的培训 PPT，然后组织下属、相关人员进行再培训，使学到的知识转化成具体的教学行动和再推广。

（5）成果应用。

培训完毕后，被培训的企业就应该着手进行成果应用，如有些被培训企业会开展部门功能编写、岗位职务分析、定岗、定编和定员等工作项目，要求各部门经理认真着手实施，按课堂上培训师所讲的方法和给到的工具进行理性分析，从而确保培训效果在工作实践中得到更好应用，使效果落地。

任务结语

通过对本任务的学习，我们了解了培训实施过程，掌握了完美培训实施六大要素。

知识拓展：连锁企业培训效果评估

项目实训

实训内容

某连锁酒店因业务发展需要，录用了 20 名大学毕业生，请你为该公司设计一个新员工入职培训方案。

实训目的

了解连锁企业培训管理现状及存在的问题，把握实施培训工作的主要内容。

实训步骤

（1）将学生分成若干小组，每组在教师的指导下参观当地某一连锁酒店，了解该酒店培训管理工作的总体情况。

（2）上网查资料，以书面形式提交培训方案。

（3）时间：以出外实地调研为主，结合课堂指导。

实训评价

实训内容	评价关键点	分值	自我评价（20%）	同学评价（30%）	教师评价（50%）
调查过程	实训任务明确	10			
	调查方法恰当	10			
	调查过程完整	10			
	调查结果可靠	10			
	团队分工合理	10			
培训方案	结构完整	20			
	内容符合逻辑	10			
	形式规范	20			
合计					

复习思考

一、名词解释

1. 员工培训。

2. 培训流程。

3. 培训内容与方式。

4. 人力资源开发。

二、简答题

1. 什么是员工培训？培训和教育二者有何异同？为什么要进行员工培训？

2. 人员培训的方法有哪些？各有什么特点？

3. 人力资源开发的作用是什么？其开发的途径主要有哪些？

项目六

连锁企业员工使用与调配

管理名言

　　国家的兴盛在于人，国家的灭亡亦在于人，古圣先贤，早有明训；回顾历史，可谓丝毫不爽。经营事业的成败，不容讳言，与治国同一道理，在于人事安排是否合宜。

——松下幸之助

项目导学

　　目前的企业竞争中，人才是企业的核心资源，人力资源处于企业战略的核心地位。所以要有效地利用与企业发展战略相适应的管理和专业技术人才，最大限度地发掘他们的才能。不同的工作岗位对人员能力层次、技能水平的要求不同，而不同的员工所具备的能力、技能水平也各不相同，员工只有在适合自己的岗位上才能更好地发挥自己的能力。因此企业在进行人力资源调配时，应坚持合用的原则，改变传统的以人配岗后再进行岗位培训的用人模式，实施"以岗配人"，以使员工在实际工作中能够快速达到岗位的要求。

　　企业中员工与职位的匹配程度如何，不仅影响该员工产出的数量和质量，还会影响培训需要和经营成本。如果一个员工不能生产出企业所期望的绩效，就会给企业造成相当数量的财力和时间上的损失。因此，有效的人才选用过程可以提高企业中人与事的匹配程度，有利于员工在企业中发展，也可为企业提高生产力，节约成本。本项目主要讲述如何正确使用和调配员工，做到物尽其用，人尽其才。

学习目标

　　职业知识：了解员工使用的含义、内容以及在人力资源管理中的重要性；掌握员工使用的程序和原则；理解员工调配的作用和意义，掌握基本原则和要求，以及员工调配的内容和程序；了解对员工需求的特点和实现方式，以及员工管理的具体内容和要求。

　　职业能力：能够理解员工使用在人力资源管理中的重要性，并能够实施有效的员工使用策略；能够根据企业和员工的实际情况进行合理的员工调配，以最大程度地发挥员工的潜力和提高组织绩效；熟练掌握晋升和降职的程序和方法，并根据员工的表现和发展潜力实施合理的晋升和降职决策；能够识别员工的个人需求和发展意愿，并提供相应的支持和激励措施。

　　职业素质：具备强烈的工作责任感和职业道德，能够严格遵守企业规章制度和管理规范；具备高度的团队合作精神和良好的沟通能力，能够有效地与同事、上级和下属进行协作和沟通；具备敏锐的洞察力和判断力，能够及时发现和解决员工使用、调配、流动等方面的问题；具备扎实的人力资源管理知识和专业技能。

思维导图

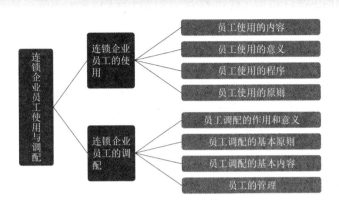

引导案例

安妮是某公司的物流主管，当客户从海外的订货到港后，物流主管要负责货物的清关、报关、提取，按照客户的需求进行货物的运送与支付。物流主管的工作在于保证上述整个过程的顺利进行。

安妮所在的这家小公司，有20位员工，只有安妮一人负责这项工作，物流工作除了她再没有人懂了。在刚做完1月份的考评后，安妮2月份就发生了一件事，将安妮带大的祖母突然病逝，她非常悲伤。为料理后事，安妮累病了。碰巧第二天客户有一批从美国进来的货，要求清关后于当天下午6:00前准时运到，安妮是怎么做的呢？她把家里的丧事放一边，第二天早上6:00准时出现在办公室。她的同事和经理都发现她神情不对，一问方知她家里出事了。安妮什么话也没说，一直做着进出口报关、清关手续，把货从海关提了出来，并且在下午5:00前就发了出去，及时运到客户手中，然后安妮离开公司回家处理丧事，而公司正常下班时间是下午6:00。

如果你是安妮的直接主管，你会怎么做？会批评安妮早退吗？还是给大家说明事情的经过？你有更好的处理方法吗？

任务1　连锁企业员工的使用

情境导入

某连锁超市，自成立以来一直致力于拓展市场、提高销售额和提升顾客满意度。然而，随着门店数量的不断增加，员工管理问题逐渐暴露出来。新员工入职后常常无法快速适应工作，老员工则存在工作积极性不高、工作效率低下等问题。为了解决这些问题，该连锁超市开始关注员工使用这一环节。

他们通过制定详细的任职资格确认表，确保新员工具备岗位所需的能力和素质。在员工任职后，进行系统的考核评价，了解员工的工作表现和发展潜力。根据考核结果，进行有针对性的人事调整，提拔表现优秀的员工担任更高级别的职务，或者调整到更适合的岗位上。同时，对于无法胜任岗位要求的员工进行培训或降职处理。

通过这些措施的实施，该连锁超市的员工使用得到了极大的改善。新员工能够更快地融入工作环境，提高工作效率；老员工的工作积极性也被激发出来，整体业绩得到了显著提升。

这个案例告诉我们，合理地使用员工是连锁企业成功的关键之一。通过科学地使用员工，可以提高组织绩效、减少内耗、推进人力资源开发，进而实现企业的战略目标。

在接下来的学习中，我们将深入探讨连锁企业员工使用的含义、内容、意义和程序，并掌握员工使用的原则和方法。让我们一起探索如何合理地使用人力资源，为连锁企业的可持续发展贡献力量。

任务描述

1. 了解员工使用的含义、员工使用的内容；

2. 能够正确理解员工使用在人力资源管理中的重要性，包括提高组织绩效、减少内耗、推进人力资源开发等方面；

3. 能够清楚理解员工使用的程序；

4. 重点把握员工使用的原则，包括人适其事、事得其人、人尽其才等原则，并能够在实践中运用这些原则。

一、员工使用的内容

（一）员工使用的含义

员工使用工作包括两个部分：第一，人力资源管理部门将培训合格的新员工分配到具体工作岗位上去，赋予其具体的职责、权利，使其进入工作角色，开始为企业目标的实现发挥作用；第二，根据企业的绩效考评结果，对老员工在部门内进行职务升降调整或在部门间进行岗位变换。从本质上看，员工使用过程是企业对员工所提供的人力资源的消费过程。

（二）员工使用的内容

员工使用作为人力资源管理的核心，其他各项工作都必须围绕其进行。员工使用的职能较多，具体来说包括以下内容。

（1）新员工的安置。企业将新招聘的员工安置到预先设定的岗位上，使新员工开始为企业工作。

（2）干部选拔、任用。从员工队伍中发现能力卓著、绩效突出的员工担任企业的各项领导职务，组织员工完成系统任务，实现组织目标。

（3）劳动组合。将员工组合成班组等小团体，使员工形成协作关系。好的劳动组合将减少企业内耗，提高整体效率。

（4）员工调配。根据实际需要，改变员工的岗位职务、工作单位或隶属关系的人事变动，以保证将员工使用在企业最需要的地方。同时，合理的员工调配还能减轻由于专业化程度过高而产生的工作枯燥感，防止员工工作效率降低。

（5）职务升降。通过绩效评价，对工作绩效优异者予以晋升晋级，以更好地发挥其潜能；对能力不足、无法胜任岗位要求者降职使用，以免妨碍组织任务的完成。

（6）员工的退休、辞退管理。这是员工使用的终止、员工退出企业的过程。

二、员工使用的意义

人力资源管理的目的就在于合理地使用人力资源，最大限度地提高人力资源的使用效益。员工使用在人力资源管理中居于核心地位，其重要意义表现在以下几个方面。

（1）员工使用是人力资源管理的中心环节。

（2）员工使用的情况决定了连锁企业人力资源管理活动的成败。

（3）员工使用对实现组织目标起着举足轻重的作用。

（4）合理使用员工有利于减少企业的"内耗"。

（5）合理使用员工有利于推进人力资源开发工作。

三、员工使用的程序

（1）任职资格确认（见表6-1）。

（2）员工任职。

（3）考核评价。

（4）人事调整（其流程见表6-2）。

表6-1 任职资格确认

姓名	岗位	教育程度	工作经历	培训经历	结论
		□大学□大专 □中专（高中） □初中□小学	□0～1年□1～2年 □2～3年□3～4年 □4～5年□5年以上	□规章制度培训 □岗位操作技术培训 □工作协调培训	□具备岗位任职资格 □基本具备但需安排培训 □不具备岗位任职资格
		□大学□大专 □中专（高中） □初中□小学	□0～1年□1～2年 □2～3年□3～4年 □4～5年□5年以上	□规章制度培训 □岗位操作技术培训 □工作协调培训	□具备岗位任职资格 □基本具备但需安排培训 □不具备岗位任职资格
		□大学□大专 □中专（高中） □初中□小学	□0～1年□1～2年 □2～3年□3～4年 □4～5年□5年以上	□规章制度培训 □岗位操作技术培训 □工作协调培训	□具备岗位任职资格 □基本具备但需安排培训 □不具备岗位任职资格
		□大学□大专 □中专（高中） □初中□小学	□0～1年□1～2年 □2～3年□3～4年 □4～5年□5年以上	□规章制度培训 □岗位操作技术培训 □工作协调培训	□具备岗位任职资格 □基本具备但需安排培训 □不具备岗位任职资格

确认/日期：   批准/日期：

表 6-2 人事调整流程

日期：　　　　　　　　　　　　　　　　　　　　　　　　　　　　NO：

姓名		原部门	
员工号		原职务	
入职日期		生效日期	
调整类别： □部门调动　□升级　□降级　□新任命　□其他薪资是否变更　□是　□否			
调整原因			
调入部门		调整后职务/岗位	
调整后主要工作			
调出部门主管		调入部门主管	
人事部		总经理	

四、员工使用的原则

员工使用的目的在于将企业的人力资源合理地安置在相应职位上，实现人与事的科学结合。为此，在使用员工的过程中，应遵循以下基本原则。

（1）人适其事，是指每个人都有适合自己能力和特长的岗位和具体工作。只有用不好的人没有不能用的人，所以作为企业只有对员工的个性特长有了较为深入的了解，针对其特点安排相应的工作，才能做到人适其事。

（2）事得其人，是指企业中的每项工作和每个岗位都找到合适的员工来承担，工作责任要明确，责任人也要明确。每个岗位、每项工作只有找到合适的人选，才能真正地把工作完成。

（3）人尽其才，也就是要让员工发挥他们最大的潜能，充分调动他们的工作积极性，做到人尽其才，只有这样企业才能获得员工最大的主观能动性和使用效益。

 案例分析

A 公司销售部经理人选的选择与考量

A 公司是一家专营计算机芯片的股份公司，业务增长很快。老赵是这家公司的负责人。半个月前，销售部经理李某因个人原因向公司提交了辞呈，现在，公司急需任命一位销售部经理来接替李某。

老赵认为销售部副经理杨某不错，可以接替李某。但他这个想法遭到其他人的反对。人事部经理周某说："第一，他个人能力确实不错，才思敏捷、分析透彻、适应性强，但我认为他做事太咄咄逼人，听不进其他人的意见。如果提拔他当经理，很可能与下属关系搞不

好。第二，他文化程度不高。现在公司销售部有很多大学毕业生，让一个学历不高的人来担任经理他们很难服气。第三，公司任命主管干部都考虑知识化，一般主管干部都要求有较高学历。如果任命杨某，可能会影响公司形象。"产品部负责人说："杨某是个很称职的销售员，但是过分的热心和乐观令人不安，这有可能导致他无法进行正确而实际的市场调查和研究工作。"其他人也发表了大致相同的意见。

老赵又想到了销售部另一位副经理余某。余某做事不喜欢张扬，生性随和，善于团结下属，能让手下人很好地团结在一起，办起事来毅力十足，百折不挠。但有时候不够果断，缺乏魄力，心也太软。在他手下，有几位表现很差的销售员，按理说应该辞掉，可余某却不忍心。究竟余某适不适合担任销售部经理呢？老赵犹豫不决。

人事部经理周某又透露了一个消息：B公司销售部经理王某最近与老板闹翻，想辞职不干，不如趁此机会把她挖过来，她的能力大家是有目共睹的。老赵听后，觉得也是一个办法，但又觉得不太妥当。王某的确是一位难得的人才，但她能否很快熟悉本公司的业务、理顺各种关系、有效地开展工作呢？面对这些候选人，老赵陷入了沉思。

案例思考：

1. 你认为A公司销售部经理的职位应该具备哪些关键能力和素质？
2. 上述候选人中你认为应该确定谁为销售部经理？为什么？

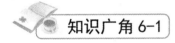

知识广角 6-1

技术进步对员工使用的影响

随着科技的飞速发展，连锁企业必须考虑如何利用技术进步来优化员工的使用和提高工作效率。

首先，技术进步改变了员工的工作方式和职责。例如，数字化和自动化技术的引入使一些重复性的工作任务可以被机器取代，这使员工可以将更多的时间和精力投入到需要人类智慧和技能的工作上，如数据分析、创新和客户服务等。此外，技术进步也催生了许多新的职业和岗位，例如数据分析师、AI工程师等，这些岗位的出现需要连锁企业在员工使用上做出相应的调整。

其次，技术进步也改变了员工的招聘和选拔策略。随着在线招聘平台的普及，连锁企业可以更方便地吸引全球范围内的优秀人才。同时，社交媒体和虚拟现实技术的发展也使远程办公和虚拟团队成为可能，这给连锁企业的招聘和选拔带来了新的挑战和机遇。

再次，技术进步对员工的培训和发展也产生了深远的影响。虚拟现实（VR）和增强现实（AR）技术的发展使远程培训和在线学习变得更加生动和有趣。此外，人工智能（AI）技术的应用可以帮助连锁企业根据员工的学习特点和需求，提供个性化的培训和发展计划。

最后，技术进步对员工绩效管理和激励也带来了新的思路。通过大数据分析和人工智能技术的应用，连锁企业可以更准确地评估员工的工作表现和需求，制定更加科学和公正的绩效管理和激励制度。

任务结语

通过本任务的学习，我们深入了解了员工使用的含义、意义，重点掌握了员工使用的内容和程序，还了解了员工使用的原则。这些知识将指导我们在连锁企业人力资源管理中合理配置人力资源，提高员工工作效率和满意度，推动企业发展。

任务2 连锁企业员工的调配

情境导入

在广州繁荣的餐饮行业中，A公司独树一帜。它以独特的烤鱼口味和贴心的服务吸引了众多食客。然而，A公司的成功不仅仅是因为美食，更得益于其员工调配策略。

A公司注重员工的全面发展，为员工提供多样化的岗位选择，让员工可以在不同的岗位上发挥自己的优势。同时，A公司还会根据客人的需求和市场的变化，对员工进行动态的调配，以确保员工能够随时满足客户的需求。

在A公司，员工调配被视为实施人力资源计划的重要途径，也是实现组织目标的保证、激励员工的有效手段、人尽其才的手段以及融合组织内部人际关系的措施之一。通过合理的员工调配，A公司能够确保员工的能力与岗位需求相匹配，提高员工的工作满意度和绩效，进而提升整个连锁企业的运营效率。

在进行员工调配时，A公司遵循着一些基本原则。例如，依法调配，即严格按照国家法律法规和公司政策进行员工调配，确保公平公正。此外，A公司还注重员工的个人能力和兴趣，将员工调配到适合的岗位上，以充分发挥其潜力。

在员工调配的具体实践中，A公司有着一套科学、合理的机制。例如，在平级调动方面，A公司注重用人所长和因事设人原则。通过协商一致的方式，照顾到员工的差异需求，同时制定明确的调配管理规定，确保调配工作的顺利进行。在晋升管理方面，A公司制定了明确的晋升程序和方法，选拔出优秀的员工予以晋升。同时，A公司还实行岗位分类制度和任期目标责任制等考核制度，确保晋升工作的公正性和有效性。在降职管理方面，对于不能胜任本职工作或因其他原因需要降职的员工进行降职处理。降职的程序和审核权限需严格按照公司规定执行。

为了更好地了解和满足员工的需求，A公司进行了员工需求调查。调查结果显示员工需求与工作环境和对工作场所的要求有关。这些要求包括在工作中了解公司的期望、明确工作职责和职权范围，以及与他人的工作关系、在工作中做最擅长的事等。针对这些需求，A公司制定了一系列措施来改善工作环境和提供更好的培训机会，提高员工的工作满意度和归属感。这些措施包括提供舒适的工作场所、定期的员工培训和发展计划，以及激励性的薪酬福利体系等。

任务描述

1. 理解员工调配的作用和意义，掌握员工调配的基本原则和要求，以及员工调配的基本内容和程序；

2. 理解晋升和降职的含义和功能，掌握晋升和降职的种类、程序和方法，以及晋升和降职的主要制度；

3. 理解员工需求的特点和实现方式，掌握员工管理的原则和方法，以及员工需求管理的重要性；

4. 掌握员工管理的具体内容和要求。

员工调配是企业人力资源管理的重要组成部分，它涉及企业员工的招聘、培训、晋升、转岗、解雇等一系列过程。员工调配的作用和意义在于实现人力资源的优化配置，满足组织扩张需求，提高员工个人和团队效率，应对业务波动和变化，保持组织活力和竞争力，最终实现企业的可持续发展。

一、员工调配的作用和意义

1. 实现人力资源的优化配置

员工调配是企业实现人力资源优化配置的重要手段。通过招聘、培训、晋升等方式，企业可以找到最合适的人才，并将其安排在最适合的岗位上。这样可以充分发挥员工的潜力，提高工作效率，实现人力资源的充分利用。

2. 满足组织扩张需求

随着企业的发展和业务的扩张，企业对人才的需求也会不断增加。员工调配可以帮助企业快速找到并吸引新的员工，满足组织的扩张需求。同时，员工调配还可以通过培训和发展现有员工，使其具备新的技能和知识，以适应组织的扩张。

3. 提高员工个人和团队效率

员工调配还可以帮助提高员工个人和团队效率。通过合理的晋升、转岗等方式，可以让员工找到最适合自己的岗位，发挥自己的优势。同时，员工调配还可以通过激励和留住优秀人才，提高整个团队的效率。

4. 应对业务波动和变化

业务波动和变化是企业运营中不可避免的现象。员工调配可以帮助企业应对这些变化。例如，当某个部门业务量突然增加时，可以通过员工调配迅速增加该部门的人员数量。当某个业务领域出现新的机会或挑战时，可以通过员工调配将具备相关技能和知识的员工调整到新的领域。

5. 保持组织活力和竞争力

员工调配可以帮助企业保持组织活力和竞争力。通过不断引进新的人才和新的观念，可以让企业不断创新和发展。同时，通过为员工提供更多的挑战和机会，可以激发员工的创造力和创新精神，从而增强企业的竞争力。

6. 实现企业的可持续发展

员工调配也是实现企业可持续发展的重要手段。通过优化人力资源配置、满足组织扩张需求、提高员工个人和团队效率、应对业务波动和变化、激励和留住优秀人才以及保持组织活力和竞争力等措施，可以为企业的长期发展奠定坚实的基础。同时，员工调配还可以帮助企业建立良好的企业文化和价值观，从而提高企业的社会责任感和公众形象。

总之，员工调配是企业人力资源管理的重要组成部分，它对企业的长期发展和成功具有重要的作用和意义。因此，企业应该重视员工调配工作，不断完善员工调配机制和管理体系，以适应不断变化的市场环境和内部需求。

二、员工调配的基本原则

员工调配是连锁企业人力资源管理的重要环节，它涉及员工的岗位调整、薪酬调整、晋升等各个方面。为了确保员工调配的合理性和公正性，企业需要遵循一系列基本原则。

1. 符合国家法律法规原则

员工调配必须符合国家法律法规的规定。企业必须遵守劳动法、劳动合同法等相关法律法规，确保员工调配过程中不违反法律法规，保障员工的合法权益。

2. 公平公正原则

员工调配必须遵循公平公正的原则。企业应当在员工调配过程中保持公平，不偏袒任何一方，确保员工得到公正的待遇。同时，企业还应当公开透明地进行员工调配，让员工了解调配的依据和过程，增强员工的信任感和归属感。

3. 合理流动原则

员工调配应当遵循合理流动的原则。企业应当根据业务需求和员工能力，合理地进行岗位调整和人员流动。同时，企业还应当建立合理的晋升机制和薪酬体系，鼓励员工通过努力工作实现个人职业发展。

4. 内部优先原则

在员工调配过程中，企业应当优先考虑内部员工的晋升和岗位调整。当企业内部有合适的人选时，应当优先考虑他们。这样可以增强员工的忠诚度和归属感，同时也有助于企业文化的传承和发展。

5. 岗位匹配原则

员工调配应当遵循岗位匹配的原则。企业应当根据员工的个人能力和兴趣爱好，将其安排在最适合的岗位上。这样可以充分发挥员工的潜力，提高工作效率，实现人力资源的充分利用。

6. 协商一致原则

员工调配应当遵循协商一致原则。在岗位调整和薪酬调整等过程中，企业应当与员工进行充分的沟通和协商，确保双方达成一致意见。这样可以提高员工的满意度和归属感，同时也有助于企业的稳定发展。

7. 培训和发展原则

员工调配应当遵循培训和发展原则。企业应当为员工提供必要的培训和发展机会，帮助员工提升技能和能力。这样可以增强员工的竞争力，提高工作效率，同时也有助于企业的长期发展。

8. 保障员工权益原则

员工调配应当遵循保障员工权益的原则。在调配过程中，企业应当充分保障员工的合法权益，包括但不限于薪酬、福利、社会保险等方面。这样可以增强员工的信任感和归属感，同时也有助于维护企业的声誉和形象。

9. 激励员工原则

员工调配应当遵循激励员工原则。企业应当通过合理的晋升机制和薪酬体系，激励员工努力工作并实现个人职业发展。这样可以增强员工的积极性和创造力，提高工作效率和绩效水平。

三、员工调配的基本内容

员工一旦进入组织，他们就可能要在组织内部流动（平级调动、晋升和降职），以适应组织的需要和满足自己的职业抱负。

（一）平调管理

平调管理是企业管理中的重要环节，它涉及员工的岗位调整、薪酬调整、晋升等各个方面。为了确保平调管理的合理性和有效性，企业需要注意以下事项。

（1）做好岗位调整前的调查和评估。在进行岗位调整前，企业需要对员工的现状进行全面的调查和评估。通过了解员工的能力、兴趣、工作表现等，制订合理的岗位调整计划和方案。同时，企业还需要明确岗位调整的目标和预期效果，为后续的调整提供科学依据。

（2）制订详细的调整计划和方案。在岗位调整前，企业需要制订详细的调整计划和方案。计划和方案应该包括调整的时间、人员、流程等各个方面。同时，企业还需要充分考虑员工的个人发展和企业整体发展的需要，确保调整计划和方案的科学性和可行性。

（3）加强沟通，确保员工理解调整的目的和意义。在岗位调整过程中，企业需要与员工进行充分的沟通和交流。通过向员工解释调整的目的和意义，帮助员工了解调整的必要性和重要性。同时，企业还需要及时收集员工的意见和建议，为后续的调整提供参考。

（4）确保调整后的工作顺利进行。在员工完成岗位调整后，企业需要确保调整后的工作能够顺利进行。这包括对工作交接、资源调配、薪酬福利等方面的安排和管理。同时，企业还需要关注员工在新岗位上的适应情况，及时给予帮助和支持。

（5）关注员工适应情况，及时给予帮助和支持。在员工进行岗位调整后，企业需要关注员工的适应情况。通过了解员工的工作表现、情绪状态等因素，及时给予帮助和支持。对于员工在新岗位上遇到的问题和困难，企业应该积极解决和提供帮助，提高员工的归属感和忠诚度。

（6）定期评估调整效果，根据需要进行调整。在岗位调整后，企业需要定期评估调整的效果。通过了解员工的反馈和实际表现，判断调整是否达到了预期的效果。如果发现存在问题和不足，企业需要及时进行调整和改进。同时，企业还需要根据实际情况对岗位进行调整和优化，确保企业的运营和管理始终保持最佳状态。

（7）建立有效的反馈机制，收集员工的意见和建议。为了更好地了解员工的想法和需求，企业需要建立有效的反馈机制。通过定期收集员工的意见和建议，及时了解员工对平调管理的态度和看法。同时，企业还需要积极采纳员工的合理建议，不断完善和优化平调管理流程和方法。

（二）晋升管理

晋升管理是组织管理的重要组成部分，它不仅关系到员工的职业发展，还与组织的整体绩效和稳定性密切相关。晋升管理的主要内容包括晋升标准制定、晋升流程设计、晋升候选人选拔、晋升评审及批准、晋升后的培训与辅导、晋升结果公告及激励、晋升制度的持续优化以及跨部门晋升协调等方面。

（1）晋升标准制定。晋升标准是晋升管理的基础，它规定了员工在晋升过程中必须具备的素质和能力。在制定晋升标准时，企业需要根据岗位的职责和要求，结合组织的战略目标和文化价值观，制定具体的标准和指标。这些标准可以包括员工的工作表现、技能水平、领导能力、创新思维等方面。

（2）晋升流程设计。晋升流程是晋升管理的关键环节，它规定了员工如何从基层岗位向高层岗位晋升的程序和步骤。在设计晋升流程时，企业需要考虑组织规模、行业特点以及员工的需求等因素，确保流程的合理性和公正性。同时，企业还需要明确每个步骤的具体要求和时间节点，确保流程的透明度和可操作性。

（3）晋升候选人选拔。在选拔晋升候选人时，企业需要根据晋升标准和工作需求，采取多种渠道和方式进行选拔。这些渠道和方式可以包括内部选拔、外部招聘、专业机构推荐等。在选拔过程中，企业需要注重候选人的综合素质和潜力，避免过于依赖单一的考核指标或面试表现。

（4）晋升评审及批准。在确定晋升候选人后，企业需要进行评审和批准。评审过程需要严谨和公正，确保候选人符合晋升标准并具备相应的能力。在评审中，企业可以组织专业委员会或评审小组对候选人的表现进行评估和打分，最终根据评估结果决定是否批准晋升。

（5）晋升后的培训与辅导。对于被批准晋升的员工，企业需要进行培训和辅导。培训内容包括技能提升、领导力培养、企业文化传承等方面。通过培训和辅导，帮助员工更好地适应新的工作环境和职责，提高员工的综合素质和绩效表现。

（6）晋升结果公告及激励。晋升结果公告是晋升管理的重要环节，它不仅是对被晋升员工的认可和奖励，也是对其他员工的激励和引导。在公告过程中，企业需要通过多种渠道和方式向员工传递晋升信息，确保信息的及时性和准确性。同时，企业还需要通过晋升激励措施，激发员工的积极性和创造力，促进员工的职业发展和组织的持续发展。

（7）晋升制度的持续优化。随着组织的发展和市场环境的变化，晋升制度也需要不断优化和更新。企业需要定期对晋升制度进行审查和修订，确保制度与组织的战略目标和市场环境相适应。同时，企业还需要关注员工的需求和市场变化趋势，不断调整和完善晋升标准和流程，提高晋升管理的科学性和有效性。

（8）跨部门晋升协调。在多部门的企业中，跨部门晋升是一个常见的问题。为了实现跨部门晋升的协调和平衡，企业需要建立跨部门晋升机制和协调机制。这包括制定跨部门晋升的标准、流程和政策，建立跨部门人才库和信息共享平台等措施。同时，在跨部门晋升中，企业还需要注重不同部门之间的沟通与合作，确保资源的合理分配和利益的均衡。

（三）降职管理

1. 降职的含义及其影响

所谓降职，是指从原来高职位降低到低职位，降职的同时意味着削减被降职人员的工资、地位、权利和机会。

2. 降职的原因

发生下列情形时，可对员工进行降职处理。

（1）由于组织机构调整而精简工作人员。

（2）不能胜任本职工作，调任其他工作又没有空缺。

（3）按照惩罚条例，对员工进行降职。

（4）身体健康原因。

3. 降职的程序与审核权限

降职程序：首先由用人部门提出申请，报送人力资源管理部门；然后人力资源管理部门根据组织政策和各部门主管提出的降职申请，进行员工调整；最后呈请主管人事的上级核定。凡核定降职人员，人力资源管理部门都要发布员工变动通知，并以书面的形式告知本人。

降职审核权限包括：

（1）总经理、副总经理的降职由董事长裁决，人力资源管理部门备案。

（2）各部门经理级人员的降职由人力资源管理部门提出申请，报总经理核定。

（3）各部门一般管理人员降职由用人部门或人力资源管理部门提出申请，报经理审核，由总经理核定。

（4）各部门一般员工的降职由用人部门提出申请，报人力资源管理部门核准。

组织内各级员工接到降职通知后，应于指定日期内办理移交手续，履行新职，不得借故推诿或拒绝交接。此外，降职时，员工的各种劳动报酬由降职之日起重新核定。如果被降职的员工对降职处理不满，可向人力资源管理部门提出申诉，但未经核准前不得擅自离开新职或怠工。

4. 降职管理工作注意事项

（1）企业在采取降职措施时应该慎重审核，不要轻易动用降职手段。

（2）应该征求本人的意见，努力维护当事人的自尊心，强调当事人对组织的价值，使其保持积极的心态。

（3）如果由于员工本人工作原因确实需要降职处理时，也要让其感到只要努力工作，仍然有希望恢复到原来的岗位或级别。

（4）对于确实不能胜任工作岗位，甚至由于品德等原因对该岗位工作产生破坏作用的员工，要坚决撤职。

四、员工的管理

要做到合理、科学地使用员工，人力资源管理部门必须清楚地了解和掌握每位员工的基本情况和特点，必须熟悉每个工作岗位的任职要求，并把两者有机地组合在一起，这就是员工管理。

（一）员工需求管理

1. 员工需求

调查结果显示，员工需求与工作环境和对工作场所的要求有关。透过这些需求可以看出现代企业管理中员工管理的新内容。这些要求包括：

（1）在工作中我知道公司对我有什么期望。

（2）我的工作职责、职权范围以及与他人的工作关系。

（3）在工作中我有机会做我最擅长做的事。

（4）我出色的工作表现得到了承认和表扬。

（5）在工作中有人来关心我。

（6）在工作中有人跟我谈过我的进步。

（7）有人常常鼓励我向前发展。

（8）我在工作中有机会学习和成长等。

从上述需求可以看出，在员工满足自己的生存需求之后，更希望自己得到发展并获得成就感。通过加强员工的规范化管理及人性化管理来实现上述目标。

2. 员工需求实现

（1）明确岗位职责和岗位目标。

（2）加强管理沟通。

（3）进行书面工作评价。

（4）建立意见反馈机制。

（5）完善职务晋升体系。

（二）价值体系的管理

价值体系的管理是员工管理中的重要环节，它主要是指企业在管理过程中，通过构建和传递企业价值观，使员工在工作中逐渐形成共同的信仰、价值观和行为规范，从而推动企业的发展和壮大。具体来说，要做到以下几点。

（1）明确企业核心价值观和企业文化。

（2）建立行为规范，让员工遵循行为准则和职业道德，促进员工的自我约束和自我管理。

（3）建立合理的激励机制，通过薪酬、晋升、奖励等措施，激励员工积极工作、创造价值，同时让员工感受到自己的付出得到了应有的回报。

（4）通过培训、引导和实践等方式，培养员工的职业精神和职业素养，使员工具备专业能力、责任意识和团队合作精神等。

（5）积极营造良好的工作氛围，建立和谐的劳动关系，让员工在工作中感受到归属感和安全感，从而提高员工的工作积极性和满意度。

价值体系的管理是员工管理的重要组成部分，它关系到企业的发展和员工的个人成长。

企业应该通过构建和传递企业价值观，建立行为规范、激励机制，培养职业精神和营造良好的工作氛围等措施，不断提升员工管理水平，为企业的可持续发展打下坚实的基础。

（三）员工保护

根据员工对保护的需求，可以把保护分成四个方面：身体安全保护、心理健康保护、生活条件保护和工作目标保护。

（1）身体安全保护。这是指对员工身体健康和安全的保护。企业可以通过提供安全培训、健康检查、劳动保护用品等措施，确保员工在工作期间的身体安全。例如，在餐饮行业，连锁企业可以提供食品安全培训、手部卫生规范培训、个人防护设备等，以保障员工的身体健康。

（2）心理健康保护。这是指对员工心理健康和情感安全的保护。企业可以通过提供良好的工作环境、友好的同事关系、公正的待遇和福利等措施，营造积极向上的工作氛围，减轻员工的心理压力，维护员工的心理健康。例如，连锁企业重视员工的心理健康，可以通过提供良好的工作环境、定期的团队建设活动和员工关怀计划等措施，帮助员工缓解工作压力，增强员工的归属感和忠诚度。

（3）生活条件保护。这是指对员工基本生活条件的保障。企业可以通过提供合理的薪酬待遇、社会保险、福利待遇等措施，保障员工的基本生活需求。例如，连锁零售企业可以提供灵活的工作时间安排、员工购物折扣、健康保险等福利，以保障员工的基本生活条件。

（4）工作目标保护。这是指对员工工作目标和职业发展的保护。企业可以通过提供明确的职业发展路径、培训机会、晋升机会等，帮助员工实现个人职业发展目标。例如，连锁企业可以提供系统的培训计划、岗位轮换和晋升机会等，激发员工的工作热情和创造力，促进员工的个人成长和发展。

总之，对员工的保护不仅包括身体安全保护和心理健康保护等基本要求，还包括生活条件保护和工作目标保护等更高层次的需求。企业应该根据实际情况制定综合的保护策略，为员工提供更好的工作环境和发展机会，增强员工的归属感和忠诚度，促进企业的可持续发展。

 知识广角 6-2

跨部门员工调配：连锁企业的灵活调配策略

你是否曾经在一家连锁企业工作，并发现不同部门之间的员工流动很常见？这就是我们今天要探讨的主题：跨部门员工调配。

1. 什么是跨部门员工调配？

跨部门员工调配是指企业根据实际业务需求和员工能力，将员工从原来的部门调动到另一个部门工作。这种调配可能因为各种原因，比如，某个部门工作量突然增加，或者某个员工更适合另一个岗位。

2. 跨部门员工调配的好处

满足业务需求：当某个部门的业务量突然增加，如果仅依靠现有员工，可能无法满足需求。这时，从其他部门调配员工就显得尤为重要。

提升员工能力：有时候，企业为了员工的个人发展和职业规划，会安排员工到更适合他们的岗位上工作，帮助他们提升技能和经验。

优化资源配置：企业通过跨部门调配，可以更好地发挥员工的优势，提高人力资源配置的效率。

3. 如何进行跨部门员工调配？

需求分析：明确需要调配的原因和需求，比如部门间的支援、技能匹配等。

筛选合适的员工：根据需求分析，选择具备相应技能和经验的员工进行调配。

与员工沟通：在决定调配之前，与员工进行一对一的沟通，了解他们的意愿和想法。

制订调配计划：根据沟通结果，制订详细的员工调配计划，包括时间、方式、培训等。

实施调配：按照计划进行调配，并对被调配的员工进行必要的培训和引导。

跟踪评估：调配实施一段时间后，对效果进行跟踪评估。这包括被调配员工的适应情况、工作表现以及原部门的工作效率等。

4. 跨部门员工调配的注意事项

关注员工意愿：在调配过程中，要尊重员工的意愿，尽量避免强制性的调配安排。如果员工不愿意被调配到其他部门，企业应该考虑员工的个人发展和职业规划，并提供相应的支持和帮助。

公平公正：在进行员工筛选和调配时，要保证公平公正，避免出现歧视、偏见或不公正的现象。要确保每个符合条件的员工都有机会参与调配。

提供必要的培训和支持：在员工被调配到新的部门后，企业需要提供必要的培训和支持。这可以帮助员工更快地适应新环境和新工作，提高工作效率和质量。

定期评估与反馈：在员工调配实施一段时间后，需要对效果进行定期评估和反馈。这可以帮助企业了解调配是否达到了预期的效果，并根据实际情况进行调整和改进。

与企业文化相匹配：在进行跨部门员工调配时，要与企业的文化相匹配。要确保调配行为符合企业的价值观和理念，避免出现文化冲突和不适应的现象。

通过以上的介绍，你是否对连锁企业的跨部门员工调配有了更深入的了解？记住，有效的员工调配不仅可以满足企业的业务需求，还可以提升员工的技能和经验，优化企业的人力资源配置。

任务结语

通过对本任务的学习，我们深入了解了员工调配的作用和意义，以及相关原则和要求，重点掌握了员工调配的基本内容，并对员工管理有了更深入的了解。通过合理的员工调配，我们能够优化人力资源配置，提升企业的竞争力和绩效。

知识拓展：连锁企业员工流动管理

项目实训

实训内容

以某连锁企业为例，分析应该如何进行员工的流失管理工作，提出做好员工流失率的预警方案。

实训目的

了解连锁企业员工管理现状及存在的问题，把握实施员工管理工作的主要内容。

实训步骤

(1) 将学生分成若干小组，每组在教师的指导下参观某一企业或组织，了解企业或组织的员工管理及流失率的总体情况。

(2) 上网查资料，作业成果以书面形式提交。

(3) 时间：以课外为主，结合课堂指导。

实训评价

实训内容	评价关键点	分值	自我评价（20%)	同学评价（30%)	教师评价（50%)
调查过程	实训任务明确	10			
	调查方法恰当	10			
	调查过程完整	10			
	调查结果可靠	10			
	团队分工合理	10			
预警方案	结构完整	20			
	内容符合逻辑	10			
	形式规范	20			
合计					

复习思考

一、判断题

1. 企业人员配置的根本目的是为员工找到和创造其发挥作用的条件。（　　）

2. 一个组织的工作，一般可分为四个层次，即决策层、管理层、执行层、监督层。人员配置的能位对应原理是指将不同能力的人配置到不同层次的工作上。（　　）

3. 人员配置的弹性冗余原理要求在人与事的配置过程中既要达到工作的满负荷，又要符合人力资源的生理心理要求，不能超越身心的极限。（　　）

4. 观察法不适宜要求得到有关任职资格要求的信息。（　　）

5. 心理测试的结果不可以作为人员挑选决策的唯一依据。（　　）

二、简答题

1. 员工使用有何重要意义？
2. 员工使用包括哪些内容？
3. 目前，国内外企业中针对员工使用有哪些方式？
4. 内部流动有哪些方式？它们各自会起到什么作用？
5. 针对员工流失管理应采取哪些方式？

连锁企业绩效管理

管理名言 ////

按劳分配不能作为管理的手段，解决不了企业的根本问题。

项目导学 ////

为了提高企业的市场竞争力和环境适应能力，许多企业都加大力度探讨提高组织绩效的有效途径，提高对绩效考评的重视程度。20 世纪 80 年代后半期到 20 世纪 90 年代早期，绩效管理逐渐成为被人们广泛认可的人力资源管理职能。一个优秀的组织，其成功的秘诀之一就在于有效的绩效管理。那么究竟什么才是绩效管理？为什么要进行绩效管理？怎样才能进行有效的绩效管理呢？本项目将就这些问题展开阐释，并予以解决。

学习目标 ////

职业知识： 了解绩效的含义、衡量标准、核心和目的；掌握绩效管理的主体、过程、特点和作用；理解影响员工绩效的因素和激励理论；了解组织战略目标和员工工作表现的联系，并掌握提高组织绩效的方法；理解绩效管理的多阶段性和多因素性，以及绩效计划的分类和责任主体。

职业能力： 能够制定有效的绩效管理策略；能够明确并制订可行的绩效计划，考虑组织战略目标和具体因素；能够进行有效的沟通、辅导和改进，根据实际需要调整计划；能够公正、公平地进行考核评价，并采取相应的奖惩措施；能够进行及时的绩效反馈面谈，制定改进措施；能够分析绩效差距并制定改进措施；能够选择适宜的评价指标和方法，制定考核标准；具备激励和管理员工的能力，提高员工的工作积极性和企业的效益。

职业素质： 具备强烈的工作责任感和职业道德；具备团队合作精神和良好的沟通能力；具备敏锐的洞察力和判断力；具备扎实的人力资源管理知识和专业技能；能够以公正、客观的态度进行绩效评价和管理。

思维导图

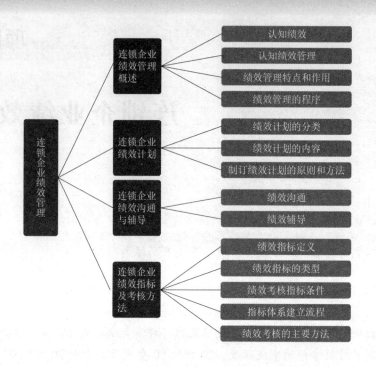

引导案例

出走的人才

小薛大学毕业后进入国内一家大型公司当营销员。在工作的头两三年，他的销售业绩的确不尽如人意。但是，随着对业务的熟悉，社会交际范围的扩大，他的销售额开始直线攀升。到第三年年底，根据与同事们的接触，他认为自己当属全公司的销售冠军。不过，公司的政策是不公布每个营销员的销售业绩，以免相互比较，影响人际关系，所以小薛不能肯定。

去年，他干得特别出色，10月底就完成了全年的销售额，但销售部经理对此却无动于衷。尽管工作上很顺利，薪水也不低，但小薛总觉得自己的劳动没有得到应有的回报，公司从来都不公开每个人的业绩，也从不关注营销员个人的销售业绩。

他听说另外两家外资企业在搞销售竞赛和奖励活动，公司内部定期将营销员的销售业绩进行通报、评价，并且通过各种形式对每季和年度的最佳营销员予以奖励。更让小薛恼火的是：上星期在与经理的谈话中，经理以这是既定政策，是公司的文化特色为由，拒绝了他的建议。

因此，当猎头公司与他接洽时，小薛毫不犹豫地离职而去。

正是由于缺乏有效的、正规的绩效考评系统，使该公司无法根据员工绩效对小薛的骄人业绩给予肯定和应有的奖励，从而使竞争对手有可乘之机，使公司失去了一名优秀的员工。

那么，到底什么是绩效考评？怎么样的绩效考评才能留住优秀员工呢？下面就让我们一起走进绩效管理的世界。

任务 1 连锁企业绩效管理概述

情境导入

你是否曾经想过，为什么有些连锁店能持续繁荣，而有些却日渐式微？其中的秘诀就在于一个名为"绩效管理"的神秘武器。

首先，让我们揭开绩效管理的神秘面纱。绩效管理不仅仅是衡量员工的工作表现，而且是连锁企业持续发展的核心推动力。它是一个涵盖了目标设定、执行计划、绩效评估和反馈与改进等多个环节的完整流程。

在这个过程中，管理者就像是指挥家，他们引导并激励员工，确保每个环节都得以顺利进行。而员工则像是乐团的成员，他们演奏出美妙的音乐，推动连锁店这艘大船在商海中乘风破浪。

那么，影响员工工作绩效的因素有哪些呢？首先是技能，员工需要具备专业知识和技能，才能胜任工作。其次是动机，他们需要被激励，以发挥出最大的潜能，而机会则是让他们能够展现自己的舞台。聪明的连锁企业会通过马斯洛的需求层次理论、赫茨伯格的双因素理论等激励理论，来了解员工的需求和动机，提供适当的激励和机会。

同时，组织的战略目标与员工的工作表现是紧密相连的。组织的战略目标会分解为各个门店、部门的子目标，而这些子目标又与员工的工作表现密切相关。只有当每个员工都理解并努力实现这些目标时，组织的战略目标才能得以实现。

最后，提高组织绩效的方法和掌握绩效管理的综合性和应用性是实现高效绩效管理的保证。提高组织绩效的方法主要包括流程优化、培训开发、激励措施等。这些方法的应用需要根据具体情况进行灵活调整和综合运用。同时，由于绩效管理的多阶段性和多因素性，管理者需要具备敏锐的洞察力和灵活的应对能力。

总的来说，绩效管理是连锁企业的成功密码。只有通过深入理解并掌握这一强大的管理工具，连锁企业才能在竞争激烈的市场中立于不败之地。现在，就让我们一起来探索这个神秘而又充满魅力的领域吧！

任务描述

1. 理解绩效的含义及衡量标准，掌握绩效管理的核心和目的；
2. 了解绩效管理的主体和过程，掌握绩效管理的特点和作用；
3. 理解影响员工工作绩效的主要因素，掌握激励理论的基础和运用；
4. 了解组织战略目标与员工工作表现之间的联系，掌握提高组织绩效的方法；
5. 理解绩效管理的多阶段性和多因素性，掌握绩效管理的综合性和应用性。

许多管理者都有这样的体会：涨工资和发奖金都不是一件容易的事情。如果管理者对这些事情的处理无法使员工满意，很容易让员工对公司产生抱怨，或者让员工之间发生冲突。员工感到不满意，是因为企业无法拿出有说服力的证据，来说明谁的工作出色，谁的不出色，二者的差别到底有多大，对员工进行绩效管理可以解决这个问题。绩效管理还可以让员工明白自己在企业的真实表现（企业对员工的评价）和企业对员工的期望，并且能为员工的晋升和降职提供有力的参考依据。

一、认知绩效

绩效的英文是"Performance"，释义为"执行、履行、表现、成绩"。社会化生产初期，生产率是衡量绩效水平的唯一标准，但随着管理实践深度和广度的不断增加，人们对其内涵和外延的认识也发生了变化。管理大师彼得·德鲁克认为："所有组织都必须思考绩效为何物。这在以前简单明了，现在却不复如是。"绩效的含义是非常广泛的，不同时期、不同发展阶段，绩效都有其不同的具体含义。

从综合管理学、经济学和社会学各角度看，绩效可以定义为某一组织或成员在一定时间与条件下完成某一工作所表现出的工作行为和取得的工作结果。对组织而言，绩效就是任务在数量、质量和效率等方面完成的情况；对于员工来说，则是上级和同事对自己工作状况的评价。

二、认知绩效管理

绩效管理是识别、衡量以及开发个人和团队绩效，并且使这些绩效与组织战略目标一致的持续性过程，要求管理者确保员工的工作活动和产出与组织目标一致，并借此帮助组织赢得竞争优势。绩效管理在员工的绩效和组织目标之间建立起直接的联系，从而使员工对组织做出的贡献变得清晰。因此，我们首先要明确绩效的含义。

绩效具体包含以下几层含义。

（1）绩效管理的核心是提高组织绩效，建立共识。

绩效管理是"对事不对人"，以工作表现为中心，考察个人目标与组织目标达成一致或者相关的部分，通过沟通使工作绩效标准与员工的努力方向一致，使员工易于接受，以便于促成绩效管理目标的实现。

绩效管理是以组织战略目标为导向，将目标进行层层分解，并下达到员工，通过对员工的工作表现和业绩进行诊断分析，改善员工在组织中的行为，通过充分发挥员工的潜能和积极性，提高工作绩效，更好地实现组织目标。绩效管理是贯穿公司各个管理层级管理工作的一项基本活动，更是一种过程管理，通过在工作过程中的指标制定、双向沟通、考核评价，最终实现提高部门绩效和企业整体经营绩效的目标。

（2）绩效管理的目的是更有效地实现组织目标。

绩效管理本身并不是目的，最主要的是最大限度地提高组织的管理效率、组织资源的利用效率，进而不断提高组织绩效，更有效地达到组织预定的目标。

（3）绩效管理的主体是掌握人力资源管理知识、专门技术和方法的绩效管理人员。

绩效管理由掌握专门绩效管理知识技能的管理者推动，然后逐步落实到员工身上，最终由每一位员工的具体工作实践来实现。所以绩效管理的主体不仅是管理人员，还包括每一位参与绩效考核管理的员工。

（4）绩效管理是一个包括多阶段、多项工作的综合持续性过程。

绩效管理是一套综合的 PDCA 循环体系，即计划（Plan）、实施（Do）、检查（Check）、调整（Adjust）的循环。具体到绩效管理的过程，就是绩效计划的制订、动态持续性的绩效沟通、绩效实施、绩效评估、绩效反馈与绩效结果运用等环节构成的持续性循环过程。

三、绩效管理特点和作用

1. 绩效管理的特点

绩效是由多种因素所共同决定的，个人因素与工作绩效的关系并不是直接的，而是通过工作相关行为发生的。因此，绩效往往随着系统因素、员工工作相关行为等相关因素的变化而呈现出不同的特性。

（1）多因性。

多因性即绩效的好坏高低不是由单一因素决定，而是受主客观内外多种因素的影响。影响员工工作绩效的主要因素包括激励、技能、机会及环境，可以用公式表示为：

$$P = F(S, M, E, O)$$

式中：P——Performance，绩效；

S——Skill，技能，即员工工作技巧与能力水平，技能是职工个人的工作技巧与能力的总称。技能与个人天赋、勤奋付出、经验阅历、教育和培训背景等有关系，还有人的心理状况也可以看作一种能够影响个人工作效果的"技能"。

M——Motivation，激励，即员工的工作积极性，受个人的需要结构、价值观与个性感知等影响；职工本身具有一种内在的工作积极性和主动性。许多管理者都希望在公司中实施有效的措施，调动员工作积极性和主动性，从而提高整个公司的效益。西方行为科学家通过对个体行为的研究得出一个基本的理论，即激励理论。这个理论的基础是马斯洛的需求理论。激励理论可以简单地概况为需要引起动机，动机决定行为。员工的需要使员工产生了动机，行为是动机的表现和经过。也就是说，是否对员工产生激励，取决于激励政策是否能满足员工的需求，也就是内因。

E——Environment，环境，即企业的内部客观条件，如劳动场所的布局与物理条件、公司的政策制度环境、文化氛围等。环境分为内部环境和外部环境。内部环境包括工作环境、劳动条件、规章制度、组织结构、企业文化。外部环境包括社会条件、社会环境等。

O——Opportunity，机会，具有很大的偶然性，具有不可控性。

其中技能和激励主要为内因，受个人影响较大，我们将其界定为员工自身的、主观性影响因素。机会与环境主要是客观的外因条件，主要起间接作用，但也不容忽视。

（2）多维性。

绩效的多维性即绩效需要从多个方面或者多种维度去考查，不能只看一个方面。例如，一个部门的管理者，其工作绩效不仅反映在该部门的经营指标中，也要兼顾其对下属职工的监督、指导、协调以及团队组织等指标方面，整个部门的经营业绩指标，以及团队合作效率等都应包括在内。

表 7-1 为某制造企业营销人员的绩效考核指标体系，从中可以看出，公司不仅注重员

工的工作成果，也非常重视员工的岗位技能和工作态度。

表7-1 某制造企业营销人员的绩效考核指标体系

考核要素		权重/%
工作成果	销售订货额	60
	货款回收	
	销售费用	
	合同错误率降低率	
岗位技能	市场分析	30
	客户关系维护	
	市场推广	
工作态度	岗位责任心	10
	工作积极性	
	团队协作精神	
	客户满意度	
	合理化建议和接受建议	

（3）动态性。

随着组织环境和经营战略目标的不断变化，影响绩效的因素会随之产生变化。员工的绩效会随着时间的推移而发生变化，原来较差的绩效有可能好转，原来较好的绩效也有可能变差。因此，在评价一个人的绩效时要充分注意绩效的动态性，不能用一成不变的思维来看待有关绩效的问题。

2. 绩效管理的基本作用

绩效管理是组织实现战略目标的核心工具之一，也是人力资源管理其他职能实现的基本依据和基础，同时也是企业管理的一个重要工具。有效的绩效管理可以给企业的日常管理带来巨大的好处，可以保证员工行为与企业目标的一致性。绩效管理的具体作用体现在以下几个方面。

（1）绩效管理使组织变革更加容易推动和开展。

当一个组织决定改变其定位与企业文化，从而将产品质量与客户服务放在首要位置时，一旦新的组织目标导向确定下来，就可以运用绩效管理使企业文化与组织目标联系在一起，使考核指标与组织目标联系起来，从而使组织变革成为可能。正如彭宁顿绩效管理集团总裁兰迪·彭宁顿所言："事实上，文化变革是由绩效的改变推动的，一个组织的文化不能被植入。它会受到组织所实施和强化的各种政策、实践、技能以及程序等的指导和影响。改变企业文化的唯一方法是改变员工每一天的工作方式。"

（2）为员工的薪酬调整、奖金发放提供依据。

绩效考评会为每位员工得出一个考评结论，这个考评结论不论是描述性的还是量化的，都可以为员工的薪酬调整、奖金发放提供重要的依据。这个考评结论对员工本人是公开的，并且要获得员工的认同。所以，以它为依据非常有说服力。

（3）为员工的职务调整提供依据。

员工的职务调整包括员工的晋升、降职、调岗，甚至辞退。绩效考评的结果会客观地对员工是否适合该岗位做出明确的评判。基于这种评判而进行的职务调整，往往会让员工本人和其他员工接受和认同。

（4）为上级和员工之间提供一个正式沟通的机会。

考评沟通是绩效考评的一个重要环节，它是指管理者（考评人）和员工（被考评人）面对面地对考评结果进行讨论，并指出优点、缺点和需改进的地方。考评沟通为管理者和员工之间创造了一个正式的沟通机会。利用这个沟通机会，管理者可以及时了解员工的实际工作状况及深层次的原因，员工也可以了解管理者的管理思路和计划。考评沟通促进了管理者与员工的相互了解和信任，提高了管理的穿透力和工作效率。

（5）让员工清楚企业对自己的真实评价及期望。

虽然管理者和员工可能经常见面，并且可能经常谈论一些工作上的计划和任务，但是员工还是很难了解企业对自己的评价。绩效考评是一种正规的、周期性的对员工进行评价的系统，由于评价结果是向员工公开的，员工有机会正面地了解企业对自己的评价。这样可以防止员工不正确地估计自己在组织中的位置和作用，从而减少一些不必要的抱怨。每位员工都希望自己在工作中有所发展，企业的职业生涯规划就是为了满足员工自我发展的需要。但是，仅仅有目标而没有进行引导，往往也会让员工不知所措。绩效考评就是这样一个导航器，它可以让员工清楚自己需要改进的地方，为员工指明前进的航向，为员工的自我发展铺平道路。

（6）企业及时准确地获得员工的工作信息，为改进企业政策提供依据。

通过绩效考评，企业管理者和人力资源部门可以及时准确地获得员工的工作信息。通过对这些信息的整理和分析，可以对企业的招聘制度、选择方式、激励政策及培训制度等一系列管理政策的效果进行评估，及时发现政策中的不足和问题，从而为改进企业政策提供有效的依据。

（7）绩效管理有助于提高企业的管理绩效。

绩效管理能够把员工的努力与企业组织的战略目标联系在一起，通过提高员工的个人绩效来提高企业的整体绩效，从而实现组织战略目标，增强企业的组织竞争力，这是绩效管理的战略目的。根据美国翰威特公司对美国所有上市公司的调查，具有绩效管理系统的公司与没有绩效管理系统的公司在企业绩效的各个方面相比，都具有明显优势，如表7-2所示。

表7-2 绩效管理对企业绩效的影响 单位:%

指标	没有绩效管理系统	有绩效管理系统
全面股东收益	0.0	7.9
股票收益	4.4	10.2
资产收益	4.6	8.0
投资现金流收益	4.7	6.6

续表

指标	没有绩效管理系统	有绩效管理系统
销售实际增长	1.1	2.2
人均销售额	126 100 美元	169 900 美元

（资料来源：于秀芝，《人力资源管理》，经济管理出版社）

3. 绩效管理的原则

（1）绩效管理需要沟通。

在执行环节需要持续不断地沟通，在其他环节同样如此：计划需要企业管理者与员工共同参与，达成共识，形成承诺；评估需要就绩效进行讨论，形成评估结果，员工在对评估结果有不同意见时应有可以向更上层申述的通道；不论将结果用于薪酬、职位变动还是职业生涯发展，都应与员工进行明确的沟通。许多公司采用薪酬管理保密制度，但是，在薪酬的构成、方式等方面应与员工进行明晰的沟通。

（2）"做"比"说"重要。

在绩效管理中，"做"比"说"重要，在企业管理的其他方面乃至人生中都是如此。在绩效管理中强调沟通，常常导致会说的人获得更好的评估结果。某些语言能力或人际影响力超群的人常常以把想做什么事表现得不同寻常，而根本不做。对此，绩效管理的原则是，永远根据员工所完成的任务进行评估，而不是他所说的。

（3）要选准领导人。

企业应该选择认真履行承诺的人作为领导人。企业领导人是绩效考核制度实施成功与否的关键，如果领导人自身都无法起到表率的作用，那么员工一定也不会遵循。这项制度的执行力高低，一方面要看领导人的自身素质，另一方面也是员工施展才华的动力所在。要成为一个合格的领导人就一定要做到以下几点。

①立足创新，勇于探索，有务实灵活的管理方法。

②与员工沟通要真诚。

③将自己定位为企业的一员，因为企业推出的绩效考核制度存在着不足和缺憾，需要大家的理解和支持。

④为实现预定目标要考虑多种路径和高效有序的配套方案，以公正、科学、合理为原则，做好错综复杂的人事安排。

绩效管理的主要目的还是围绕着员工激励的话题进行的，为了使员工的工作效率得以提高，使员工工作更加有动力，就一定要多从员工的角度来考虑问题，而不要只站在自己的角度。

 知识广角 7-1

GE 的绩效管理

美国 GE 公司前 CEO 杰克·韦尔奇在他的告别演说中总结了自己多年经营企业的经验，他特别强调："如果我们不能够发现、挑战和发展这个世界最优秀的人才，那么我们注定一事无成。而这是通用电气最终的、最真实的核心要素。"

他说，我们的技术、我们的生意、我们的资源都不足以使我们成为世界第一，除非我们总是拥有最优秀的人才——他们总是发展自我，希望做得更好。在我们的绩效考核系统和奖励系统中，我们把员工分为三个类别：最上端的20%、中端的70%和下端的10%。GE公司的领袖们明白不断地鼓励、启发和奖励上端20%的必要性，并且不断地确认中端的70%保持和提高向上工作的热情，而且他们会用非常人道的方式督促下端的10%改变自我，他们每年都是这样做的，这就是企业繁荣真正的原因。

绩效管理作为人力资源管理一个重要的、不可或缺的环节，在员工管理中起着重要的作用。科学、有效的绩效管理直接涉及企业能否把员工的努力转化为企业的业绩表现。成绩突出者要给予奖励，提升职务和增加工资；不能履行责任者，要给予一定的处罚，降低职务或者工资。如果没有有效的绩效管理手段，就会出现"干多干少一个样，干好干坏一个样"的局面，很显然，韦尔奇是将绩效管理作为吸引、积聚人才和提升企业竞争力的有效手段。

（资料来源：马新建等，《人力资源管理与开发》，石油工业出版社）

四、绩效管理的程序

目前，许多企业实行绩效考核，人们过多地将注意力集中在对绩效的考核或评估上，想方设法地希望设计出公正、合理的评估方式，并希望依据评估结果做出一些决策。其实，这是众多企业对绩效管理认识的片面性造成的。绩效评估是否能够得到预期的期望取决于许多前提条件。企业只看到了绩效考核或评估，而忽视对绩效管理全过程的把握，会导致人力资源管理中严重的不良后果，最终使考核流于形式。绩效考核不是一项孤立的工作，它是完整的绩效管理过程中的一个环节。完整的绩效管理是一个循环流程，包括绩效目标分解和制定、绩效辅导和跟踪、绩效比较和考核以及绩效激励和发展等内容。

1. 绩效目标分解和制定

这是绩效管理过程中最初始的一个环节。指标设计是否合理，决定了企业上下是否能够纵向一致地达成战略目标。根据调查，战略目标制定之后，只有10%的企业能够按计划实施，而90%则是最终不了了之。对个人来说，传统的绩效目标设定是根据岗位职责制定的，有可能每个人岗位职责都完成得很好，但是和公司目标没有什么关系，整体战略没有完成。这就造成了脱节。正确的做法不是从下到上累加，而应当是将个人绩效目标从公司战略纵向分解下来。从战略分解的高度来看，人力资源部门显然力量不足，一定要有公司高层的介入，才能够实现跨部门的推动。

企业提出的下一年目标，如要提高客户满意度、提高管理能力等，给员工的感觉多数比较抽象，没有为他们的工作提供明确界定，这导致了实施上的困难。

联想集团在这方面的做法值得借鉴。联想集团每年都举行公司战略制订会议和分解会议，这个会议不是纸上谈兵，而是从高层到事业部，从事业部到具体的运营部门，从部门主管到员工的沟通和教育会议。会议的结果，就是公司的战略目标深入到每位员工，使他们明白要做什么，做到什么程度。通过逐层分解，每位员工就会得到量身定做的几项关键绩效指标，也就是KPI。

不同的KPI驱动着不同的行为方式，权重的设定也决定着员工的工作是否能和公司战略方向保持一致。以理发店为例，如果战略目标是提高客户满意度，吸引更多客源，而把理发师的会员卡推销数量指标设置的权重太高，就会引起客户反感，损害整个店的形象；为了调整偏差，应适当提高常客数量指标，促使理发师提升客户满意度。又如，销售人员的绩效管理，最简单的指标当然是销售额。但根据公司目标侧重点的不同，还可以细化。假如重视新产品的推广，那么新品销售额比例的指标权重就应较高；假如近期要求开发新市场，那么就相应提高新市场销售额比例的指标权重。分解指标时，还要综合考虑业务指标和行为指标、结果性指标和过程性指标的平衡。简言之，就是防止员工为了完成财务上的任务而不择手段，比如有人可能为了提高今年的业绩而影响了明年的工作或者损害了其他同事的利益等。通过行为指标让员工的工作过程符合企业文化和价值观的约束。

在设计指标时，要和部门经理、高绩效员工做行为事件访谈，探究该岗位的成功除了业务指标之外还需要任职者表现什么样的行为，以及为客户提供的增值点何在，据此制订出一系列"行为标签"。这样可以让员工了解企业对自己的行为期望，将其通过合适的方式，一定程度地联结到绩效考核体系会改变员工的行为和做事的方式，如从被动向主动的转换，从管、控制向服务的转换等。KPI指标既有定量的也有定性的，即所谓硬指标、软指标。如行为指标、过程性指标就很难量化，而像客户满意度、品牌影响等指标有时不易获取准确的数据。企业也不需要盲目地追求量化，有一定主观因素在绩效管理中是难以避免的，为量化而量化，这个指标体系就会复杂而可笑。另外，针对员工制定的绩效指标不宜过多，一般4~7个，最多不要超过10个，否则不但重点不突出，管理者也不易跟踪辅导。

2. 绩效辅导和跟踪

所有的经理人都必须为自己的下属辅导，帮助他们提高绩效。而这一环，正是目前企业管理者最为欠缺的部分。动态的绩效管理，需要对整个流程进行跟踪，而很多经理人难以坚持，工作一忙就扔到一边，更不要谈开辅导会议来和员工沟通了。

企业的绩效管理在这个环节中容易走入多个误区。一是持续性沟通不足，在员工中很难推行。企业往往建立了一套复杂精确的系统，但员工并不了解其用意，为什么要用这几个指标来衡量自己。具体员工的目标制定，一定需要直接主管的沟通和辅导；而不定期地对目标进行回顾、反馈和调整更需要双方共同来完成。动态绩效管理注重的是，管理者和员工不是"考"和"被考"的关系，而是一起设计未来，让员工参与进来，承诺把自己的工作做好。当员工认识到绩效管理是一种帮助而不是责备的过程时，他们才会合作和坦诚相处。二是中高层管理者的参与感和管理水平不够，认为这仅仅是人力资源部门或咨询顾问做的事。事实上，咨询顾问只能够在体系建立和关键指标设计方面提供帮助；人力资源部既不可能了解整个公司几百、几千人的绩效目标，一般也无权监督各部门的实行情况。很多经理人认为建立起一套系统就可以了，还是把绩效管理看成简单的考核。没有管理过程肯定会失败。如果公司的高层领导自己不能以身作则做好部门经理的绩效管理，对基层的工作自然也不会重视，结果变成绩效考核只针对基层员工，而不涉及经理层，这往往是造成绩效管理失败的硬伤。三是不重视管理信息数据的收集，特别是过程和战略指标的数据无法顺利获得。数据缺乏，管理就无法进行，从而形成了一个恶性循环。规模较大的企业最好要建立记录和收集数据的IT系统，否则手工操作的跟踪工作量很大。但是系统只是一个平台，管理人员利用平台进行管理的意识和能力才是最重要的。

 **案例分析 7-1**

黑熊和棕熊

黑熊和棕熊喜食蜂蜜，都以养蜂为生。它们各有一个蜂箱，养着同样多的蜜蜂。有一天它们决定比赛看谁的蜜蜂产的蜜多。

黑熊想，蜜的产量取决于蜜蜂每天对花的"访问量"。于是它买来了一套昂贵的测量蜜蜂访问量的绩效管理系统。同时，黑熊还设立了奖项，奖励访问量最高的蜜蜂。但它从不告诉蜜蜂们它是在与棕熊比赛，它只是让它的蜜蜂比赛访问量。棕熊与黑熊想的不一样。它认为蜜蜂能产多少蜜，关键在于它们每天采回多少花蜜——花蜜越多，酿的蜂蜜也越多。于是它直截了当地告诉众蜜蜂：它在和黑熊比赛看谁产的蜜多。它花了不多的钱买了一套绩效管理系统，也设立了一套奖励制度，重奖当月采花蜜最多的蜜蜂。如果这个月蜜蜂的总产量高于上个月，那么所有蜜蜂都会受到不同程度的奖励。一年过去了，查看比赛结果………

案例思考：你知道比赛结果吗？为什么？这给你的管理带来了什么样的启发？

3. 绩效比较和考核

绩效管理，原则上是由上对下进行。所以在考核环节，基本上是经理人对下属做考核，下属给予反馈，结合双向沟通。在这一点上，由下属为主管评分的做法，一般不采用。传统的考核是用同一个标杆来衡量每个人，按得分高低相互比较分出优劣；而绩效管理则是为每个人度身定做，所有人都是和自己的目标比较，看完成情况如何。有些企业在观念上没有转变，既制定了绩效管理目标，又要做横向比较，强制分布甚至末位淘汰，这在与员工的沟通中就很难自圆其说。比如，某员工完成了自己的销售指标，但是别人超额完成了更多，并不意味着他就要在排名中靠后。如果一定要搞末位淘汰制，员工可能为了保住自己，而想方设法让一个同事更落后，而不是自己努力提高。这显然不能达到企业促进绩效的目的。

4. 绩效激励和发展

获得考核结果后，还要及时与激励制度和能力发展计划挂钩才能发挥作用。绩效管理是其他人力资源工作的基础。绩效加薪、浮动薪酬都以此为依据，增加了企业决策的透明度；培训部门能够获得比较准确的信息，分析出员工绩效不理想的欠缺所在，总结优先的培训需求；在后备干部队伍选拔方面，也可以从绩效纪录中获得很强的支持，因为过去几年的绩效表现通常预示着未来的潜力发展方向。

员工在帮助公司达成战略的同时，个人当然也应获益，这样他们就更有驱动力来完成公司的目标，这样才能使整个体系圆满运行。

而在很多企业中，现实情况却并非如此，即使部门经理评定员工的绩效很突出，但是他却没有权利给员工提供奖金或培训机会，那么显然绩效管理就无法达到预期效果。

任务结语

通过对本任务的学习，我们了解了绩效、绩效管理的含义，掌握了绩效管理的特点，重点掌握了绩效管理的原则和程序。

任务2　连锁企业绩效计划

情境导入

想象一下，你是一家连锁企业的老板，眼看着竞争对手步步逼近，自己的企业却陷入业绩瓶颈。你是否曾为此苦恼，觉得前路一片迷茫？别担心，绩效计划可以为你提供帮助。

绩效计划，听上去好像很复杂，但其实它是每个连锁企业都必须拥有的秘密武器。就像一场马拉松比赛，只有制定好详细的路线图和时间表，才能确保选手在终点线前冲刺。

首先，让我们来厘清绩效计划的分类和责任主体。绩效计划分为个人、部门和公司三个层面。就像一栋大楼，每个楼层都需要精心打造，才能确保整栋楼的稳固。在连锁企业中，每个门店或部门的绩效计划与公司整体战略目标紧密相连，形成了一个强大的连锁反应链。

那么，制订绩效计划的关键要素有哪些呢？绩效考核是重中之重。就像在考试中，我们需要知道考什么、怎么考、考多少分才算及格。绩效考核要素主要包括工作效果、工作能力、工作态度等方面。

接下来，我们来探讨绩效考核标准的重要性。我们需要学会制定协调性、完整性和比例性兼备的考核标准。就像比赛中的计时器一样，只有准确计时，才能让选手们按照规定路线奔跑。

在确定绩效考核指标时，我们需要关注哪些方面呢？具体明确的指标能让员工清晰地知道自己要做什么、怎么做；有效性则强调指标能够真实反映员工的工作表现；可变性意味着指标需根据内外部环境的变化适时调整；差异性则是为了体现不同职位和部门之间的差异，以更准确地评价员工贡献。这就像是在比赛中，每个选手都有不同的起点和目标，只有找到最适合自己的跑道，才能发挥出最佳水平。

最后，让我们来揭开绩效计划的神秘面纱。它主要包括绩效考核要素和绩效考核标准。在制订绩效计划的过程中，管理者需要与员工密切合作，共同制定具体的考核指标和标准。此外，还需明确考核周期、数据来源和评价方式等关键信息。制订绩效计划后，需经过审批并公示，以确保公平公正。在执行过程中，管理者需持续关注员工表现，提供反馈和指导，以确保绩效计划的顺利实施。

总的来说，连锁企业的绩效计划就像是一把金钥匙，能够帮助企业打开成功的大门。通过制定合理的绩效考核标准和指标，以及实施有效的评价和反馈机制，连锁企业能够推动员工个人发展，提升组织整体绩效，为实现可持续发展奠定坚实基础。

任务描述

1. 了解绩效计划的分类，以及绩效计划与部门、公司绩效计划的关系；
2. 掌握绩效考核内容和目的，以及考核主体和对象；
3. 学会制定绩效考核标准；
4. 掌握绩效计划的内容，包括绩效考核要素和绩效考核标准，以及制订绩效计划的步骤和注意事项。

绩效管理的第一个环节就是绩效计划，这是绩效管理过程的起点。其主要任务是通过管理者与员工的共同商讨，确定员工的绩效目标和评价周期。其中，绩效目标是指员工在绩效评价期间的工作任务和要求，包括绩效考核要素和绩效考核标准两个方面。绩效计划必须清楚地说明期望员工达到的结果，期望员工表现出来的行为和技能。

一、绩效计划的分类

绩效计划按责任主体分为公司绩效计划、部门绩效计划以及个人绩效计划三个层次。

一般来讲，公司绩效计划可分解为部门绩效计划，部门绩效计划可分解为个人绩效计划；一个部门所有员工个人绩效计划的完成支持部门绩效计划的完成，所有部门绩效计划的完成支持公司整体绩效计划的完成。

绩效计划按期间可以分为年度绩效计划、季度绩效计划、月度绩效计划等。

年度绩效计划可以分解为季度绩效计划，季度绩效计划可以进一步分解为月度绩效计划。季度、月度绩效计划的制订分别以年度、季度绩效计划为基础，同时还要考虑外部环境变化以及内部条件的制约。

二、绩效计划的内容

1. 绩效考核要素

（1）考核内容。

考核内容包括工作行为、工作态度、工作结果等。根据不同的绩效考核目的与对象，考核内容会有所不同。

（2）考核目的。

考核目的是全面了解每个员工的素质水平、在实际工作中的真实绩效与获得这些绩效的行为表现、未来负担更重要的职责工作的潜力，保证人力资源管理的基本决策正确。

（3）考核主体。

考核主体包括企业组织、股东、董事、监事、CEO、人力资源管理部门、人力资源经理以及各有关主管经理、一般员工以及外部利益相关者等。

（4）考核对象。

考核对象为企业的全部在岗员工，包括 CEO、各级经理人员、一般员工。严格地讲，董事、董事长、监事等也应该接受相应的考核。

同时，还有考核时间、地点、考核方法与工具、考核活动的过程、考核结果与考核结论等要素。

2. 绩效考核标准

（1）绩效考核标准的定义和特性。

绩效考核标准是根据各个岗位的工作性质和要求而制定的标准。设立了绩效指标之后，就要确定绩效指标达成的标准。绩效考核标准具有三个特性。

一是协调性，即各种标准之间要相互衔接，相互协调，没有冲突。

二是完整性，即各种标准要相互补充，相互配套，缺一不可，是一个完整的体系。

三是比例性，即各种标准之间存在数量比例关系。

（2）绩效考核标准体系的确立步骤。

第一，进行职务分析。根据绩效考核的目的，对考核对象所在岗位的工作内容、性质以及相应的职责范围所应具备的技能、素质等进行初步的研究分析，初步确定绩效考核的指标。因此，针对不同的工作岗位，应该有各自的一套指标体系。事实上，因为具有复杂性，现实中企业总是仅选取和组织目标实现密切相关的重要指标作为绩效考核指标。

第二，进行理论验证。根据绩效考核的基本原理与理论，对初步确定的绩效考核指标进行论证，使其具有一定的科学依据。

第三，确定指标体系。通常公司会将问卷调查、个案研究法、访谈法等多种方法结合起来使用，根据职务分析结果，运用绩效考核指标体系设计方法，进行指标分析，最后确定指标体系，使指标体系更加准确、完整和可靠。

第四，修订指标体系。为了使指标体系更加合理、有效，需要不断对其进行修订。一方面是考核前的修订，即将确定的指标体系提交领导，或者相关专家、学术权威，以获得合理意见，进行再修改、补充完善；另一方面是考核后的修订，即根据考核结果应用以后的效果对指标进行修订。如出现考核结果与现实不符的情况，可对指标进行修订，以达到理想效果。

（3）绩效考核指标确定时应注意的问题。

第一，指标应该具体明确。绩效考核指标应该明确指出到底要考核什么内容，不能过于笼统。例如，针对教师工作业绩考核时，指标"授课情况"就过于笼统，因为该指标可以体现为多个方面，所以应该分解为多个指标，如"上课准时性""板书是否工整""授课是否生动，易于接受"等，使指标更具有针对性。

第二，指标应当保证有效性。针对具体岗位具体工作设置的指标，不能出现缺失，也不能出现溢出，应根据岗位的实际工作内容设定，既不能缺乏对该岗位实际工作效果的衡量指标，也不能将其他岗位的指标用于该部门不具备的工作内容的衡量上。

越能包括岗位上所有的实际工作内容，绩效考核指标就越有效。

第三，指标要具有可变性。指标的可变性可以体现在两个方面：一方面，在不同的绩效周期，指标应该根据工作内容的调整而做出相应的改变；另一方面，在不同的绩效周期，指标的权重也要随着工作内容中各个方面的重要性不同而不断调整、变化。

第四，指标应具有差异性。一方面，对于员工来说，同一工作的各个指标应该占有不同的权重，正如在营销人员的绩效衡量中，各个方面占有不同的权重；另一方面，对于不同的岗位、不同的员工来说，指标应该不同，体现不同工作的内容、性质、重要性的不同。

（4）绩效考核标准体系设定的注意事项。

第一，绩效标准应尽可能明确、可衡量。往往目标越明确，对员工的激励效果就越好，因此在确定绩效指标的标准时，应该尽可能清楚和量化。如数值型标准"销售额达到50万元"、百分比标准"产品合格率要达到95%"、时间型标准"需在×个工作日内回复应聘者的求职申请"等可量化标准。

对于难以量化或者量化成本较高的绩效指标，其标准制定应给出具体的行为标准，或者针对不同的行为表现制定不同的标准等级，以便于划分、衡量。

第二，绩效指标的标准应该合理、适度。对于标准的设定既要有一定的难度，使工作具有一定的挑战性，又不可以太难，超出员工的实际能力。目标太容易或者太难都会导致对员工的激励效果大大降低。

第三，标准应具有可变性。进行一个绩效循环周期后，往往要随着工作内容的变化，调整绩效指标的标准。

（5）绩效考核周期。

绩效考核周期也叫绩效考核期限，即每一次对员工进行绩效考核的间隔时间。对员工进行绩效考核是一项持续性的工作，耗费人力、物力、财力，因此绩效考核周期应该认真权衡长短。如果周期过短，将会增加企业的绩效管理成本；如果周期很长，将会降低绩效考核的准确性，不利于提高员工的工作绩效，不利于企业绩效的提高。

对于考核周期，应该综合权衡岗位性质、绩效指标性质、指标标准的性质等，确定恰当的绩效考核周期。

三、制订绩效计划的原则和方法

不论是针对公司的经营业绩计划，还是针对员工的绩效计划，在制订时都应该注意以下原则和方法。

1. 注重绩效计划的价值驱动

要与提升公司价值和追求股东回报最大化的宗旨一致，突出以价值创造为核心的企业文化。

2. 注重绩效计划的流程系统化

绩效计划要与战略规划、资本计划、经营预算计划、人力资源管理等管理程序紧密相连，配套使用。

3. 与公司发展目标一致

设定绩效计划的最终目的，是保证公司总体发展战略和年度生产经营目标的实现，所以在考核内容的选择和指标值的确定上，一定要紧紧围绕公司的发展目标，自上而下逐层进行分解、设计和选择。

4. 绩效计划应重点突出

员工担负的工作职责越多，所对应的相应工作成果也较多。但是在设定关键绩效指标和工作目标时，切忌面面俱到，要突出关键和重点，选择那些与公司价值关联度较大、与职位职责结合更紧密的绩效指标和工作目标，而不是整个工作过程的具体化。

通常，员工绩效计划的关键指标最多不能超过 6 个，工作目标不能超过 5 个，否则就会分散员工的注意力，影响其将精力集中在最关键的绩效指标和工作目标的实现上。

5. 绩效计划应切实可行

关键绩效指标与工作目标，一定是员工能够控制的，要界定在员工职责和权利控制的范围之内，也就是说要与员工的工作职责和权利相一致，否则就难以实现绩效计划所要求的目标任务。同时，确定的目标要有挑战性，有一定难度，但又可实现。目标过高，无法实现，不具激励性；过低，不利于公司绩效成长。另外，在整个绩效计划制订过程中，要认真学习先进的管理经验，结合公司的实际情况，解决好实施中遇到的障碍，使关键绩效指标与工作目标贴近实际，切实可行。

6. 注重绩效计划的全员参与

在绩效计划的设计过程中，一定积极争取并坚持员工、各级管理者和管理层多方参与。这种参与可以使各方的潜在利益冲突暴露出来，便于通过一些政策性程序来解决这些冲突，从而确保绩效计划制订得更加科学、合理。

7. 注重绩效计划的足够激励

使考核结果与薪酬及其他非物质奖惩等激励机制紧密相连，拉大绩效突出者与其他人的薪酬比例，打破分配上的平均主义，做到奖优罚劣、奖勤罚懒、激励先进、鞭策后进，营造一种突出绩效的企业文化。

8. 注重绩效计划的客观公正

要保持绩效透明性，实施坦率的、公平的、跨越组织等级的绩效审核和沟通，做到系统地、客观地评估绩效。对工作性质和难度基本一致的员工的绩效标准设定，应该保持大体相同，确保考核过程公正，考核结论准确无误，奖惩兑现公平合理。

9. 绩效计划综合平衡原则

绩效计划是对职位整体工作职责的唯一考核手段，因此必须要通过合理分配关键绩效指标与工作目标完成效果评价的内容和权重，实现对职位全部重要职责的合理衡量。

10. 注重绩效计划的职位特色

与薪酬系统不同，绩效计划针对每个职位而设定，而薪酬体系的首要设计思想之一便是将不同职位划入有限的职级体系。因此，相似但不同的职位，其特色完全由绩效管理体系来反映。这要求绩效计划内容、形式的选择和目标的设定要充分考虑到不同业务、不同部门中类似职位各自的特色和共性。

 **知识广角 7-2**

如何确定连锁企业的战略目标和员工关键绩效指标（KPI）？

下面以一家连锁咖啡店为例，具体说明如何确定战略目标和员工KPI。

（1）确定企业战略目标。这家连锁咖啡店的战略目标可能是"成为市场上最具创新力和客户体验最佳的咖啡店"。这个目标强调了创新、客户体验和服务质量的重要性。

（2）分解战略目标。为了实现这个战略目标，可以将它分解为以下具体目标。

提高客户满意度：通过提供高品质的咖啡、美味的甜点和舒适的用餐环境来提高客户满意度。

增加新客户：通过创新的营销活动和广告来吸引更多的新客户。

降低客户流失率：通过提供优质的服务和改善客户体验来降低客户流失率。

（3）确定员工KPI。为了实现这些具体目标，可以确定以下员工KPI。

服务质量：员工需要提供高质量的服务，包括友好的态度、快速响应和解决问题的时间。

销售业绩：员工需要完成指定的销售目标，包括咖啡、甜点和周边产品的销售。

客户满意度：员工需要关注客户反馈，及时解决问题和满足客户需求，以提高客户满意度。

（4）制定员工KPI的考核标准。为了衡量员工的工作表现，可以制定以下考核标准。

服务质量：员工需要获得顾客的好评，包括对服务态度和解决问题能力的评价。

销售业绩：员工需要达到指定的销售额和销售目标，同时需要考虑销售技巧和沟通能力。

客户满意度：员工需要关注顾客反馈，及时解决顾客问题，提高顾客满意度。

对于每个考核标准，可以设定具体的评分标准和奖励措施。例如，对于服务质量，可以根据顾客评价的满意度来打分；对于销售业绩，可以根据销售额和销售目标完成情况来打分。对于客户满意度，可以设定相应的奖励措施，如奖金、晋升机会等。同时，可以定期进行评估和调整，以确保战略目标和员工KPI的实现。例如，如果发现客户流失率较高，可以采取调整营销策略和改善客户体验的措施来提高客户满意度和忠诚度。同时也可以通过对员工进行培训和实施激励计划来提高其工作表现和积极性。

通过制定明确的战略目标、分解具体目标、确定与战略目标一致的KPI、制定考核标准和激励计划以及定期评估和调整等方法，可以帮助连锁企业确定战略目标和员工KPI，从而实现长期稳定的发展。

任务结语

通过对本任务的学习，我们了解了企业绩效计划的分类，重点掌握了绩效计划的内容、原则和方法。

任务3　连锁企业绩效沟通与辅导

情境导入

作为连锁企业的管理者，你是否曾经感到困扰：员工们每天都在忙碌，却总是达不到预期的业绩？或者明明很努力，但业绩却总是上不去？这些问题可能让你感到头痛。

别担心，绩效沟通与辅导就是你的解决之道！它们是连锁企业人力资源管理的关键环节，能够帮助你更好地了解员工的工作进展情况，并及时解决问题。绩效沟通与辅导能够提高员工的工作效率、提升员工的工作满意度，增强组织的竞争力。

首先，让我们来探讨绩效沟通的重要性。在连锁企业中，绩效沟通能够让管理者和员工更好地协同工作。通过持续的绩效沟通，管理者可以了解员工的工作进展情况，及时发现并解决问题。员工也能随时了解自己的工作表现和需要改进的地方。这样，管理者和员工就能更好地协同工作，从而提高工作效率和员工满意度。

其次，让我们来探索绩效辅导的重要性。绩效辅导是帮助员工提高技能和能力的重要手段。通过关注员工的个人发展需求，管理者能够为他们量身定制培训和发展计划。这些计划能够帮助员工提高工作效率、增强自信心和满足个人发展需求。同时，绩效辅导还能增强组织的竞争力，为企业的长远发展提供有力支持。

那么，如何实现有效的绩效沟通和辅导呢？首先，作为管理者，你需要掌握一些技巧和方法。在绩效沟通中，你需要以积极的态度与员工交流，倾听他们的意见和建议，并及时提供反馈。在绩效辅导中，你需要关注员工的个人发展需求，帮助他们制订个人发展计划，并提供必要的培训和支持。

此外，制订有效的绩效沟通和辅导计划也是非常重要的。计划应该包括具体的沟通目标和计划、沟通方式和方法、参与人员和时间安排等。同时，计划还应考虑到企业的战略目标和员工的发展需求，以确保其可行性和有效性。

总之，连锁企业的绩效沟通和辅导是人力资源管理中的重要环节。连锁企业的管理者应重视绩效沟通和辅导在人力资源管理中的重要性，并积极推动其持续发展。

任务描述

1. 理解绩效沟通的概念和作用；
2. 掌握绩效沟通的技巧和方法；
3. 了解绩效辅导的必要性和内容；
4. 学会制订有效的绩效沟通与辅导计划。

制订绩效计划后，被考核对象就要依据计划开展工作。在工作开展过程中，管理者要根据绩效考核指标对被考核对象的工作进行指导和监督，对发现的问题及时予以解决，并对计划随时进行调整。

绩效实施的工作主要包括两个方面：一个是管理者和员工之间持续的绩效沟通，另一个是对员工工作的数据、资料、信息的收集与分析，且进行辅导。

一、绩效沟通

绩效沟通就是在整个绩效考核周期内，管理者要持续不断地和员工进行有效的沟通交流，给予员工必要的工作指导，及时将考核信息反馈给员工，对工作过程予以指导和协调。沟通是双方追踪进展情况、找到影响绩效的障碍以及得到使双方成功所需信息的过程。

沟通有助于应对市场变化，及时调整绩效计划，有助于提供丰富的绩效实施信息。管理者不可能仅靠自己观察就收集到所有需要的信息，而员工也需要信息，缺乏沟通与反馈的环境是一个封闭的工作环境，会导致员工工作积极性下降。因此，持续性的绩效沟通将有利于绩效计划实施的弹性、柔性，保证管理者与员工共同努力，及时处理出现的问题，并及时调整目标和工作任务。

1. 绩效沟通的内容

绩效沟通所需了解的信息内容，取决于管理者和员工的关注方向。管理者往往需要思考："作为绩效考核主体，要完成相应的职责任务，应该从被考核对象那里获取什么信息？"而对于考核对象来说，应该思考："向其传递何种信息，才有助于员工工作积极性的提高？"在实际工作中可以从以下几个具体方面进行沟通，以获取信息。

（1）以前工作的开展情况如何？

（2）哪些地方做得很好？

（3）哪些地方需要纠正或改善？

（4）员工是否在努力实现工作目标？

（5）如果偏离目标，管理者应该采取什么样的纠正措施？

（6）管理者能为员工提供何种帮助？

（7）是否有外界发生的变化影响着工作目标？

（8）如果目标需要进行改变，应如何进行调整？

2. 绩效沟通的方式

沟通的方式在很大程度上决定着沟通是否有效。沟通方式可以分为正式沟通与非正式沟通。正式沟通有书面报告、管理者与员工之间的定期面谈、小组会议或团队会议、咨询和进展回顾。非正式沟通有时可以提供一个宽松、和谐的工作环境，使管理者与员工之间建立融洽的关系，便于工作信息的交流。工作间歇的沟通、非正式的会议，或者"走动式管理""开放式办公"，都可以随时随地传递关于工作或者组织的信息。专家认为，就沟通对工作业绩和工作态度的影响来说，非正式沟通或每天都进行的沟通比在进行年度或半年期业绩管理考核会议时得到的反馈信息更直接、更及时、更真实。

正如有的员工声称，他们对与经理喝咖啡时十几分钟的闲聊比任何长时间的正式会议都满意。但是非正式沟通缺乏一定的严肃性，并非所有的情况都适用。

二、绩效辅导

所谓绩效辅导（Performance Coaching），是指管理者与员工讨论有关工作进展情况、潜在的障碍和问题、解决问题的办法措施、员工取得的成绩以及存在的问题、管理者如何帮助员工等信息的过程。

绩效辅导贯穿于整个管理过程，不是仅仅在开始，也不是仅仅在结束，而是贯穿于绩效管理的始终。

1. 绩效辅导的分类

绩效辅导是为员工的工作提供支持的过程，从支持内容的不同，可以把绩效辅导分为两类，一类是管理者给员工提供技能和知识支持，帮助员工矫正行为；另一类是管理者提供职权、人力、财力等资源支持，帮助员工获取工作开展所必备的资源。

（1）矫正员工行为。在被考核者需要或者出现目标偏差时，管理者要及时对其进行纠正。一旦被考核者能自己履行职责，按计划开展工作且目标没有偏差，就应该放手让他们自己管理。

（2）提供资源支持。被考核者由于自身职能和权限的限制，在某些方面可能会遇到资源调度的困难，而这些资源正是其完成工作所必需的。此时，考核者应向被考核者提供必要的资源支持，协助其完成工作任务。

2. 绩效辅导的要求

绩效辅导贯穿于绩效管理的全过程，在每次进行时，管理者都应该明确以下几个问题。

（1）所定工作目标进展如何？

（2）哪些方面进行得好？

（3）哪些方面需要进一步改善和提高？

（4）员工是否在朝着既定的绩效目标前进？

（5）为使员工更好地完成绩效目标，需要做哪些改善？

（6）在提高员工的知识、技能和经验方面，管理者需要做哪些工作？

（7）是否需要对员工的绩效目标进行调整？如果需要，应该怎样调整？

（8）管理者与员工在哪些方面达成了一致？

（9）管理者与员工需要在哪些方面进行进一步的沟通探讨？

总之，绩效辅导是绩效管理中的关键环节，管理者要想使绩效管理真正产生效果，就必须在绩效辅导上多下功夫。

3. 绩效辅导的作用

绩效辅导在绩效管理系统中的作用在于能够前瞻性地发现问题并在问题出现之前解决，还在于能把管理者与员工紧密联系在一起，管理者与员工经常性就存在和可能存在的问题进行讨论，共同解决问题，排除障碍，实现共同进步和共同提高，达到高绩效的目的。绩效辅导还有利于管理者与员工之间建立良好的工作关系。通常来说，绩效辅导的作用如下。

（1）了解员工工作的进展情况，以便于及时进行协调调整。

（2）了解员工工作时碰到的障碍，以便发挥自己的作用，帮助员工解决困难，提高绩效。

（3）可以通过沟通避免考核时发生意外。

（4）掌握一些考核时必须用到的信息，使考核有目的性和说服力。

（5）帮助员工协调工作，使之更加有信心地做好本职工作。

（6）提供员工需要的信息，让员工及时了解自己的想法和工作以外的改变，以便管理者和员工步调一致。

绩效辅导的根本目的就在于对员工实施绩效计划的过程进行有效的管理，因为只要过程都是在可控范围之内，结果就不会有太大的意外。

4. 绩效辅导的必要性

（1）管理者需要掌握员工工作进展状况，提高员工的工作绩效。管理者和员工多次沟通达成绩效契约后，不等于员工的绩效计划必定能顺利完成，作为管理者应及时掌握下属工作进展情况，了解员工在工作中的表现和遇到的困难，及时发现和纠正偏差，避免因小错误、小偏差的累积而酿成大错或造成无法挽回的损失；同时及时发现高绩效行为，总结推广先进工作经验，使部门甚至整个组织所有员工绩效都得到提高。另外，掌握员工的工作状况，有利于绩效期末对员工进行公正客观的考核评估。有效的绩效考核指标是结果性指标和过程控制指标的结合，管理者只有对下属工作过程清楚了解才能对其进行正确的考核评价。掌握、积累下属的绩效资料，可以使绩效考评更真实可信，避免偏差；同时，可节省绩效评估的时间，减小绩效考核的难度。

进行绩效辅导有助于员工及时发现自己或他人工作中的优点、问题与不足，帮助员工相互促进、互助提高，有利于加强团队内的相互沟通，避免工作中的误解或矛盾，创造良好的团队工作氛围，提高整体的工作效率。

（2）员工需要管理者对工作进行评价和辅导支持。员工希望在工作中不断得到自己绩效的反馈信息，希望及时得到管理者的评价，以便不断提高自己的绩效和发展自己的能力素质。肯定员工工作成绩并给予明确的赞赏，对维护和进一步提高员工的工作积极性是非常重要的。如果员工干得比较好，得到肯定评价的员工必然会更加努力以期获得更大的成绩；如果工作中存在较多问题，及时提出工作中的缺陷有利于员工迅速调整工作的方式方法，从而逐步提高绩效。

管理者应及时协调各方面的资源，对下属工作进行辅导支持。由于工作环境和条件的变化，在工作过程中，员工可能会遇到在制订绩效计划时没有预估到的困难和障碍。这时管理者应该及时给予员工帮助和资源支持。一个称职的管理者不能抱怨员工的工作能力差，对下属进行工作指导是管理者的重要职责之一。管理者应在职权范围内合理调动各方资源，对下属工作进行支持；如果某些事项超过自己职责权限范围，管理者应将实际情况上报有关决策者，尽快解决下属工作中的问题。

（3）必要时对绩效计划进行调整。绩效计划是基于对外部环境和内部条件的判断后，在管理者和员工取得共识的基础上做出的。外部环境是不断变化的，公司的内部资源是有限的，因此在绩效考核周期开始时制订的绩效计划很可能变得不切实际或无法实现。例如，由于市场竞争环境的变化，本公司的产品价格政策发生变化，从而导致公司产品销售量和销售额的目标发生变化；由于一个技术障碍无法有效解决，可能导致公司产品不能及时上市，因此应及时调整产品开发计划；由于公司战略调整，原定的工作目标及重点都将失去意义，因此绩效目标中的相应内容应及时进行调整。通过绩效实施过程中管理者和员工的沟通，可以对绩效计划进行调整，使之更加适合外部环境以及内部条件的变化。

5. 绩效辅导的内容

绩效辅导是在考核周期中为使下属或下属部门达成绩效目标而在考核过程中进行的辅导，并形成"绩效目标月度回顾表"。绩效辅导是辅导员工共同达成目标/计划的过程，可分为工作辅导和月度回顾。

其中工作辅导有具体指示、方向引导、鼓励促进等。具体指示是指对于完成工作所需知识及能力较缺乏的部门，需要给予较具体指示型的指导，帮助其把要完成的工作分解为具体的步骤，并跟踪完成情况；方向引导是指对于具有完成工作的相关知识和技能，但是遇到困难或问题的部门，需要给予方向性的指引；鼓励促进指对具有较完善的知识和专业化技能，而且任务完成顺利的部门，应该给予鼓励和继续改进的建议。

月度回顾会是由各部门填写"绩效目标月度回顾表"，介绍月度总体目标完成情况及主要差距等，被考核者汇报上月业绩目标完成情况，介绍下月工作计划。通过对各部门进行质询，提出改进意见，并对员工提出的问题予以答复，对完成情况进行总结，提出对下月工作的期望与要求，最后形成月度回顾情况表。

案例分析 7-2

某家连锁咖啡店以其独特的咖啡口感和温馨的环境赢得了众多消费者的喜爱。然而，在最近的一段时间里，店内的气氛变得沉闷，顾客的满意度也在下降。为了改变这一现状，公司决定在各家分店推广绩效辅导计划，以提升员工的工作表现和客户满意度。

这个绩效辅导计划包括为每个员工设定明确的绩效目标、提供专业培训、实施计划并与他们定期进行沟通和反馈。然而，这个计划的实施并没有带来预期的效果。尽管员工们都积极参与了培训，但他们的表现并没有明显改善，客户满意度也没有提升。

经过深入了解，管理层发现以下问题。

设定不合理的绩效目标：虽然为每个员工设定了明确的绩效目标，但这些目标过于强调销售额和客户满意度，没有考虑到员工的实际能力和工作负荷。这导致员工感到压力过大，无法达到预期目标。

缺乏个性化的培训：虽然提供了专业培训，但这些培训没有考虑到每个员工的需求和能力。一些员工可能已经具备了所需的技能，而另一些员工则需要更多的培训和支持。

缺乏有效的沟通与反馈：虽然实施了定期的沟通和反馈，但这些沟通与反馈并没有针对每个员工的具体情况。管理层没有及时发现和解决员工在工作中遇到的问题，导致他们的工作表现无法得到有效提升。

缺乏对员工的关注和支持：一些员工感到公司对他们缺乏关注和支持，没有得到足够的认可和激励。这导致他们的工作热情降低，缺乏动力去提升自己的表现。

案例思考： 针对上述案例，应该如何优化绩效辅导计划？

任务结语

通过对本任务的学习，我们了解了绩效沟通和绩效辅导的含义，掌握了绩效沟通的方式、内容和绩效辅导的内容，还了解了绩效辅导的分类、要求、作用和绩效辅导的必要性。

任务4　连锁企业绩效指标及考核方法

情境导入

麦当劳作为一家跨国连锁企业，在全球范围内拥有数千家分店，提供高品质的快餐服务。在这个庞大的连锁企业中，如何评估各分店的绩效并确保它们高效运营呢？

麦当劳的绩效评估体系与人力资源管理紧密相连。公司通过制定明确的绩效指标，如销售额、客户满意度等，来评估各分店的运营状况。这些指标不仅反映了企业的战略目标，还与员工的个人绩效息息相关。

在麦当劳的人力资源管理中，绩效评价扮演着重要的角色。公司定期对员工进行绩效评估，根据员工的表现和业绩，给予相应的奖励和晋升机会。这种绩效评价与人力资源管理紧密结合的方式，有助于激发员工的工作热情和创造力，提高整体绩效水平。

麦当劳的绩效评估体系还强调了客户满意度的重要性。作为一家以顾客为中心的企业，麦当劳致力于为顾客提供优质的服务和产品。为了了解顾客的需求和期望，公司定期收集顾客的反馈并采取改进措施。这种对客户满意度的关注，不仅提高了企业的品牌形象，还进一步推动了绩效的提升。

通过以上案例，我们可以了解到连锁企业绩效指标及方法与人力资源管理的紧密关系。绩效评价作为人力资源管理的重要环节，对于连锁企业的成功运营至关重要。只有将绩效评价与人力资源管理紧密结合，才能真正激发员工的潜力，提高企业的整体绩效水平。

让我们一起深入探讨连锁企业的绩效指标及方法，学会运用科学的方法来评估和管理连锁企业的绩效，为未来的职业发展打下坚实的基础。

任务描述

1. 了解绩效评价的定义和重要性，理解绩效评价与人力资源管理的关系；
2. 掌握绩效评价指标的分类方法，熟悉各类指标的含义和特点；
3. 学会根据企业实际情况选择合适的绩效评价指标，并能够制定相应的考核标准；
4. 掌握绩效评价的方法和流程，了解各种评价方法的优缺点和使用范围；
5. 能够对企业员工进行有效的绩效评价，并能够根据评价结果采取相应的奖惩措施，以提高员工的工作积极性和企业效益。

绩效考核指标是指通过明确绩效考核目标的单位或者方法，对承担企业经营过程及结果的各级管理人员完成指定任务的工作业绩的价值创造的判断过程。

人力资源管理的核心是绩效管理，绩效管理中最重要的环节是绩效评价，而绩效评价是通过考核绩效指标来体现的。绩效考核指标就是将品德、工作绩效、能力和态度用科学方式结合组织特性划分项目与标准，用以绩效评价与业绩改善。

一、绩效指标定义

绩效指标的定义主要是对绩效考核指标的解释，它是让考核者和被考核者都明确绩效考核指标的含义，便于他们理解，包含的内容主要有一些说明和计算公式等。

二、绩效指标的类型

绩效评价指标多种多样，可以按照不同的分类方法分成不同的类型。

（1）根据绩效评价的内容分类，绩效评价指标可分为工作业绩评价指标、工作能力评价指标、工作态度评价指标。

（2）根据绩效评价方式分类，绩效评价指标可分为软指标和硬指标。硬指标指的是那些可以统计数据为基础，把统计数据作为主要评价信息，建立评价数学模型，以数学手段求得评价结果，并以数量表示评价结果的评价指标。软指标指的是主要通过人的主观评价方能得出评价结果的评价指标。软指标的优势在于不受统计数据的限制，可以充分发挥人的智慧和经验。在这个主观评价过程中往往能够综合更多的因素，把问题考虑得更加全面，避免或减少统计数据可能产生的片面性和局限性。在实际评价工作中，往往不是单纯使用硬指标或软指标进行评价，而是将这两种方法的长处加以综合应用，以弥补各自的不足。

（3）根据是否反映财务内容，绩效评价指标可分为财务指标和非财务指标。财务指标主要包括财务效益状况指标、资产营运状况指标、偿债能力状况和发展能力状况；非财务指标主要包括经营者基本素质、产品市场占有能力（服务满意度）、基础管理水平、发展创新能力、经营发展战略、技术装备更新水平（服务硬环境）。

三、绩效考核指标条件

（1）绩效指标应分出评价层次，抓住关键绩效指标（KPI）。每位员工都可能会承担很多的工作目标与任务，有的重要，有的不重要，如果对员工的所有方面都进行评价考核，面面俱到，抓不住重点与关键，势必造成员工把握不住工作的重点与关键，从而也就无法实现将自己的工作行为导向战略。

（2）绩效考核指标要能反映整个价值链的运营情况，而不仅仅反映单个节点（或部门）的运营情况。绩效考核一定要从企业整体运营的角度去考虑和评价一位员工或某个部门的作用。

（3）应重视对价值链业务流程的动态评价，而不仅仅是对静态经营结果的考核衡量。

（4）要能反映价值链各节点（部门）之间的关系，注重相互间的利益相关性。

（5）定性衡量和定量衡量相结合，内部评价和外部评价相结合，并注意相互间的协调。

（6）对某个特定绩效指标的维持与改进不应以牺牲其他任何指标标准为代价，否则任何绩效都是无法接受的。

（7）重视对学习创新、企业长期利益和长远发展潜力的评价。

四、指标体系建立流程

指标的提取，可以用"十字对焦、职责修正"来概括。但在具体的操作过程中，要做到在各层面都从纵向战略目标分解、横向结合业务流程"十"字提取，也不是一件非常容易的事情。

（1）分解企业战略目标，分析并建立各子目标与主要业务流程的联系。企业的总体战略目标在通常情况下均可以分解为几项主要的支持性子目标，而这些支持性的更为具体的子目标本身需要企业的某些主要业务流程的支持才能在一定程度上达成。

（2）确定各支持性业务流程目标。在确认对各战略子目标的支持性业务流程后，需要进一步确认各业务流程在支持战略子目标达成的前提下流程本身的总目标，并运用九宫图的方式进一步确认流程总目标在不同维度上的详细分解内容。

（3）确认各业务流程与各职能部门的联系。本环节通过九宫图的方式建立流程与工作职能之间的关联，从而在更微观的部门层面建立流程、职能与指标之间的关联，为企业总体战略目标和部门绩效指标建立联系。

（4）部门级KPI指标的提取。在本环节中将从通过上述环节建立起来的流程重点、部门职责之间的联系中提取部门级的KPI指标。

（5）目标、流程、职能、职位目标的统一。根据部门指标、业务流程以及确定的各职位职责，实现企业目标、流程、职能与职位的统一。

五、绩效考核的主要方法

常见的绩效考核方法有以下几种。

1. 相对评价法

（1）序列比较法。

序列比较法是指按员工工作成绩的好坏进行排序考核的一种方法。在考核之前，首先要确定考核的项目，但是不确定要达到的工作标准。将相同职务的所有员工在同一考核项目中进行比较，根据他们的工作状况排列顺序，工作较好的排名在前，工作较差的排名在后。最后，将每位员工几个项目的排序数字相加，就是该员工的考核结果。总数越小，绩效考核成绩越好。

（2）相对比较法。

相对比较法是对员工进行两两比较，任何两位员工都要进行一次比较。两名员工比较之后，相对较好的员工记"1"，相对较差的员工记"0"。所有的员工相互比较完毕后，将每个人的得分相加，总分越高，绩效考核的成绩越好。

（3）强制比例法。

强制比例法是指根据被考核者的业绩，将被考核者按一定的比例分为几类（最好、较好、中等、较差、最差）进行考核的方法。

2. 绝对评价法

（1）目标管理法。

目标管理法是通过将组织的整体目标逐级分解至个人目标，最后根据被考核者完成工作目标的情况来进行考核的一种绩效考核方式。在开始工作之前，考核者和被考核者应该对需要完成的工作内容、时间期限、考核的标准达成一致。在时间期限结束时，考核者根据被考核者的工作状况及原先制定的考核标准来进行考核。

（2）关键绩效指标法。

关键绩效指标法是以企业年度目标为依据，通过对员工工作绩效特征的分析，据此确定反映企业、部门和员工个人一定期限内综合业绩的关键性量化指标，并以此为基础进行绩效考核。

（3）等级评估法。

等级评估法根据职务分析，将被考核岗位的工作内容划分为相互独立的几个项目，在每个项目中用明确的语言描述完成该项目工作需要达到的工作标准。同时，将标准分为几个等级选项，如"优、良、合格、不合格"等，考核者根据被考核者的实际工作表现，对每个项目的完成情况进行评估。总成绩便为该员工的考核成绩。

（4）平衡记分卡。

平衡记分卡从企业的财务、顾客、内部业务过程、学习和成长四个角度进行评价，并根据战略的要求给予各指标不同的权重，实现对企业的综合测评，从而使管理者能整体把握和控制企业，最终实现企业的战略目标。

3. 描述法

（1）全视角考核法。

全视角考核法（360°考核法），即上级、同事、下属、自己和顾客对被考核者进行考核的一种考核方法。通过这种多维度的评价，综合不同评价者的意见，则可以得出一个全面、公正的评价。

（2）重要事件法。

重要事件是指考核者在平时注意收集被考核者的"重要事件"，这里的"重要事件"是指那些会对部门的整体工作绩效产生积极或消极的重要影响的事件。对这些表现要形成书面记录，根据这些书面记录进行整理和分析，最终形成考核结果。绩效定量管理法正是在不同的时期和不同的工作状况下，通过对数据的科学处理，及时、准确地考核，协调落实收入、能力、分配关系。

4. 目标绩效考核法

目标绩效考核是自上而下进行总目标的分解和责任落实的过程，相应的，绩效考核也应服从总目标和分目标的完成。因此，作为部门和职位的 KPI 考核，也应从部门对公司整体进行支持、部门员工对部门进行支持的立足点出发。同时公司的领导者和部门的领导者也应对下属的绩效考核负责，不能向下属推卸责任。绩效考核区分了部门考核指标和个人考核指标，也从机制上确保了上级能够积极关心和指导下级完成工作任务。

 **案例分析 7-3**

A 公司的绩效管理改革

在 A 连锁企业总部的办公室里，一场关于员工绩效管理的改革正在酝酿。人力资源部经理李某一直在寻找一种更全面、更准确的评估方法，以更好地衡量员工的工作表现。

经过深入研究和探讨，李某决定引入全视角考核法，也被称为 360°考核法。这种方法可以从多个角度全面地评价员工的工作表现，包括上级、下级、同事和客户等不同维度。

为了确保全视角考核法的顺利实施，李某首先与每个员工进行了深入的沟通。他向他们解释了全视角考核法的意义和实施方式，并强调这种考核方法将有助于提高员工的个人能力和绩效，同时为企业提供更全面的员工工作表现反馈。

接下来，李某组织了各部门的领导和同事进行培训，让他们了解如何进行有效的沟通和评价。他强调评价要基于员工的工作表现和成果，而非个人印象或主观判断。同时，他还提供了一系列的培训材料和工具，帮助评价者更好地掌握评价技巧和方法。

为了使全视角考核法更具客观性和准确性，李某还设计了一个详细的考核表。这个考核表包含了所有重要的考核指标和所占权重。其中，上级评价主要关注员工的工作完成情况、工作能力、团队协作和沟通能力；下级评价主要关注员工的领导能力、公正公平、指导支持和工作要求；同事评价主要关注员工的团队合作、沟通能力、协助他人和专业知识；客户评价主要关注员工的服务质量、问题解决能力、客户满意度和主动性。

在实施全视角考核法的过程中，李某还特别注重收集客户的反馈。他组织了一次客户满意度调查，收集客户对员工服务的评价和建议。这些评价不仅有助于企业了解员工的工作表现，还能帮助企业改进服务质量，提高客户满意度。

经过一段时间的实施，全视角考核法在 A 连锁企业中取得了显著的效果。员工的工作积极性和满意度都得到了提高，客户对企业的服务也给予了更高的评价。同时，企业还根据考核结果为员工提供了更有针对性的支持和激励，帮助他们更好地发挥自己的潜力。

通过全视角考核法的应用，A连锁企业不仅全面提升了员工的绩效水平，还为企业的发展奠定了坚实的基础。这种考核方法也成为A连锁企业人力资源管理中的一项重要举措，为企业的长远发展提供了有力的支持。

案例思考：

1. 在全视角考核法的实施过程中，你认为有哪些措施可以进一步提高考核的准确性和公正性？

2. 除了全视角考核法，还有哪些绩效管理工具或方法可以帮助A连锁企业更好地评估员工的工作表现和提升组织绩效？

任务结语

通过对本任务的学习，我们了解了绩效指标的定义、类型、指标条件和指标体系建立流程，重点掌握了绩效考核的主要方法。

知识拓展：连锁企业绩效反馈及运用

项目实训

实训内容

调查当地一家企业营销部门市场拓展人员的绩效考核体系，并与自己设计的绩效考核体系进行比较。

实训目的

了解连锁企业绩效管理现状及存在的问题，把握实施绩效管理工作的主要内容。

实训步骤

（1）3~5名学生组成一个团队，根据所学知识设计绩效考核体系。

（2）通过讨论和咨询专家或专业人员，对所设计的绩效考核体系不断进行修正。

（3）通过企业实习或调查，不断缩短理论与实践之间的距离。

（4）时间：以课外实地调研为主，结合课堂指导。

实训评价

实训内容	评价关键点	分值	自我评价（20%）	同学评价（30%）	教师评价（50%）
调查过程	实训任务明确	10			
	调查方法恰当	10			
	调查过程完整	10			

实训内容	评价关键点	分值	自我评价（20%）	同学评价（30%）	教师评价（50%）
调查过程	调查结果可靠	10			
	团队分工合理	10			
实习报告	结构完整	20			
	内容符合逻辑	10			
	形式规范	20			
合计					

复习思考

一、名词解释

1. 绩效。

2. 绩效管理。

3. 绩效考评。

4. 绩效反馈。

5. 绩效面谈。

6. 绩效改进。

二、简答题

1. 简述绩效反馈的原则。

2. 影响绩效考评的因素有哪些？

连锁企业薪酬管理

管理名言

　　企业发展到一定阶段后，很多老总会觉得可能薪酬不是最重要的，最重要的是给员工发展空间，但前提应该还是在员工拿到充足的薪水后再给其空间，毕竟，薪酬是留人很重要的一方面，这是永远无法回避的，一定要意识到这一点。

项目导学

　　薪酬管理一直是困扰着企业管理与员工激励的一个焦点，也是较为敏感的、共性的、永恒的话题。一个好的薪酬体系可以达到鼓舞人心、振奋士气、激励优秀人才的目的。本项目着重阐述组织为实现战略目标，应该如何确定薪酬管理的目标和薪酬体系设计的原则，以及为达到这些目标和满足这些原则而进行的薪酬体系设计。薪酬体系设计是薪酬管理的重要组成部分，在连锁企业人力资源管理中有着举足轻重的作用。

学习目标

　　职业知识：了解薪酬体系的构成，明确薪酬管理内容，掌握薪酬结构的设计过程，明确薪酬体系设计的模式。

　　职业能力：能描述出不同薪酬水平策略对企业的影响。

　　职业素质：薪酬管理不仅涉及企业和员工之间的利益关系，还涉及企业与社会之间的关系。因此，在薪酬管理中，应注重培养员工的社会责任意识，让员工了解企业的发展不仅是为了追求利润，还要为社会做出贡献。通过社会责任意识的培养，提高员工的道德素质和社会责任感。

思维导图

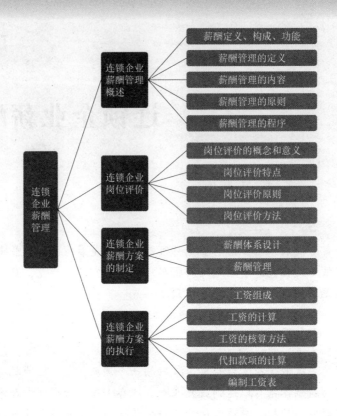

引导案例

HP 公司的工资改革

　　HP 是一家具有 50 多年历史的大型国有制造企业，主营业务为工程机械产品制造，人员规模 3 000 余人，主要面对华南和西部市场。由于中国工程机械市场在 2012 年爆发式增长，企业销售规模增长迅速，2013—2016 年，销售收入从 26 亿元增长到 73 亿元左右，成为行业内领先品牌。然而，在风光的销售业绩的背后，是企业内部的管理问题，其中最突出的就是薪酬问题。该企业目前有几种适用于不同类型岗位的工资制度。例如：①职能部门采用的是以岗位工资为主导的工资制度，即在每月发放的工资中，岗位工资约占 80%，绩效工资占 20% 左右；②技术部门实行的是组合工资制，它由基本工资、岗位工资和项目奖金三部分组成；③车间工人采用的是计件工资加奖金的工资制度。随着企业发展，高学历、高素质的员工越来越多，企业对产品研发、市场销售人员以及一线的生产工人的操作技能和专业能力要求越来越高。于是，分管人力资源管理工作的副总经理张彬先生开始关注工资制度的改革问题，并考虑在企业推行技能工资制度的可能性，试图通过构建技能和能力工资体系，调动员工提升个人能力素质的主动性，从而促进学习型组织的建立。

任务1 连锁企业薪酬管理概述

情境导入

伴随经济的发展，中国连锁企业发展飞速，对人才的竞争越来越激烈，薪酬问题成为连锁企业关注的焦点。如何更好地吸引、维系和激励优秀的人才成为企业管理者所思考的问题。科学合理地设计薪酬，吸引优秀的人才，已成为连锁企业生存与发展的关键。薪酬管理要为实现薪酬管理目标服务，薪酬管理目标是基于人力资源战略设立的，而人力资源战略服从于企业发展战略。

任务描述

1. 了解薪酬的含义和功能；
2. 掌握薪酬管理的概念和内容；
3. 重点掌握薪酬构成和薪酬管理的程序；
4. 了解薪酬管理原则。

薪酬管理，是在组织发展战略指导下，对员工薪酬支付原则、薪酬策略、薪酬水平、薪酬结构、薪酬构成进行确定、分配和调整的动态管理过程。

一、薪酬定义、构成、功能

1. 报酬

报酬是作为个人劳动回报支付的各种类型的个人认为有价值的酬劳。从广义上讲，报酬分为经济类报酬和非经济类报酬两种。经济类报酬指能够直接或间接地以金钱形式来衡量和表现的各类报酬，即工资、奖金、福利待遇、培训和假期等。非经济类报酬指员工对企业及对工作本身在心理上的一种感受，即员工在工作中获得的成就感、满足感或良好的工作气氛等。本项目中使用的是报酬的狭义概念，仅指经济类报酬，也叫薪酬。图8-1是广义报酬体系的内容。

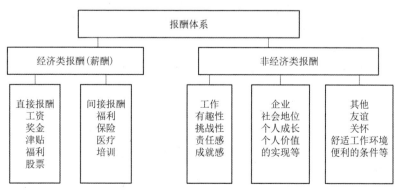

图8-1 广义报酬体系的内容

2. 薪酬构成

企业的总薪酬包括以货币直接支付的工资和以货币间接支付的福利两个部分，具体形式如下。

（1）基本工资。

基本工资是员工从雇主方获得的较为稳定的现金性经济报酬，它既为员工提供了基本生活保障，又往往是其他可变薪酬计划的主要依据之一。基本工资是用人单位或雇主为员工所承担或完成的工作而定期支付的固定数额的基本货币薪酬。基本工资是劳动者在一定组织中工作拿到的固定数额的劳动报酬，它的常见形式为小时工资、月薪等。基本工资一般是根据员工所从事的工作或所拥有技能的价值而确定（如职位薪资制、技能薪资制）。基本工资一般会随着生活水平或通货膨胀的变化，其他企业同类工作的工资变化，本人经验、技能和绩效的变化而定期调整。

（2）成就工资。

成就工资又叫绩效加薪，是用人单位出于对员工已经取得的成就和过去工作行为的认可，在其原来基本工资之外另行增加的定期支付的固定数额的货币薪酬。成就工资实质上是员工的基本工资随着其业绩的变化而调整或增加的部分，所以也有人把它归入基本工资范畴。成就工资与员工在组织中的长期表现和努力的成果相挂钩，是一种增加员工稳定收入而不会带来收入风险的薪酬形式，它有利于"稳住人"，调动员工长期工作的积极性。

（3）激励工资。

激励工资又叫可变薪酬、浮动薪酬或奖金，是薪酬体系中与绩效直接挂钩的部分，即工资中随着员工工作努力程度和工作绩效的变化而变化的部分。由于激励工资的核心是运用了"分成"的机制，所以对员工有很强的激励性。实行激励工资时，员工从经过自己努力而使组织新增加的成果和绩效（可具体到每一单位产品）中，可以拿到相应的报酬，与组织或雇主就新增加价值和效益进行分成，因而可激励员工的劳动积极性。而当员工领取固定工资时，员工提高努力程度和劳动投入所增加的工作产出价值全部归组织或雇主所有，激励作用就相对较弱。

激励工资有短期和长期之分。短期激励工资通常建立在非常具体、短期就能比较衡量的绩效目标的基础之上，如月奖金、季奖金。长期激励工资则把重点放在员工多年努力的成果上，旨在把员工利益与企业的长期利益"捆在一起"，鼓励员工努力实现跨年度或多年度的长期绩效目标。微软、宝洁、沃尔玛等公司的员工所拥有的股票期权，许多企业的高管和高级专家所获得的股份或红利都属于长期激励工资范畴。

（4）福利。

福利是指用人单位为员工提供的除金钱之外的各种物质待遇，它多以保险、服务、休假、实物等灵活多样的形式支付，而不是按工作时间以直接货币形式给付的补充性薪酬部分。福利主要包括员工保险（医疗保险、人寿保险、养老金、失业保险等）、休假（带薪节假日等）、服务（员工个人及家庭享受的餐饮、托儿、培训、咨询等服务）等。福利的主要费用是由用人单位支付，有时也需要员工个人承担一些项目的部分费用（如养老保险、医疗保险、失业保险等）。近30年中，福利的成本一直增长很快，在员工薪酬中的比重和地位日益重要。福利一方面为员工提供了"以后的钱"，对其未来生活和可能发生的不测事件提供了保障；另一方面，又可减少企业的现金支出，享受一定的税收优惠，还可以使员工享受到较低价格的服务或产品。

（5）津贴。

津贴是指根据员工的特殊劳动条件和工作特性以及特定条件下的额外生活费用而计付的劳动报酬，其作用在于鼓励员工在苦、脏、累、险等特定岗位工作。一般来说，把属于生产性质的称为津贴，属于生活性质的称为补贴。津贴大体上可分为工作津贴和地区性津贴两大类，工作津贴主要有特殊岗位津贴、特殊劳动时间津贴、特殊职务津贴等，地区性津贴主要有艰苦边远地区津贴和地区生活津贴。

3. 薪酬功能

薪酬的功能有成本控制功能、激励功能和补偿功能等。薪酬的目的或总体作用是吸引、保留和激励组织所需的人力资源，满足员工和组织的双重需要。

（1）成本控制功能。

员工的薪酬是一般企业的重要成本支出。通常情况下，薪酬总额在大多数企业的总成本中要占到40%～90%的比重。较高薪酬水平虽然有利于企业在人才市场吸引人才和留住员工，但可能造成企业成本过高，从而降低企业在产品市场上的竞争能力。因此，有效地控制薪酬成本支出对于大多数企业的经营成功来说都具有重大意义。而薪酬成本的可控程度是相当高的，通过合理控制企业的薪酬成本，企业能够将自己的总成本降低40%～60%。

（2）激励功能。

薪酬具有满足员工的多种需要，激发其工作热情，影响其态度和行为，鼓励其创造优良绩效，发挥个人潜力和能动性，努力为企业效力的激励作用。

（3）补偿功能。

薪酬实际上是劳动力这种生产要素的价格，是在劳动力市场上劳动力提供者与使用者达成的一种供求契约，用以补偿员工的劳动付出。薪酬可以使员工获得生活必需品、社会关系和尊重，对员工生存、生活、抚育后代以及维持体力、智力、知识技能等工作状态具有资金提供、资源供给的保障作用。

 **案例分析**

薪酬管理的重要性

今天，王先生和他的妻子在商场购物时心情与以往大不相同，买东西时也大方了许多。因为刚获知他所在的公司正在进行一项新的薪酬制度改革，长期以来他在公司的表现不错，这次涨工资准有他的份。他一直希望能有机会提高自己的工资收入，这样就可以为心爱的妻子多买些礼物，也可以为家庭多添置些必要的物品。

刘女士最近生了一场大病，出院时看到病历单上大笔的医药费，对她的打击甚至比病魔本身更大。正在她苦恼的时候，公司的人力资源部经理来看望她，并向她保证：她的大部分医疗及住院治疗费用将由保险公司支付，因为公司为所有的员工都购买了医疗保险，这让刘女士的心一下子落了地。

张先生是一家小公司的行政领导，他每天都是下午6点钟以后才能到家，时常感到筋疲力尽，但他的薪水却并不高。可是他却很快乐，因为他目前的工作非常有价值，而且和同事的合作十分愉快。

赵女士受雇于一家大型制造公司已经 8 年了。虽然她的报酬低于她所期望的，但公司灵活的工作时间使她能够照顾年龄还小的孩子。她也感激公司能够提供给她满足自己特殊需求的大部分福利方案，所以在孩子还小的时候她还不想"跳槽"。

（资料来源：刘洪，《薪酬管理》，北京师范大学出版社）

从案例中可以看到，同大多数员工一样，报酬和福利本身对王先生和刘女士很明显是非常重要的，然而对于张先生和赵女士，整个薪酬体系中令人愉快的工作和工作环境等因素也很重要。由此可以看出，薪酬体系包括很多组成成分，并在员工激励方面起到非常重要的作用，是人力资源管理的重要内容。

二、薪酬管理的定义

薪酬对于员工和企业的重要性决定了薪酬管理的重要性。而所谓薪酬管理，是指一个组织针对所有员工所提供的服务来确定他们应当得到的报酬总额以及报酬结构和报酬形式的过程。在这一过程中，企业必须就薪酬水平、薪酬体系、薪酬结构、薪酬形式以及特殊员工群体的薪酬做出决策。同时，作为一种持续的组织过程，企业还要连续不断地制订薪酬计划，拟定薪酬预算，就薪酬管理问题与员工进行沟通，同时对薪酬系统本身的有效性做出评价且不断予以完善。

三、薪酬管理的内容

企业薪酬管理的主要内容有以下几方面。

1. 薪酬水平决策与管理的主要任务

必须确定本企业整体、本企业各职位以及各部门的平均薪酬水平，建设和维护本企业薪酬的外部竞争力。企业的薪酬水平会对吸引和留住人才产生重大影响。由于现代企业基本是在全球经济一体化的动态环境中生存，市场竞争、产品竞争、资源竞争愈演愈烈，经营上灵活性的要求越来越高。因此，企业薪酬水平的决策与管理中薪酬外部竞争力的地位日益重要，甚至超过了对企业薪酬内部一致性的关注。而且人们更为重视的是那些具有较高灵活性的企业之间职位薪酬水平的比较和决策问题，昔日最为关心的企业整体薪酬水平的竞争性问题则降为次要地位。

2. 薪酬体系决策与管理的主要任务

决定本企业的基本工资或基本薪酬到底以什么为基础设立，选择何种薪酬体系，并加以建设和维护是薪酬体系决策与管理的主要任务。目前，企业广泛使用的是职位薪酬体系、技能薪酬体系和能力薪酬体系，它们分别依据员工所从事工作的相对价值、员工所掌握的知识技能、员工所具备的能力（或任职资格）来确定不同员工的基本薪酬。

3. 薪酬结构决策与管理的主要任务

必须确定企业内部不同系列、不同层次、不同岗位和职务薪酬之间的相互关系，确保内部薪酬结构比例的合理性与公平性。在企业总体薪酬水平一定时，薪酬的结构就反映了企业对不同职位相对价值和重要性的实际评判，薪酬结构是否公平合理将极大地影响员工的公平感、积极性和流动率的高低。

4. 薪酬分配的实施操作或行政事务管理工作的主要任务

必须对企业的薪酬分配进行系统的管理，具体的工作有制定企业薪酬分配的规章制度和具体政策，组建相应职能机构、工作岗位并配置合适人员以满足工作职责的需要，制订薪酬工作计划，编制薪酬预算，控制劳动力成本，监督薪酬分配过程，收集和管理组织内外的薪酬信息，及时与员工进行沟通和交流，处理实际分配的纠纷和申诉，不断评估薪酬系统的有效性并加以改善，以及协助有关方面进行员工薪酬的集体谈判等。

5. 特殊群体的薪酬决策与管理的主要任务

对于销售人员、专业技术人员、管理人员和企业高层管理人员等在工作内容、目标、方式、考核等方面具有特殊性的员工群体，根据他们的工作特点和职务要求而区别对待，有的放矢地进行相应的薪酬体系、薪酬水平、薪酬形式等内容的设计、决策与实施管理，从而解决为多数人设计的标准薪酬系统对少数人不适用的问题。

6. 薪酬形式的决策与管理的主要任务

必须确定分配给每位员工总体薪酬的各个组成部分及其比例关系和发放方式。假如确定某位员工在一定时期内应当享受的总体薪酬水平是 5 000 元，接下来则要进行薪酬形式决策，也就是要具体确定这 5 000 元中以货币直接支付的基本工资占多少比例，与绩效挂钩的激励工资占多少比例，以及是用现金还是股票等方式支付，福利和服务有哪些项目，各占多少比例，以什么形式支付，等等。

四、薪酬管理的原则

1. 竞争性原则

一个组织的薪酬水平，如果缺乏吸引力，就仅会有那些希望保住自己职位和薪酬的平庸员工留在身边，而素质较高、能力出众的优秀员工则难以留住。

2. 公平原则

根据行为科学理论，人们总是不断地以自己为组织做出贡献，从组织得到的报酬来与他人相比较。一个人得到的报酬，包括物质方面的薪酬、津贴、奖金、福利等以及精神方面的社会地位、受人尊重的程度等，与他自己付出的代价，包括他支出的体力、脑力（或劳动），过去为学习和成长付出的费用（潜在劳动）及产出（物化劳动）相比，如果低于其他人的相应比例，就会产生一系列消极行为，如怠工、辞职、攻击他人等。因此，薪酬分配一定要全面考虑员工的绩效、能力及劳动强度、责任等因素，考虑外部竞争性、内部一致性的要求。

3. 补偿原则

薪酬应保障员工收入能足以补偿劳动力再生产的费用，这不仅应包括补偿员工恢复工作精力所必要的衣食住行费用，而且应包括补偿员工为获得工作所必需的知识、技能以及生理发育先前付出的费用。

4. 经济性原则

薪酬是产品成本的一个组成部分，薪酬标准设计过高，虽然具有竞争性和激励性，但也会不可避免地带来人工成本的上升，因此，设计薪酬方案时，应进行薪酬成本核算，尽可能用较少的薪酬资金投入带来较大的产出。

5. 透明化原则

薪酬方案必须公开，能让员工了解自己从中应该得到的利益，了解其利益与其贡献、能力、表现的联系，以利于充分发挥物质利益的激励作用。

6. 合法性原则

薪酬制度必须符合政府的有关政策和法律法规，如关于薪酬水平最低标准的法规、反薪酬歧视的法规、薪酬保障法规等。这些在进行薪酬管理时必须予以充分考虑。

 **知识广角 8-1**

连锁企业薪酬管理功能

薪酬管理在连锁企业中扮演着非常重要的角色。它是企业吸引和留住人才，提高员工工作积极性和创造力，推动企业持续发展的重要手段。

首先，薪酬管理能够激励员工的工作积极性和创造力，提高员工的工作效率和生产力，从而为企业创造更大的价值。通过合理的薪酬设计和管理，员工能够感受到自己的付出得到了应有的回报，这将激励他们更加努力地工作，发挥更大的潜力。

其次，薪酬管理有助于提高员工的满意度和忠诚度。当员工感到自己的薪酬待遇合理且与市场水平相符时，他们将更加愿意为企业贡献自己的力量。同时，良好的薪酬管理还能帮助企业塑造积极向上的企业文化，增强员工的归属感和忠诚度。

此外，薪酬管理也是连锁企业人力资源管理的关键环节。它与绩效评估、员工培训、职业发展等其他人力资源管理活动紧密相连。通过合理的薪酬设计和管理，企业能够更好地吸引和留住优秀的员工，提高员工的专业素质和能力，增强企业的竞争力和可持续发展能力。

总之，薪酬管理在连锁企业中扮演着非常重要的角色，它不仅关系到员工的切身利益，还关系到企业的长远发展。只有通过科学合理的薪酬管理，企业才能更好地吸引和留住人才，实现持续发展和壮大。

五、薪酬管理的程序

（一）薪酬等级制度

薪酬等级制度是薪酬制度中最核心的制度。薪酬等级制度是根据劳动的复杂程度、精确程度、负责程度、繁重程度和劳动条件等因素，将各类薪酬划分等级，按等级确定薪酬标准的一种薪酬制度。

1. 薪酬等级制度的特点

（1）主要从劳动质量上区分和反映各个等级之间（而不是等级内部）的劳动差别。

（2）薪酬等级制度合理与否，主要表现在是否在薪酬标准上对复杂劳动与简单劳动、熟练劳动与非熟练劳动、繁重劳动与轻便劳动有着明显的差别。

（3）它是以劳动者的潜在能力作为评定薪酬等级、确定薪酬标准的依据，反映了劳动的潜在形态。

（4）薪酬等级制度中的薪酬标准在一定时期内具有相对稳定性。

2. 薪酬等级制度的作用

薪酬等级制度是整个薪酬制度的核心和基础，计时或计件薪酬都要按其规定的标准计算，员工薪酬的定级、升级也要依靠其进行。其作用表现在以下几方面。

（1）改善不同工作和员工的薪酬关系。

（2）有利于贯彻按劳分配原则。

（3）鼓励员工提高业务能力。

（4）是确定员工福利和养老金的重要依据。

（二）薪酬等级制度的基本构成

1. 薪酬标准

薪酬标准是指单位时间（时、日、周、月）的薪酬金额，它是计算和支付劳动者薪酬的基础。薪酬标准可分为固定薪酬标准和浮动薪酬标准两种。前者一经规定便具有相对稳定性，后者随一定的劳动成果和支付能力上下浮动。确定薪酬标准，除了要遵守国家有关薪酬政策，符合国家宏观调控要求外，一般应考虑经济支付能力、已达到的薪酬水平、居民生活费用状况、劳动差别、劳动力供求状况等因素。从方法上看，通常是首先确定最低等级的薪酬标准，然后根据最低等级的薪酬标准和选定的各等级的薪酬等级系数，推算出其他等级的薪酬标准。

薪酬标准的结构有三种。

（1）单一型薪酬标准。

单一型薪酬标准，即每个职位只有一个对应的薪酬标准，员工只有在改变职位时才调整薪酬。这种薪酬标准简便易行，但不能反映同职位不同劳动熟练程度员工的劳动差别。

（2）可变型薪酬标准。

可变型薪酬标准，即在每个职位等级内设若干档的薪酬标准，允许同一职位的员工有不同的薪酬标准。这种"一职（岗）数薪"的薪酬标准，有利于反映同一等级内不同员工在劳动熟练程度上的差别，也有利于在员工职位等级不变时逐步提高薪酬标准。这种薪酬标准中如果薪酬水平设计过低，则很难有效体现劳动差别；如果薪酬水平设计过高，则会使同等级员工的薪酬差别过高，并使整个薪酬标准级差过大。

（3）涵盖型薪酬标准。

这是在可变型薪酬标准基础上演变而来的，即在同一职位内部仍设立不同档的薪酬标准，但低职位的高等级薪酬标准与相邻高职位的低等级薪酬标准间适当交叉。这种"一职（岗）数薪，上下交叉"的薪酬标准，有利于使难易程度相近的工作不因职位差异而薪酬差距过大，也有利于员工的临时工作调动，同时也能体现员工劳动熟练程度上的差别。但涵盖面不宜过大，否则会淡化不同职位间的劳动差别。

2. 薪酬等级表

薪酬等级表是反映各等级之间薪酬差别的一览表。通过薪酬等级表可以确定各职位（工种）的等级数目和各等级之间的薪酬差别，一般由一定数目的薪酬等级、职位（工种）等级线和薪酬级差组成。

（1）薪酬等级。

薪酬等级直接反映职位（工种）的技术（业务）复杂程度和从业人员所需具备的劳动熟练程度。通常，薪酬等级数目越多，表明这一职位（工种）的技术越复杂，对从业人员的技术要求越高。

（2）职位（工种）等级线。

职位（工种）等级线也称薪酬等级线。它是在薪酬等级表所规定的等级数目内，各职位（工种）所跨越最低等级与最高等级的界限，即各职位（工种）薪酬的起点和终点。一般来说，技术复杂、熟练程度要求较高、责任重大的职位（工种），其薪酬起点应该较高，反之，则要低些；劳动复杂程度与劳动熟练程度差别较大的职位（工种），薪酬等级线应长些，反之，应短些；对于那些条件艰苦、工作繁重，但技术要求不高的职位（工种），薪酬起点可以稍高。

（3）薪酬级差。

薪酬级差是相邻两个等级的薪酬相差的幅度。一般来说，劳动差别大的职位（工种），薪酬级差大；较高等级的劳动者，其再往上晋升的难度较大，因此，薪酬级差在薪酬等级表中呈逐渐递增形态。

薪酬级差既可用绝对数表示，也可用相对数表示。前者用相邻两个等级的薪酬标准绝对额之差表示，后者则常常以级差百分比和等级系数表示。

级差百分比是薪酬等级表上相邻两个等级之间薪酬额之比，常用百分数表示，故称级差百分比。等级系数是指各等级的薪酬标准与最低等级的薪酬标准之比。等级系数可分为等差系数、等比系数、累进系数、累退系数和不规则系数等多种。

确定薪酬等级表，一般首先在分析和比较劳动差别的基础上，安排薪酬等级数目，即该薪酬等级表设多少个等级；然后再确定该薪酬等级表的幅度和划分薪酬的等级线；最后再确定薪酬级差。

3. 技术（业务）等级标准

技术（业务）等级标准是对员工担任某项工作（岗位、工种）所应具备的劳动能力的技术（业务）规范文件，是划分工作等级和评定员工任职能力及薪酬等级的重要依据。它一般包括"应知""应会""职责""任职资格""工作实例"等内容。

4. 职位（工种）统一名称表

职位（工种）统一名称表是指在职能分工基础上，由有关部门通过对各工作的内容进行横向和纵向比较分析、定位归类后所确定的职位（工种）序列和统一规范的职位（工种）名称系列表。有了职位（工种）统一名称表，便能在全国范围内对各个执行同一职位（工种）的不同劳动者按同一标准进行评价与比较，并在此基础上合理安排各类劳动者的薪酬关系。

任务结语

通过本任务的学习，我们知道了薪酬的含义和功能，掌握了薪酬管理的定义和内容，重点掌握了薪酬构成和薪酬管理的程序，还了解了薪酬管理的原则。

任务2　连锁企业岗位评价

情境导入

连锁企业岗位评价，简单来说，就是对连锁企业内部各个岗位的价值评估。这不仅关乎员工个人的薪酬、福利等切身利益，更是关乎连锁企业人力资源管理的关键环节。通过科学、合理的岗位评价，我们能更好地了解和掌握各个岗位的职责、要求和特性，从而为企业的战略规划和人才配置提供重要依据。

在很多连锁企业中，员工的薪酬往往与其所处岗位的重要性、复杂性和承担的风险等因素密切相关。因此，一个公正、合理的岗位评价对于保证员工薪酬的公平性和激励性具有至关重要的作用。

做好连锁企业岗位评价有助于提高员工的工作满意度。当员工明确了解自身所在岗位的价值和重要性时，他们更容易产生对工作的满足感和成就感。同时，公正的岗位评价也有助于减少内部员工之间的不公平感，提高整体的工作氛围和员工士气。通过对各个岗位的评价和分析，企业可以明确各岗位的需求，从而为人力资源规划提供依据，确保企业的人才战略与整体发展战略相一致。

任务描述

1. 了解岗位评价的概念、意义和特点；
2. 重点掌握岗位评价原则和方法。

一、岗位评价的概念和意义

岗位评价是一种系统地测定每一岗位在这种单位内部工资结构中所占位置的技术。它以岗位任务在整个工作中的相对重要程度的评估结果为标准，以某具体岗位在正常情况下对工人的要求进行的系统分析和对照为依据，而不考虑个人的工作能力或在工作中的表现。

岗位评价的核心是划分岗位等级，其目标是按照内部一致性的原则，建立合理的工资等级结构，实现组织内部的分配公平。

岗位评价，也称为职务评价或者工作评价，是指采用一定的方法对企业中各种岗位的相对价值做出评定，并以此作为薪酬分配的重要依据；是在岗位分析的基础上，对企业所设岗位需承担的责任大小、工作强度、难易程度、所需资格条件等进行评价。岗位评价的实质是将工作岗位的劳动价值、岗位承担者的贡献与工资报酬有机结合起来，通过对岗位劳动价值的量化比较，确定企业工资等级结构的过程。

岗位评价是评定工作的相对价值，确定岗位等级，以确定工资收入等级的依据。因此，岗位评价是职务分析的逻辑结果。职务分析主要包括"工作描述"和"工作规范"两个方面的内容，而"岗位评价"是在前面两个环节的基础上进行的，其根本目的是为确定薪酬结构、等级，实现薪酬内部公平性提供依据。

 **知识广角8-2**

连锁企业岗位评价

一、岗位价值评估

连锁企业岗位价值评估是根据岗位对企业的重要性和贡献程度，对各个岗位进行价值评估和排序的过程。评估过程中，应考虑岗位在组织中的地位、岗位职责、岗位技能要求、工作量大小、工作压力等因素，以确定其相对价值。

二、岗位职责分析

岗位职责分析是对连锁企业各岗位的职责、任务、工作要求等方面的分析。通过岗位职责分析，可以明确各岗位的工作内容、责任范围和工作要求，为岗位评价提供基础数据。

三、岗位技能要求评估

岗位技能要求评估是对连锁企业各岗位所需技能和知识水平的评估。评估过程中，应考虑岗位对员工的技能、专业知识水平、工作经验和其他素质要求。根据技能要求的难易程度和重要性，为岗位技能要求评估提供基础数据。

四、岗位风险评估

岗位风险评估是对连锁企业各岗位所面临的风险和挑战的评估。评估过程中，应考虑岗位所处环境、工作特点、政策法规等因素，以及可能对员工造成的潜在风险。根据风险大小和影响程度，制定相应的风险防范措施。

五、岗位沟通需求分析

岗位沟通需求分析是对连锁企业各岗位在日常工作中所需的沟通能力和沟通方式的评估。评估过程中，应考虑岗位的工作性质、沟通对象、沟通频率等因素，以及员工所需的沟通技巧和语言能力。根据沟通需求的多样性和复杂性，制定相应的沟通策略。

六、岗位绩效评估

岗位绩效评估是对连锁企业各岗位员工在一定时间内的工作表现和成果进行评估的过程。评估过程中，应考虑岗位的工作目标、任务完成情况、工作质量、工作效率等因素，以衡量员工的工作绩效。根据绩效评估结果，为员工提供反馈和奖励措施。

七、岗位晋升通道设计

连锁企业应为员工设计合理的晋升通道，以满足员工的职业发展需求和激发其工作动力。在设计过程中，应考虑员工的专业背景、工作能力、发展潜力和公司战略等因素，为员工提供不同层次的晋升机会和发展空间。

八、岗位外包策略制定

对于某些特定岗位，如技术支持、数据分析等，连锁企业可考虑采用外包策略，以降低成本和提高效率。在制定外包策略时，应考虑岗位的性质、工作量大小、外包公司的实力和信誉等因素，以确保外包策略的有效性和可行性。同时，还应关注与外包公司合作关系的建立和维护，确保外包工作的顺利进行。

二、岗位评价特点

1. 评价对象

岗位评价的中心是"事"不是"人"。岗位评价虽然也会涉及员工，但它是以岗位为对象，即以岗位所担负的工作任务为对象进行的客观评比和估计。作为岗位评价的对象——岗位，较具体的劳动者具有一定的稳定性，同时，它能与企业的专业分工、劳动组织和劳动定员定额相统一，能促进企业合理地制定劳动定员和劳动定额，从而改善企业管理。由于岗位工作是由劳动者承担的，虽然岗位评价是以"事"为中心，但它在研究中，又离不开对劳动者的总体考察和分析。

2. 过程

在岗位评价过程中，根据事先规定的比较系统的全面反映岗位现象本质的岗位评价指标体系，对岗位的主要影响因素逐一进行测定、评比和估价，由此得出各个岗位的量值。这样，各个岗位之间也就有了对比的基础，最后按评定结果，对岗位划分出不同的等级。

3. 技术和方法

岗位评价主要运用劳动组织、劳动心理、劳动卫生、环境监测、数理统计知识和计算机技术，适用排列法、分类法、评分法、因素比较法等4种基本方法，这样才能对多个评价因素进行准确的评定或测定，最终做出科学评价。

三、岗位评价原则

岗位评价是一项技术性强、涉及面广、工作量大的活动。也就是说，这项活动不仅需要大量的人力、物力和财力，而且要触及许多学科的专业技术知识，牵涉很多的部门和单位。为了保证各项实施工作的顺利开展，提高岗位评价的科学性、合理性和可靠性，在组织实施中应该注意遵守以下原则。

1. 岗位评价系统

所谓系统，就是有相互作用和相互依赖的若干既有区别又相互依存的要素构成的具有特定功能的有机整体。其中，各个要素也可以构成子系统，而子系统本身又从属于一个更大的系统。系统的基本特征：整体性、目的性、相关性、环境适应性。

2. 岗位评价标准化

标准化是现代科学管理的重要手段，是现代企业劳动人事管理的基础，也是国家的一项重要技术经济政策。标准化的作用在于能统一技术要求，保证工作质量，提高工作效率和减少劳动成本。显然，为了保证评价工作的规范化和评价结果的可比性，提高评价工作的科学性和工作效率，岗位评价也必须标准化。岗位评价标准化就是衡量劳动者所耗费的劳动大小的依据以及岗位评价的技术方法和特定的程序或形式做出统一规定，在规定范围内，作为评价工作中共同遵守的准则和依据。岗位评价标准化具体表现在评价指标的统一性、各评价指标的统一评价标准、评价技术方法的统一规定和数据处理的统一程序等方面。

3. 岗位评价等级对应

在管理系统中，各种管理功能是不相同的。根据管理的功能把管理系统分成级别，把相应的管理内容和管理者分配到相应的级别中去，各占其位，各显其能，这就是管理的能级对应原则。一个岗位能级的大小，是由它在组织中的工作性质、繁简难易、责任大小、任务轻重等因素所决定的。功能大的岗位，能级就高，反之就低。各种岗位有不同的能级，人也有各种不同的才能。现代科学化管理必须使具有相应才能的人得以处于相应的能级岗位，这就叫作人尽其才，各尽所能。

一般来说，一个组织或单位中，管理能级层次必须具有稳定的组织形态。稳定的管理结构应是正三角形。对于任何一个完整的管理系统而言，管理三角形一般可分为四个层次：决策层、管理层、执行层和操作层。这四个层次不仅使命不同，而且标志着4大能级的差异。同时，不同能级对应着不同的权力、物质利益和精神荣誉，而且这种对应是一种动态的能级对应。只有这样，才能获得最佳的管理效率和效益。

4. 岗位评价优化

所谓优化，就是按照规定的目的，在一定的约束条件下，寻求最佳方案。上至国家、民族，下至企业、个人都要讲究最优化发展。企业在现有的社会环境中生存，都会有自己的发展条件，只要充分利用各自的条件发展自己，每个工作岗位、每个人都会得到应有的最优化发展，整个企业也将得到最佳的发展。因此，优化的原则不但要体现在岗位评价各项工作环节上，还要反映在岗位评价的具体方法和步骤上，甚至落实到每个人身上。

四、岗位评价方法

常见的岗位评价方法有岗位参照法、分类法、岗位排序法、评分法和因素比较法。其中，分类法、岗位排序法属于定性评估，岗位参照法、评分法和因素比较法属于定量评估。

1. 岗位参照法

顾名思义，岗位参照法就是用已有工资等级的岗位来对其他岗位进行评估。

具体的步骤如下。

（1）成立岗位评估小组。

（2）评估小组选出几个具有代表性并且容易评估的岗位，对这些岗位用其他办法进行岗位评估。

（3）如果企业已经有评估过的岗位，则直接选出被员工认同价值的岗位即可。

（4）将（2）（3）选出的岗位定为标准岗位。

（5）评估小组根据标准岗位的工作职责和任职资格要求等信息，将类似的其他岗位归类到这些标准岗位中。

（6）将每一组中所有岗位的岗位价值设置为本组标准岗位价值。

（7）在每组中，根据每个岗位与标准岗位的工作差异，对这些岗位的价值进行调整。

（8）最终确定所有岗位价值。

2. 分类法

与岗位参照法有些相像，不同的是，它没有进行参照的标准岗位。它是将企业的所有岗位根据工作内容、工作职责、任职资格等方面的不同要求，分为不同的类别，一般可分为管理工作类、事务工作类、技术工作类及营销工作类等。然后给每一类确定一个岗位价值的范围，并且对同一类的岗位进行排列，从而确定每个岗位不同的岗位价值。岗位分类法好像一个有很多层次的书架，每一层都代表着一个等级，比如把最贵的书放到最上面一层，最便宜的书放到最下面一层，而每个岗位则好像是一本书，我们的目标是将这些书分配到书架的各个层次上去，这样我们就可以看到不同价值的岗位分布情况。

岗位分类法是一种简便易理解和操作的岗位评价方法。适用于大型组织对大量的岗位进行评价。同时这种方法的灵活性较强，在组织中岗位发生变化的情况下，可以迅速地将组织中新出现的岗位归类到合适的类别中。

但是，这种方法也有一定的不足，那就是对岗位等级的划分和界定存在一定的难度，有一定的主观性。如果岗位级别划分得不合理，将会影响对全部岗位的评价。另外，这种方法对岗位的评价也是比较粗糙的，只能得出一个岗位归在哪个等级中，到底岗位之间的价值量化关系是怎样的不是很清楚，因此在用到薪酬体系中时会遇到一定的困难。同时岗位分类法适用性有局限，即适合岗位性质大致类似，可以进行明确的分组，并且改变工作内容的可能性不大的岗位。

3. 岗位排序法

岗位排序法是国内外广泛应用的一种岗位评价方法，是一种整体性的岗位评价方法。岗位排序法是根据一些特定的标准，例如工作的复杂程度、对组织的贡献大小等对各个岗位的相对价值进行整体的比较，进而将岗位按照相对价值的高低排列出一个次序的岗位评价方法。

排序时基本采用两种做法。一是直接排序法，即按照岗位的说明根据排序标准从高到低或从低到高进行排序。二是交替排序法，即先从所需排序的岗位中选出相对价值最高的排在第一位，再选出相对价值最低的排在倒数第一位，然后从剩下的岗位中选出相对价值最高的排在第二位，接下去再选出剩下的岗位中相对价值最低的排在倒数第二位，依此类推。

岗位排序法的主要优点是简单、容易操作、省时省力，适用于较小规模、岗位数量较少、新设立岗位较多，评价者对岗位了解不是很充分的情况。但是这种方法也有一些不完善之处，首先，这种方法带有一些主观性，评价者多依据自己对岗位的主观感觉进行排序；其次，对岗位进行排序无法准确得知岗位之间的相对价值关系。

4. 评分法

评分法是指通过对每个岗位用计量的方式进行评判，最终得出岗位价值的方法。评分法是工作评价中较为精确的方法。我国一些企业所实行的"岗位技能工资"，基本上采取了这种方法。评分法运用的是明确定义的要素，如责任因素、知识技能因素、努力程度因素、工作环境因素等。要素数量可能从几个到十几个不等，这主要看方案的需要。每一个要素被分成几种等级层次，并赋予一定的分数值（这个分数值就表明了每个要素的权数），然后对岗位的要素逐个进行分析和定分。把各个要素的分数进行加总就得到了一个工作岗位的总分数值。这个总分数值决定了它在岗位序列中的位置。

5. 因素比较法

因素比较法是一种量化的岗位评价方法，实际上是对岗位排序法的改进。这种方法与岗位排序法的主要区别是：岗位排序法是从整体的角度对岗位进行比较和排序，而因素比较法则是选择多种报酬因素，按照各种因素分别进行排序。

分析基准岗位，找出一系列共同的报酬因素。这些报酬因素应该是能够体现出岗位之间本质区别的一些因素，例如责任、工作的复杂程度、工作压力水平、工作所需的教育水平和工作经验等。将每个基准岗位的工资或所赋予的分值分配到相应的报酬因素上。

因素比较法的突出优点就是可以根据在各个报酬因素上得到的评价结果计算出一个具体的报酬金额，这样可以更加精确地反映出岗位之间的相对价值关系。一般在下列条件下因素比较法较为适用：需要一种量化方法，愿花大量的费用引入一种岗位评价体系；这种复杂方法的运用不会产生理解问题或雇员的接受问题，并且希望把工资结构和基准岗位的相对等级或劳动力市场上通行的工资更紧密地联系起来。

任务结语

通过本任务的学习，我们了解了岗位评价的概念、意义和特点，重点掌握了岗位评价原则和方法。

知识拓展：连锁企业薪酬调查

任务3　连锁企业薪酬方案的制定

情境导入

A公司是一个连锁企业，一直处于亏损的状态，为了提高营业额，A公司提高了高管的薪酬水平。但是，企业高管的高工资并没有带来好的业绩，其他部门的员工意见很大。因此，公司领导决策层提出要对薪酬进行调整，让薪酬方案更具有激励性。

如果你是A公司的人力资源部经理，承担薪酬方案的改革任务，你如何做才能让A公司达到薪酬改革后的目标，并帮助公司走出困境？

任务描述

1. 了解职位和技能薪酬体系的内涵、适用条件、优点与缺点；
2. 重点掌握市场导向的薪酬体系、职位薪酬体系、技能薪酬体系的设计流程；
3. 理解不同薪酬体系的区别；
4. 学会根据连锁公司情况选择合适的薪酬体系。

一、薪酬体系设计

1. 市场导向的薪酬体系

实践中，连锁企业往往使用市场导向的薪酬体系，即连锁企业根据市场上竞争对手的薪酬水平来决定本企业内部薪酬结构。其具体做法如下。

首先，对企业内部所有的工作岗位根据其对企业目标贡献的大小进行排序。

其次，对市场上与本企业有竞争关系的若干家企业的薪酬情况进行调查。

显然，在本企业的所有工作岗位中，有很大一部分与外部企业的工作岗位相同，但也有一部分不同。在确定本企业的薪酬结构时，首先按照这些竞争对手工作岗位的薪酬水平，然后参照这些可比较的岗位的薪酬水平来确定那些不可比较的工作岗位的相应薪酬水平。表 8-1 是一个市场导向的薪酬体系决定方法的范例。

表 8-1　薪酬体系决定方法的范例

参照标准	本公司	公司 I	公司 II	公司 III	公司 IV	外部平均水平
工资水平		A				
	工作 A		A		A	A
		B		B		B
	工作 B				B	
	工作 C					
		C				
					C	C
	工作 D		C			
			D	D	D	D

这种市场导向的薪酬结构的确定方法实际上是以外部劳动力市场上的薪酬关系来决定公司内部的薪酬结构。它强调的重点是公司人工成本的外部竞争力，而不是公司内部各种工作之间在对公司整体目标贡献上的相对关系。换言之，市场导向的薪酬结构确定方法是让竞争者来决定公司内部的薪酬结构，因此，有可能使本公司的薪酬结构丧失内部一致性。

2. 职位薪酬体系

（1）内涵。

职位是指由一个人来完成的各种职责和任务的集合，有时又被称为岗位。职位薪酬体系是指以职位为基础确定基本工资的薪酬系统。它的基本原理是：首先对本组织不同职位的价值（相对价值）做出客观评价，再根据不同职位的评估价值赋予各自相当的薪酬，最终谁担任什么职位或从事什么岗位工作，谁就获得什么样的基本薪酬，以及获得与基本薪酬相关的其他形式薪酬。职位薪酬体系主要是一种传统的员工薪酬决定制度，它的基本特点是"按职（位）定薪，岗（位）酬（劳）对应"，很少考虑个人的不同特点因素，基本只考虑职位本身的因素来确定员工的薪酬。

（2）适用条件。

职位薪酬体系的应用范围十分广泛，但是它的有效使用必须满足一定的适用条件或组织环境特点，否则可能被扭曲或失去应有的效果。

①必须具备职位分析的基础和条件，使职位的内容、工作要求和相应责任明确化、规范化和标准化。

②职位内容保持基本稳定，否则工作的序列关系难以界定，薪酬体系的相对连续和稳定性遭受破坏。

③应当具有人岗匹配、人尽其才的用人机制。根据员工才能安排其岗位或职位，否则会破坏内部的公平性，引发消极作用。

④职位阶梯应当完备。各类工作都有相当多数量的职级，使每一类员工都有由低向高晋级升职的机会和空间，才能职级动、薪酬动；否则，只会阻塞员工薪酬提升通道，加剧职位（职务）竞争，挫伤员工做好本职工作并进一步提高相关知识、技能的积极性。

（3）设计流程。

职位薪酬体系设计的流程可用图8-2所示的四大步骤来描述。

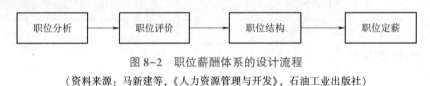

图8-2 职位薪酬体系的设计流程

（资料来源：马新建等，《人力资源管理与开发》，石油工业出版社）

①职位分析。

职位分析就是要收集特定工作性质的相关信息，并按照工作的实际执行情况对其进行界定、处理和描述，编写出职位说明书的过程。

②职位评价。

职位评价就是以工作内容、技能要求、责任大小等为依据，对职位本身的价值及其对组织贡献程度的大小进行评价和确定的过程。

③职位结构。

建立职位结构，是指系统地确定职位之间的相对价值，并据此对职位进行排序，为组织建立一整套职位结构的过程。

④职位定薪。

根据职位评价结果和职位结构关系，适当参考劳动力市场的薪酬情况等因素，来确定应当对组织内不同职位支付的工资及其他薪酬的高低和数额。

（4）优点与缺点。

职位薪酬体系的主要优点为：容易实现同工同薪，促使员工提高自身能力，向更高职位奋斗，有利于实现"职得其人""人往高处走"的局面；便于按职位系统管理薪酬，操作简便，管理成本较低。其主要缺点在于：由于主要是按职定薪，职位又具有稀缺性，无晋升机会者也无望大幅度加薪，可能会挫伤一些员工的工作积极性。这种薪酬体系暗含着一种假设，即担任同一种职位的员工具有与工作的难易水平相当的能力和素质，限制了"行行出状元"；由于职位的相对稳定必然导致员工薪酬的相对稳定，这种薪酬体系与员工工作业绩和组织绩效关系不大，所以，不利于及时激励员工努力提高工作绩效，不利于组织对多变的外部环境做出反应。

3. 技能薪酬体系

（1）内涵。

技能薪酬体系又叫技能薪酬计划，是指以技能为基础确定基本薪酬的一种薪酬系统。它的基本特征是，根据员工所掌握的与工作有关技能知识的深度和广度来发放基本薪酬及其相关的其他薪酬，而不再是依据员工承担的具体工作和职位的价值来支付薪酬。也就是说，它是一种以人为基础的基本薪酬决定体系，员工的薪酬所得和提升主要取决于个人所具备的技能水平状况和技能的改进。

技能薪酬体系设计的目的是把工作任务转化为能够被认证、培训和对之计酬的各种技能，重点在于开发一套能使基本薪酬与技能联系在一起的薪酬系统或计划。

（2）适用条件。

一个企业或企业中的某类工作是否适合采用技能薪酬体系，需要考虑有关工作的性质、组织形式和管理层对员工与企业劳动关系的认识等基本因素。技能薪酬体系比较适合于以下几种职位类型。

①深度技能、广度技能和垂直技能得分比较高的职位类型。

②高新技术企业、研发机构、学校等技术复杂程度高、技术密集型组织或机构。

③分工比较粗并且劳动对象不固定的职位类型。

④具有合作性劳动关系（雇佣关系）和有机的组织形式的企业和组织。

⑤员工劳动熟练程度差别比较大的职位类型。

因为技能薪酬体系的设计和施行需要管理方与员工的长期合作，共同承担相应的责任和风险，允许员工可以不受工作说明书的约束而自由发展，具有在所从事的工作、个人技能、工资和工作满意度方面做出选择的权力。

（3）设计流程。

技能薪酬体系设计流程如图8-3所示。

图8-3 技能薪酬体系设计流程

（资料来源：马新建等，《人力资源管理与开发》，石油工业出版社）

①建立薪酬设计小组。

成立包括人力资源部门代表，组织开发、工作流程和薪酬设计专家及所涉及工作的从业员工和员工的上级等人员在内的技能薪酬指导委员会和设计小组，以确保有关的内容、信息、工作和技能认知的客观性，保证设计的合理性和公正性。

②工作任务分析。

对薪酬设计所涉及的各种工作要素、任务与内涵之间的区别与联系等进行系统的剖析和描述。只有对员工拟完成的工作进行正确理解、正确描述和深入分析，才能为技能区分和技能水平的划分奠定基础，否则就无法进行技能薪酬的设计。

③评价工作任务并创建新的工作任务清单。

在工作任务分析的基础上，正确评价各项工作任务的难度和重要性程度，再根据职务分析结果和其他来源的相关资料，按照需要对工作任务信息进行重新编排，对工作任务进行组合，从而为下一步对与完成工作有关的技能项目和技能等级的界定和定价打好基础。

④技能等级的确定与定价。

在分清知识、能力、技能以及绩效行为与工作任务之间关系的基础上，界定技能等级项目并为技能项目定价。技能等级项目是指员工为了按照既定工作标准完成工作任务所必须执行的一种工作职责或一个单位工作任务。一般可根据技能项目中所包含的工作任务难度水平来对其进行等级评定，对技能项目的定价是在确定技能项目相对价值和定价机制的基础上，确定每一个技能单位的货币价值。

⑤技能分析、培训和认证。

对员工现有技能水平进行分析和确定，制订有效的培训计划来培训员工，弥补不足，提高与工作有关的技能水平，并实施工作技能等级或资格认证制度来确定员工技能的实际水平，从而为技能薪酬体系的推行提供支持，将员工有效置于其中。

（4）优点与缺点。

技能薪酬体系的主要优点是：激励员工不断学习新的知识和技能，开发和提高技能水平，可以灵活地调配员工，在员工与岗位的配置上具有更大的灵活性；有利于保留精干的员工队伍，鼓励优秀专业人才安心于所擅长的本职工作，以避免"升官才能发财"思想所导致的技术人才改行和"不良管理者"领导带给组织的双重损失；有利于员工对工作流程的更全面了解和管理决策的参与，有利于组织各类工作"行行出状元"，从而提高个人与群体的生产率和工作绩效。

技能薪酬体系的主要缺点是：设计更为复杂，比职位薪酬体系需要更高的管理结构和成本；它使企业在培训、工作重组等人力资本方面的投资大为增加，若不能将这种投资有效转化为实际生产力，则会导致企业负担增加、效益降低；它还难以形成与绩效挂钩的工资激励；如果员工的技能普遍提高，劳动生产率的提高又不足以抵消因此而增加的劳动力成本时，则企业成本会居高不下，从而削弱企业的竞争力。

二、薪酬管理

（一）薪酬结构管理

1. 薪酬结构与内部一致性

薪酬结构一般是指在同一组织内部不同岗位或不同技能薪酬水平的排列对比关系。

它主要研究和解决薪酬水平等级的多少、不同薪酬水平级差的大小，以及决定薪酬级差的标准等问题。在进行薪酬结构设计时必须遵循公平性、经济性、激励性等原则。薪酬结构设计的内部一致性强调的是组织内部薪酬结构关系背后的逻辑关系和政策关系的一致性，一般是指薪酬结构设计应与组织结构、组织关系和工作设计之间保持一致的政策关系，所确定的薪酬结构应当支持组织的工作流程，对所有员工公平，并有利于促使本组织员工行为与组织目标相符合。

然而，薪酬结构的设计并不是一个完全脱离外部环境和竞争而独立决策和设计的过程，它必然要受到外部公平或外部竞争性的影响。事实上，实际的薪酬结构决策与设计往往是在内部一致性与外部竞争性之间进行比较平衡的结果。

2. 职位评价与薪酬结构

职位评价也称为岗位评价、职务评价或工作评价，它是指采用一定的方法对组织中各种职位或工作岗位的相对价值做出评定，以作为员工等级评定和薪酬分析的依据。职位评价是一个组织为制定职位结构而系统地确定各职位相对价值的过程。这种相对价值的确定主要是找出组织内各种职位的共同付酬因素，用一定的评价方法，根据每个职位对组织贡献的大小而加以确定，继而以其为基础来建立薪酬结构，进行经济分配。职位评价是以基本职位内容和职位价值来评价具体职位在组织中的相对价值。有关职位内容的评价主要是对某一职位所要求的技能、职责、责任等的评价，有关职位价值的评价主要是就某一职位对组织目标所做贡献的评价。由于职务内容中某些方面的价值是以与市场薪酬的比较关系为基础的，所以有些人把职位评价看作将职位内容与市场薪酬水平挂钩的一个过程。

3. 薪酬设计的一般过程

设计和建立科学合理的薪酬结构是连锁企业人力资源管理中的一项基本制度建设和政策性很强的工作，它又是一个细致和烦琐的过程，牵涉薪酬的很多环节。因此，需要一套完整而正规的程序步骤来保证相关工作的连续性、完整性和逻辑性，从而提高设计工作的科学性和有效性。图 8-4 描绘了这一流程。

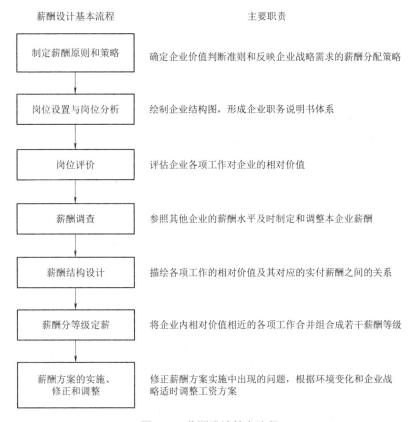

图 8-4 薪酬设计基本流程

（资料来源：百度文库）

（1）制定薪酬原则和策略。

企业薪酬策略是企业人力资源策略的重要组成部分，而企业人力资源策略是企业人力资源战略的落实，是企业基本经营战略、发展战略和文化战略的落实。因此，制定企业的薪酬原则和策略要在企业各项战略的指导下进行，要集中反映各项战略的需求。薪酬策略作为薪酬设计的纲领性文件要对以下几个方面做出明确规定：对员工本性的认识，对员工总体价值的认识，对管理骨干即高级管理人才、专业技术人才和营销人才的价值估计等核心价值观的认识，还包括企业基本薪酬制度和分配原则、企业薪酬分配政策与策略等。

（2）岗位设置与岗位分析。

配合企业的组织发展计划做好岗位设置，在做好岗位设置的基础上，进行科学的岗位分析，这是做好薪酬设计的基础和前提，通过这一步骤将产生清晰的企业岗位结构图和工作说明书体系。

（3）岗位评价。

岗位分析反映了企业对各个岗位和各项工作的期望和要求，但并不能揭示各项工作之间的相互关系，因此，要通过岗位评价来对各项工作进行分析和比较，并准确评估各项工作对企业的相对价值，这是实现内在公平的关键一步。

（4）薪酬调查。

企业要吸引和留住员工，不但要保证企业薪酬制度的内在公平性，而且要保证企业薪酬制度的外部公平性，因此，要组织力量开展薪酬调查。要通过调查，了解和掌握本地区、本行业的薪酬水平状况，特别是竞争对手的薪酬状况。同时，要参照同行业、同地区其他企业的薪酬水平，及时制定和调整本企业对应工作的薪酬水平及企业的薪酬结构，确保企业薪酬制度外在公平性的实现。

（5）薪酬结构设计。

通过岗位分析和薪酬调查可以确定企业每一项工作的理论价值。工作的完成难度越大，对员工的素质要求越高，对企业的贡献越大，对企业的重要性越高，就意味着该工作的相对价值越大，因此，工作的薪酬率也越高。工作的理论薪酬率要转换成实际薪酬率，还必须进行薪酬结构设计。

所谓薪酬结构，是指一个企业的组织结构中各项工作的相对价值及其对应的实付薪酬之间保持何种关系。这种关系不是随意的，而是服从以某种原则为依据的一定规律，这种关系的外在表现就是"薪酬结构线"。"薪酬结构线"为分析和控制企业的薪酬结构提供了更为清晰、直观的工具。

（6）薪酬分等级定薪。

"薪酬结构线"描绘了企业所有各项工作的相对价值及其对应的薪酬额，如果仅以此来开展薪酬管理，势必加大薪酬管理的难度，也没有太大的意义。因此，为了简化薪酬管理，就有必要对"薪酬结构线"上反映出来的薪酬关系进行分等处理，即将相对价值相近的各项工作合并成一组，统一规定一个相应的薪酬，称为一个薪酬等级，这样企业就可以组合成若干个薪酬等级。

（7）薪酬方案的实施、修正和调整。

薪酬方案出台后，关键还在落实，在落实过程中不断地修正方案中的偏差，使薪酬方案更加合理和完善。另外，要建立薪酬管理的动态机制，要根据企业经营环境的变化和企业战略的调整对薪酬方案适时地进行调整，使其更好地发挥薪酬管理的功能。

（二）薪酬水平管理

1. 薪酬水平决策的主要影响因素

资本市场、劳动力市场、产品市场是企业必须参与运行的三大市场，企业的薪酬水平决策主要受到其所在的劳动力市场和产品市场两大方面因素以及企业自身组织特征因素的影响。这些因素会影响企业薪酬水平的决策，进而影响企业的薪酬外部竞争力，如图8-5所示。

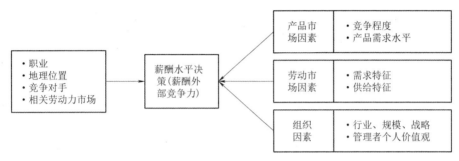

图8-5 薪酬水平决策的主要影响因素

（资料来源：马新建等，《人力资源管理与开发》，石油工业出版社）

产品市场的竞争程度和企业产品的市场需求状况影响着企业的财务状况和支付能力，劳动力市场的供给特征和需求特征影响着企业获得所需人力资源的成本和难度，企业所从事的行业、规模、战略、价值观、劳动生产率等组织因素影响着它对劳动力的特殊需要以及支付能力和支付意愿。所有这些因素都对企业的薪酬水平形成压力或动力，共同影响企业薪酬决策，从而影响外部竞争力。一般情况下，劳动力市场因素决定着企业薪酬水平的低限，产品市场因素决定着企业薪酬的高限，这两类因素共同确定了企业薪酬水平的浮动范围，而组织因素则对企业薪酬水平的支付能力、支付意愿和支付结构等产生影响。需要注意的是，劳动力市场因素中除了统一的劳动力市场供求特征外，企业还具体运作其中的相关劳动力市场因素，这对于企业做出决策，确定薪酬水平和竞争力定位具有直接而现实的重要影响。企业相关劳动力市场通常由职业（资格要求）、地理位置（迁居意愿或通勤距离）以及在同一劳务或产品市场上竞争的其他企业等因素构成。

2. 薪酬水平与薪酬的外部竞争力

薪酬水平是指组织支付给其内部不同职位的平均薪酬或内部各种薪酬的平均数。而组织所支付的薪酬水平高低无疑会直接影响到组织在劳动力市场上获取劳动力的能力强弱，因此，所谓薪酬的外部竞争性，简称外部竞争力，是指不同企业间的薪酬关系，即某一企业相对于其竞争对手薪酬水平的高低。薪酬的外部竞争力具有相对性，它是与竞争对手相比较而言的，它除了要与竞争对手的薪酬水平进行比较决策外，还包括与竞争对手在多种薪酬形式（奖金、股票、福利）、职业机会、挑战性工作等方面进行的比较，但影响最大的是前者。在市场竞争条件下，企业薪酬外部竞争力的比较基础不再局限于企业整体薪酬之间的比较竞争，更多地体现在不同企业的类似职位或类似职位系列薪酬水平之间的比较竞争上。

3. 薪酬水平策略

薪酬水平决策的最主要任务是进行薪酬水平的市场定位，简称为薪酬（水平）定位。薪酬水平定位实际上是给企业薪酬的外部竞争性定位，因此，薪酬水平决策的关键是要选择有助于增强企业竞争力的薪酬水平定位策略。薪酬水平定位策略通常称为薪酬策略或薪酬水平策略，一个企业应当根据其经营发展战略、人力资源战略、薪酬战略、内外部环境、市场状况、财务实力等要素，合理而慎重地对其做出抉择、调整和改进。常见的薪酬水平定位策略有以下几种。

（1）薪酬跟随策略。

薪酬跟随策略也称为薪酬居中策略或追随型策略，它是指企业始终跟随市场平均薪酬水平来进行薪酬定位，将本企业薪酬水平定位在等于或接近市场平均薪酬水平，从而构建本企业薪酬管理制度的政策和做法。这是一种使用最为广泛的薪酬策略，这种策略致力于使本企业的薪酬成本接近于产品竞争对手的薪酬成本，同时保持与竞争对手基本一致的吸引和保留人才的能力。其支撑理由是：薪酬水平低于竞争对手会限制企业的招聘能力，引起员工不满；薪酬水平高于竞争对手则会使人力成本过高，影响产品成本和定价；薪酬水平与竞争对手或市场水平基本一致时，又会使企业避免在保留高素质员工队伍和产品定价两方面处于劣势。采用薪酬追随策略的企业可能遇到的风险最小，但是对于一流优秀人才的吸引力不够，它并不能使企业在竞争性劳动力市场上处于优势地位，而且自身薪酬水平的确定比较被动，易受到竞争对手的影响，可能会破坏本企业薪酬制度的内部一致性。

使用这种薪酬策略时，必须连续不断地做好市场和竞争对手的薪酬调查工作，注意及时根据外部市场的薪酬变化而调整自身的薪酬水平，确保本企业的薪酬动态平衡，始终追随市场薪酬水平的起伏变化而基本保持一致。

（2）薪酬领先策略。

薪酬领先策略又叫领先型薪酬策略。薪酬领先策略就是将本企业（或本企业某些职位、某类人员）的薪酬水平定位在高于市场平均薪酬水平之上，以领先于市场和许多竞争对手的薪酬水平来构建和管理本企业薪酬制度的政策和做法。这种策略既适用于整个企业，又适用于企业中的部分职位或人员（以下各策略相同）。这一策略的主要长处是：能够吸引和留住高素质、高技能人才，提高招聘到的员工质量，提高员工离职的机会成本，降低离职率，保持高效率员工队伍，节省监督管理成本，减少劳动纠纷，提高企业的形象和知名度。主要缺点是：带来了企业劳动力成本的增加和巨大的管理压力。如果不能将薪酬上的高投入转化为生产经营的高效率和高利润，则高薪酬和高素质员工可能成为企业的一种负担。

采用薪酬领先策略的多数企业往往具有这样几个特征：投资回报率较高、规模较大、行业的规范化程度较高、薪酬占总成本比率较低、产品市场上的竞争者较少。

（3）薪酬滞后策略。

薪酬滞后策略又称滞后型薪酬策略，是指企业按照低于市场薪酬水平或竞争对手薪酬水平的标准进行本企业的薪酬定位，以滞后于市场和竞争对手的薪酬水准来构建本企业薪酬管理制度的政策和做法。这种策略可以使企业减少薪酬开支、维持比较低廉的劳动成本、降低成本费用，有助于提高产品定价的灵活性，并增强企业在产品市场上的竞争力。但是，实行这种策略往往会使企业难以吸引高素质人才，员工不满意度上升，流失率增高，工作的积极性和对企业的承诺或忠诚度都会降低。

如果企业能把薪酬滞后策略与员工未来可以获得更高收入的保证结合起来运用，能够以未来的可观预期收益来补偿现期的较低薪酬时，则不仅可以弥补上述缺陷，而且有助于提高员工的责任感和对组织的承诺度，增强团队精神和工作积极性，提高劳动生产率并改善组织绩效。

在一般情况下，处于竞争性产品市场的边际利润率较低、成本承受能力很弱、规模相对较小的企业采用薪酬滞后策略的较多。然而，除了支付能力外，企业的支付意愿、薪酬结构模式、长期激励安排、企业生命周期阶段等因素也会影响其对此策略的偏好。

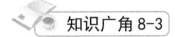 知识广角 8-3

连锁企业薪酬体系设计：战略、公平、激励与福利

连锁企业的薪酬体系设计是确保企业稳定、健康和可持续发展的基础。薪酬体系的设计需要综合考虑企业战略目标、岗位特点、员工能力及市场行情等因素，以建立一套科学、合理、具有竞争力的薪酬体系。

对于连锁企业来说，通常会根据不同岗位的特点和职责，进行岗位评估，确定各岗位的相对价值和贡献程度。根据评估结果，制定不同岗位的薪酬标准，确保薪酬的公平性和合理性。此外，连锁企业通常会采取绩效与激励制度，将员工薪酬与个人绩效挂钩，激励员工发挥主观能动性，提高工作效率和质量。

在福利制度设计方面，连锁企业通常会提供完善的福利制度，包括五险一金、带薪年假、节日福利、员工旅游等。此外，连锁企业还会为员工提供培训和发展计划，帮助员工提升专业技能和个人素质。

关于薪酬调整机制，连锁企业会定期进行薪酬调查，了解市场行情和行业动态，并根据企业发展和员工个人能力对薪酬进行调整。同时，连锁企业通常会设立额外的奖励制度，如年终奖、优秀员工奖等，激发员工的积极性和创造力。

在薪酬支付与核算方面，连锁企业会制定详细的薪酬支付与核算流程，确保薪酬的准确性和及时性。同时，连锁企业还会建立有效的薪酬管理制度，防止薪酬分配过程中的不公和腐败现象。

总的来说，连锁企业的薪酬体系设计需要综合考虑多个因素，包括企业战略目标、市场行情、员工能力等。通过科学合理的薪酬体系设计，可以激发员工的积极性和创造力，提高企业的竞争力和可持续发展能力。

任务结语

通过本任务的学习，我们了解了职位和技能薪酬体系的内涵、适用条件、优点与缺点，重点掌握了市场导向、职位和技能薪酬体系的设计流程，理解了不同薪酬体系的区别，学会根据公司情况选择合适的薪酬体系。

任务4　连锁企业薪酬方案的执行

情境导入

连锁企业薪酬方案的执行是连锁企业管理中的重要环节，它关系到企业员工薪酬的支付和员工激励的实施。一个合理的薪酬方案能够有效地激发员工的工作积极性和创造力，提高企业的绩效和竞争力。因此，掌握薪酬方案执行的策略和技巧对于连锁企业的管理者至关重要。

本任务将介绍连锁企业薪酬方案执行的关键步骤和注意事项，帮助学生了解如何有效地执行连锁企业的薪酬方案，提高员工的工作满意度和绩效。

任务描述

1. 了解工资组成、计算；
2. 掌握工资的核算办法；
3. 了解代扣款项的计算；
4. 学会编制工资表。

一、工资组成

工资是指支付给劳动者的劳动报酬，是企业成本费用的重要组成部分。

工资总额的组成：工资总额是指各单位在一定时期内直接支付给本单位全部职工的劳动报酬总额。全部职工应包括固定职工、合同制职工、临时职工和计划外用工。

工资总额由六个部分组成：计时工资、计件工资、奖金、津贴和补贴、加班加点工资和特殊情况下支付的工资。

二、工资的计算

工资总额的计算原则应以直接支付给职工的全部劳动报酬为依据。目前铁路运输企业的工资计算采用以下两种形式。

1. 以计时工资为主的应付工资的计算

应付工资=计时工资+奖金+津贴和补贴+加班加点工资+特殊情况下支付的工资

2. 以计件工资为主的应付工资的计算

计件工资=计件单价×合格产品的数量

应付工资=计件工资+津贴和补贴+特殊情况下支付的工资

工资结算的内容为：应付工资、代扣款和实发数。应付工资是按照工资总额组成规定的内容及计算方法计算出来的应付给职工的工资；代扣款是指按照规定先行垫付给职工后从工资中扣回或者扣回再代付出去的款项，如房租款、水电费、职工过失的赔款、职工家属医药费等；实发合计数是指应付工资扣除代扣款后的净额。

三、工资的核算办法

应设置"应付工资"账户，该账户总括地反映企业与职工有关工资的结算情况。贷方反映应付职工的工资额，借方反映从工资中代扣的款项、实发工资、期末结转的未领工资；期末结转未领工资后本账户无余额。

主要事项的账务处理方法为：每月发放工资前，应根据工资结算汇总表中的应发金额总数，向银行提取现金，借记"现金"账户，贷记"银行存款"账户。发放工资时，根据工资支付单的实际金额，借记"应付工资"账户，贷记"现金"账户。应由职工工资中代扣款项，根据工资结算汇总表中的各项代扣金额，借记"应付工资"，贷记"其他应付款"账户；职工在规定期限内未领取的工资，应由财会部门入账，借记"现金"账户，贷记"其他应付款"账户。月末应将本月应付的工资进行分配，根据工资费用分配汇总表，借记"运输支出""内部供应和销售支出""工附业支出""代办业务支出""管理费用""营业外支出""在建工程""应付福利费"等账户，贷记"应付工资"账户。

四、代扣款项的计算

每月财会部门还需根据有关单位和部门转来的扣款通知代扣某些款项，如社会保险费的个人自负部分、个人所得税、住房公积金等。

社会保险是国家通过立法建立的一种社会保障制度。我国现阶段向所有企业征缴的社会保险有基本养老保险、失业保险、基本医疗保险、工伤保险和生育保险五个险种。基本养老保险、基本医疗保险和失业保险由单位和个人共同缴费；工伤保险、生育保险由单位缴费。社会保险个人缴纳部分应由所在企业从职工本人工资中代扣代缴。

在工资核算里面还要扣除代扣款项才能计算应计工资等项目。

五、编制工资表

工资结算表又称工资表，是按车间、部门编制的，每月一张。正常情况下，工资表会在工资正式发放前的1~3天发放到员工手中。员工可以就工资表中出现的问题向上级反映。在工资结算表中，要根据工资卡、考勤记录、产量记录及代扣款项等资料按人名填列"应付工资""代扣款项""实发金额"三大部分。

（一）常见格式

在实际工作中，企业发放职工工资、办理工资结算是通过编制"工资结算表"来进行的。

工资结算表一般应编制一式三份。一份由劳动工资部门存查；一份按每一职工裁成"工资条"，连同工资一起发给职工；一份在发放工资时由职工签章后交财会部门作为工资核算的凭证，并用以代替工资的明细核算。由于工资结算表是按各个车间、部门分别编制的，因此，只能反映各个车间、部门工资结算和支付的情况。

工资表的基本格式如表8-2所示。

表8-2 工资表示例

编制单位：   单位：元

| 序号 | 姓名 | 出勤天数 | 应发工资 | | | | 应扣社保、公积金 | | | | 其他应扣 | | | 小计 | 实发金额 | 签名 |
			基本工资	业绩奖金	其他应发	小计	养老	失业	医疗	公积金	事病假	旷工违纪	应扣个税			
1																
2																
3																
4																
5																
6																
7																
8																
9																
10																
11																
12																
13																
14																
15																
16																
17																
18																
合计																

批准：   制表人：

（二）工资发放

工资支付制度主要规定在劳动部发布的《工资支付暂行规定》等相关规范中，阐述了工资支付制度和特殊情况下工资支付制度两方面内容。

工资支付，就是工资的具体发放办法，包括如何计发在制度工作时间内职工完成一定的工作量后应获得的报酬，或者在特殊情况下的工资如何支付等问题。工资支付主要包括：工资支付项目、工资支付水平、工资支付形式、工资支付对象、工资支付时间以及特殊情况下的工资支付。

工资支付的项目，一般包括计时工资、计件工资、奖金、津贴和补贴、延长工作时间的工资报酬以及特殊情况下支付的工资。但劳动者的以下劳动收入不属于工资范围：①单位支付给劳动者个人的社会保险福利费用，如丧葬抚恤救济费、生活困难补助费、计划生育补贴等；②劳动保护方面的费用，如用人单位支付给劳动者的工作服、解毒剂、清凉饮料费用等；③按规定未列入工资总额的各种劳动报酬及其他劳动收入，如根据国家规定发放的创造发明奖、国家星火奖、自然科学奖、科学技术进步奖、合理化建议和技术改进奖、中华技能大奖等，以及稿费、讲课费、翻译费等。

（三）工资支付制度

1. 工资支付制度

《中华人民共和国劳动法》（以下简称《劳动法》）明确规定，工资应当以货币形式按月支付给劳动者本人，不得克扣或者无故拖欠劳动者工资。劳动者在法定休假日和婚丧假期间以及依法参加社会活动期间，用人单位应当依法支付工资。工资应当按月支付，是指按照用人单位与劳动者约定的日期支付工资。如遇节假日或休息日，则应提前在最近的工作日支付。工资至少每月支付一次，对于实行小时工资制和周工资制的人员，工资也可以按日或周发放。对完成一次性临时劳动或某项具体工作的劳动者，用人单位应按有关协议或合同规定在其完成劳动任务后即支付工资。

用人单位不得克扣或者无故拖欠劳动者工资。但有下列情况之一的，用人单位可以代扣劳动者工资：①用人单位代扣代缴的个人所得税；②用人单位代扣代缴的应由劳动者个人负担的各项社会保险费用；③法院判决、裁定中要求代扣的抚养费、赡养费；④法律、法规规定可以从劳动者工资中扣除的其他费用。

另外，以下减发工资的情况也不属于"克扣"：①国家的法律、法规中有明确规定的；②依法签订的劳动合同中有明确规定的；③用人单位依法制定并经职代会批准的厂规、厂纪中有明确规定的；④企业工资总额与经济效益相联系，经济效益下浮时，工资必须下浮的（但支付给提供正常劳动职工的工资不得低于当地的最低工资标准）；⑤因劳动者请事假等相应减发工资等。

"无故拖欠"不包括：①用人单位遇到非人力所能抗拒的自然灾害、战争等原因，无法按时支付工资；②用人单位确因生产经营困难、资金周转受到影响，在征得本单位工会同意后，可暂时延期支付劳动者工资，延期时间的最长限制可由各省、自治区、直辖市劳动行政部门根据各地情况确定。除上述情况外，拖欠工资均属无故拖欠。

工资支付具体包括以下几个原则。

①工资现金支付原则。工资应当以法定货币支付，不得以实物、有价证券代替货币支付。

②工资按时（至少按月）支付原则。

③工资直接支付原则。工资支付对象是劳动者本人。

④工资全额支付原则。用人单位不得克扣、无故拖欠劳动者工资。

⑤工资紧急支付原则。

2. 工资支付制度特殊工资

《劳动法》第五十一条"劳动者在法定休假日和婚丧假期间以及依法参加社会活动期间，用人单位应当依法支付工资"的规定，构成我国特殊工资支付规定。

（1）法定休假日：指法律规定的劳动者休假时间。包括：①法定节假日（带薪）；②周休假日（带薪）；③法定带薪年休假。

（2）婚丧假：指劳动者本人结婚、其直系亲属死亡时依法享受的假期。国家尚未出台适用于非公有制单位的婚丧假规定。

（3）劳动者依法参加社会活动期间。

根据《工资支付暂行规定》，劳动者在以下三种情况下不参加劳动但仍然享有工资支付请求权。

①依法参加社会活动期间。

《工资支付暂行规定》第十条规定：劳动者在法定工作时间内依法参加社会活动期间，用人单位应视同其提供了正常劳动而支付工资。社会活动包括：依法行使选举权或被选举权；当选代表出席乡（镇）、区以上政府、党派、工会、青年团、妇女联合会等组织召开的会议；出任人民法庭证明人；出席劳动模范、先进工作者大会；《工会法》规定的不脱产工会基层委员会委员因工会活动占用的生产或工作时间；其他依法参加的社会活动。

②年休假、探亲假、婚假、丧假期间。

《工资支付暂行规定》第十一条规定：劳动者依法享受年休假、探亲假、婚假、丧假期间，用人单位应按劳动合同规定的标准支付劳动者工资。

③非因劳动者原因造成单位停工、停产期间。

《工资支付暂行规定》第十二条规定：非因劳动者原因造成单位停工、停产在一个工资支付周期内的，用人单位应按劳动合同规定的标准支付劳动者工资。超过一个工资支付周期的，若劳动者提供了正常劳动，则支付给劳动者的劳动报酬不得低于当地的最低工资标准；若劳动者没有提供正常劳动，应按国家有关规定办理。

同时劳动部《对〈工资支付暂行规定〉有关问题的补充规定》第一条规定："按劳动合同规定的标准"，系指劳动合同规定的劳动者本人所在的岗位（职位）相对应的工资标准。

任务结语

通过本任务的学习，我们了解了工资组成、计算，掌握了工资的核算办法，了解了代扣款项的计算，学会了编制工资表。

知识拓展：连锁企业福利制度设计

项目实训

实训内容

重点选择当地某一家连锁企业，为该企业进行薪酬体系设计，并检查可操作性。

实训目的

了解连锁企业薪酬管理现状及存在的问题，把握实施薪酬管理工作的主要内容。

实训步骤

（1）6~7人为一组（男生女生搭配），选一人为组长，负责协调与分工，每一组在教师的指导下参观某一连锁企业，了解企业薪酬体系的总体情况。

（2）学生自主联系企业进行实地调查和学习，可以采取在人力资源部学习、职工访谈等方式获取数据资料，要求数据真实，实训结果最终以书面形式提交，同时在班上做演示。

（3）时间：以课外为主，结合课堂指导。

实训评价

实训内容	评价关键点	分值	自我评价（20%）	同学评价（30%）	教师评价（50%）
调查过程	实训任务明确	10			
	调查方法恰当	10			
	调查过程完整	10			
	调查结果可靠	10			
	团队分工合理	10			
薪酬体系指标	内容完整	20			
	指标科学	10			
	形式规范	20			
合计					

复习思考

一、名词解释

1. 报酬。

2. 薪酬。

3. 津贴。

4. 福利。

5. 基本工资。

6. 成就工资。

7. 激励工资。

8. 薪酬管理。

9. 薪酬水平。

10. 薪酬结构。

11. 薪酬级差。

12. 薪酬标准。

13. 薪酬等级表。

14. 薪酬领先策略。

15. 薪酬等级制度。

16. 职位薪酬体系。

二、简答题

1. 经济报酬和非经济报酬包含哪些内容？你认为随着社会的发展，人们对经济报酬和非经济报酬的需求有何变化？

2. 薪酬是由哪几部分构成的？

3. 简述报酬与薪酬的关系。

4. 激励工资有哪些种类？

5. 薪酬管理包括哪些内容？

6. 薪酬管理遵循哪些原则？如何理解这些原则？

7. 影响薪酬水平的因素有哪些？

8. 薪酬水平策略有哪几种？在现实中如何进行薪酬水平策略的决策？

9. 岗位评价的方法有哪些？各自的优缺点是什么？

10. 简述薪酬等级制度的基本构成。

11. 薪酬体系设计的模式有几种？如何理解各种模式的优缺点及适用的情况？

连锁企业劳动关系管理

管理名言

构建和谐劳动关系，维护职工合法权益。

项目导学

由于各国在社会制度和文化上的差异，劳动关系在不同的国家体现出不同的特点，对劳动关系的称谓也不相同。有的国家称劳动关系为劳资关系，它是指占有生产资料、追求利润的资本拥有者同以提供劳动力获得工资报酬为生活手段的工人之间的统治与从属关系。有的国家称劳动关系为劳使关系，它指的是生产经济活动中劳动者与劳动使用者形成的既对立又合作的关系。

学习目标

职业知识：掌握劳动关系的类型和内容；理解劳动者的地位和权利，了解劳资协商谈判的基本模式，掌握劳动争议及其处理程序；了解劳动安全卫生管理和工时、工伤。

职业能力：熟悉劳动合同的签订；学会处理劳动合同执行中产生的矛盾；熟悉《劳动法》的内容，维护劳动者合法权益。

职业素质：能运用劳动关系理论思考问题、分析问题、解决问题；树立依法治国、大局观念、信守底线的职业价值观；培养诚信服务、德法兼修的职业素养。

思维导图

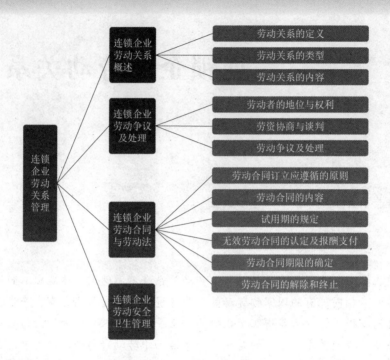

连锁企业劳动关系管理
- 连锁企业劳动关系概述
  - 劳动关系的定义
  - 劳动关系的类型
  - 劳动关系的内容
- 连锁企业劳动争议及处理
  - 劳动者的地位与权利
  - 劳资协商与谈判
  - 劳动争议及处理
- 连锁企业劳动合同与劳动法
  - 劳动合同订立应遵循的原则
  - 劳动合同的内容
  - 试用期的规定
  - 无效劳动合同的认定及报酬支付
  - 劳动合同期限的确定
  - 劳动合同的解除和终止
- 连锁企业劳动安全卫生管理

引导案例

连锁超市隐蔽雇佣女工

A是某食品有限公司的总经理。该公司2023年下半年出现亏损，年底又要还清一大笔银行贷款，在实行了两个月的节约计划失败后，A向各部门经理和各厂长发出了紧急通知书：要求各部门各工厂严格控制经费支出，裁减百分之十的员工，裁员名单在一周内交总经理。并规定公司下半年一律不招新员工，现有员工暂停加薪。该公司饼干厂的厂长B看到通知书后，急忙找到总经理询问："这份通知书不适用于我们厂吧？"总经理回答："你们也包括在内。如果我把你们厂排除在外，公司的计划如何实现？我这次要采取强制性行动，以确保缩减开支计划的成功。"B辩解道："可是我们厂完成的销售额超过预期的百分之五，利润也达标。我们的合同订货量很大，需要增加销售人员和扩大生产能力，只有这样才能进一步为公司增加收入。为了公司的利益，我们厂应免于裁员。哪个单位亏损就让哪个单位裁员，这才公平。"A则说："我知道你过去的成绩不错。但是，你要知道每一个厂长或经理都会对我讲同样的话，作同样的保证。现在，每个单位必须为公司的目标贡献一份力量，不管有多大的痛苦！况且，虽然饼干厂效益较好，但你要认识到，这是和公司其他单位提供资源与密切的协作分不开的。""无论你怎么讲，你的裁员计划会毁了饼干厂。所以，我不想解雇任何人。你要裁人就从我开始吧！"B说完，气冲冲地走了。A为此感到有点为难了。

案例思考： 如果A总经理坚持采取解雇方式时，解雇后可能会面临什么问题？你站在人力资源部门主管的立场，将如何处理此问题？

任务1 连锁企业劳动关系概述

情境导入

连锁企业是通过建立多个分店，实现商业的规模化、网络化发展。连锁企业通常涉及多个地点、多个员工，因此，劳动关系的处理显得尤为重要。连锁企业的劳动关系不仅影响员工的工作积极性和工作效率，还关乎企业的稳定性和可持续发展。

任务描述

1. 了解劳动关系的基本定义；
2. 重点掌握劳动关系的类型和内容。

劳动关系是人力资源管理的重要内容之一。在西方连锁企业人力资源管理中，劳动关系长期占有重要地位，许多重要的企业决策，如加薪、减薪、裁员等，都由代表职工利益的工会出面同管理者谈判。资本主义经济的发展中，劳资关系的矛盾使对劳动关系的研究比较深入而全面。我国在计划经济时代，企业用人与劳动者就业均由国家计划调控，劳动关系被掩盖在生产资料全民所有制的社会主义计划经济体制下。随着市场经济体制在我国的确立，我国企业所有制结构发生极大变化，除国有企业、集体企业外，又出现了大量的私营企业和外商投资企业。随着国有企业改革的深入发展，原单一国有产权的企业逐步向多元化产权的企业转化，形成由多个所有者共同享有产权的混合所有制。企业所有制的多元化意味着企业中劳动关系的复杂化，企业中的劳动争议逐年增多，对劳资双方和社会安定造成了较严重的影响。调整和处理好企业的劳动关系不仅是政府应当重视的事情，也是连锁企业人力资源管理的重要内容。

一、劳动关系的定义

劳动关系又称劳资关系、雇佣关系，是指社会生产中，劳动力使用者与劳动者在实现生产劳动过程中所结成的一种必然的、不以人的意志为转移的社会经济利益关系。劳动关系的不同称谓，实际上反映了劳动关系含义和性质的变化和发展。早期提出的劳资关系或雇佣关系，主要反映的是雇主与雇员之间的阶级对抗或利益冲突关系。而现在所说的劳动关系或劳资关系主要是指劳动者与资产所有者和经营管理者之间的关系，已经淡化或减少了对抗或利益冲突的性质，更强调为保持劳资之间的良好关系和解决双方分歧所做出的努力。

在企业劳动关系中，劳动者向企业出让自己的劳动力，企业向劳动者支付劳动报酬。在这当中，工资是连接劳动者与企业的最基本因素，即企业是通过工资来雇佣劳动者的，劳动者则是为了获得工资而接受企业的雇佣并为其支付劳动力的。在市场经济条件下，工资就其性质而言，是市场所决定的劳动力作为生产要素的价格，在实质上是劳动力价值的价格体现。所以，劳动关系在本质上是一种经济利益关系。

连锁企业劳动关系管理内容

一、劳动法律法规

连锁企业应严格遵守国家劳动法律法规的规定，包括《中华人民共和国劳动法》《中华人民共和国劳动合同法》等。企业应了解和掌握相关法律法规，确保在劳动关系中不违反法律法规的规定，保障员工的合法权益。

二、劳动合同管理

连锁企业应与员工签订书面劳动合同，明确双方的权利和义务。劳动合同应包含必备条款，如劳动合同期限、工作内容和工作地点、工作时间和休息休假、劳动报酬、社会保险等。同时，企业还应约定试用期、保密协议、竞业限制等条款。在签订劳动合同前，企业应向员工说明合同的条款内容，并要求员工认真阅读和理解合同内容。

三、劳动争议处理

在劳动关系中，由于各种原因可能导致劳动争议的发生。连锁企业应制定相应的劳动争议处理制度，明确争议处理的程序和方法。在发生劳动争议时，企业应积极与员工进行沟通和协商，寻求妥善解决争议的方式。如无法协商解决，可向当地劳动争议仲裁机构申请仲裁或向人民法院提起诉讼。

四、劳动保护与福利

连锁企业应按照国家法律法规的规定为员工提供安全卫生的工作环境，预防工伤等事故的发生。同时，企业还应提供符合国家法律法规规定的福利和保护措施，如社会保险、带薪年假、带薪病假等。此外，企业还应关注员工心理健康，提供相应的心理咨询服务和压力缓解措施。

五、员工培训与发展

连锁企业应建立完善的员工培训与发展体系，提高员工的专业素质和能力。通过内部培训、外部培训等方式，为员工提供职业技能、职业道德等方面的培训和发展机会。同时，企业还应建立职业晋升通道和激励机制，鼓励员工发挥工作积极性和创造力。

六、企业文化建设

良好的企业文化可以增强员工的归属感和忠诚度，提高企业的凝聚力和竞争力。连锁企业应注重企业文化建设，建立积极向上、符合企业特点的文化氛围。通过企业文化的传播和落实，提升员工对企业的认同感和责任感。

七、人力资源管理

连锁企业应建立完善的人力资源管理体系，包括招聘、培训、考核、激励等方面。通过科学的人力资源管理，为企业选拔优秀人才、提高员工素质、激发工作热情提供保障。同时，企业还应注重员工职业生涯规划，为员工提供个性化的职业发展建议和指导。

八、绩效考核与激励机制

连锁企业应建立科学的绩效考核与激励机制，对员工进行客观、公正的评价和激励。通过制定明确的考核标准和流程，对员工的工作表现进行定期评估和反馈。同时，企业还应建立激励机制，对优秀员工给予相应的奖励和荣誉，鼓励员工发挥工作积极性。

九、企业社会责任与可持续发展

连锁企业应积极履行社会责任，关注可持续发展问题。在经营过程中，企业应关注环境保护、公益事业等方面的责任和义务。通过参与社会公益活动、支持环保项目等方式，树立良好的企业形象，为社会的可持续发展做出贡献。同时，企业还应关注员工的身心健康和社会福利问题，为员工提供良好的工作环境和生活条件。

二、劳动关系的类型

一个国家或地区劳动关系的性质和特点，不仅受该国或该地区所有制以及经济体制和政治体制的影响，而且受国家或地区的历史传统、经济发展和文化积淀的影响。劳动关系的性质，主要是关于劳动关系双方利益关系的性质。由于劳动关系双方利益关系的性质和利益关系的处理原则不同，劳动关系可分成不同的类型。目前，世界各国的劳动关系大致可分为以下三种类型。

1. 利益协调型的劳动关系

它是在利益冲突型劳动关系的基础上发展而来的。第二次世界大战以后，西方各主要市场经济国家虽然在劳动关系的具体形式上各不相同，但其性质大都属于这种类型。这种类型的劳动关系比较和谐稳定，而且有助于社会和经济的稳定发展。

2. 利益一体型的劳动关系

在这种类型的劳动关系中，劳动者的利益往往是由国家和企业代表的。东亚的一些市场经济国家，如日本、韩国、新加坡，基本上属于这种类型，其基本精神是劳资利益一体论，管理者的权威来自单一的最高管理阶层的授权，并且有一套激励员工为共同目标而努力的方法。因而要求企业内的管理者与被管理者互相合作，避免冲突和摩擦，双方利益完全可以通过企业内部的管理制度和协调机制来完成。

3. 利益冲突型的劳动关系

利益冲突型的劳动关系又称传统型的劳动关系。第二次世界大战以前，大多数资本主义国家的劳动关系就属于这种类型。其显著特点是劳方和资方均强调和注重各自的利益和不同的立场，劳资矛盾和冲突较为明显。

从经济发展上来看，利益协调型的劳动关系是以近代产业发展所要求的产业民主为出发点的。在现代产业关系中，劳动关系的双方构成了生产过程的两大主体，双方在相互关系上是以相互独立和互为存在为前提的。劳动者作为独立的主体，并不是雇主的附属物。因而，在生产过程中特别是在劳动问题的处理上，劳动者也应是主动地参与决定的力量。而且，劳动者的参与，还应该进一步涉及企业经营管理的全过程。所以，利益协调型的劳动关系，强调双方在利益差别基础上的合作，主张通过规范双方的权利义务和双方的平等协商谈判来保障双方各自的合法权益并实现共同的利益。

三、劳动关系的内容

从法律上看，劳动关系的双方在人格上和法律地位上都是平等的，作为法律关系的主体，双方互相享有权利和义务，在双方利益关系的处理上，以双方对等协商为基本原则。这是基于劳动关系双方权利对等和地位平等的基础而建立的一种劳动关系。

劳动关系的内容从法律上讲就是指劳动关系的主体双方依法享有的权利和承担的义务。《劳动法》第三条规定，劳动者享有平等就业和选择职业的权利、取得劳动报酬的权利、休息休假的权利、获得劳动安全卫生保护的权利、接受职业技能培训的权利、享受社会保险和福利的权利、提请劳动争议处理的权利以及法律规定的其他劳动权利。劳动者应当完成劳动任务，提高职业技能，执行劳动安全卫生规程，遵守劳动纪律和职业道德。《劳动合同法》第三条规定，订立劳动合同，应当遵循合法、公平、平等自愿、协商一致、诚实信用的原则。依法订立的劳动合同具有约束力，用人单位与劳动者应当履行劳动合同约定的义务。

案例分析

伟劲鞋业"辞职门"

伟劲鞋业是广东清远的一家合资公司，该公司是以生产OEM的运动鞋为主，公司员工有近300人，其中主要是一线的生产工人。由于经常要赶制出口订单，一线的工人加班是常有的事情，但是公司一直没有向员工支付加班工资。就算是员工提出异议，公司也是很武断地表示，不愿意做的可以辞职。由于加班工资的问题始终没有得到解决，因此伟劲鞋业的劳资关系一直处于比较紧张的状态。

2018年2月，由于公司要赶制一批出口欧盟的运动鞋，要求所有员工必须加班，于是小李等15名员工联合向公司提出，可以加班但是必须向他们支付加班工资，否则他们将拒绝加班。伟劲鞋业没有理睬小李他们提出的要求，并在2018年2月17日对小李等15名员工做出辞退的决定。小李和他的同事们觉得很不公平，决定提起劳动仲裁。

案例分析：小李和他的同事在提起劳动仲裁时要注意哪些问题？

任务结语

通过本任务的学习，我们知道了劳动关系的基本定义，重点掌握了劳动关系的类型和内容。

任务2　连锁企业劳动争议及处理

情境导入

在劳动关系的发展中，劳动关系各方出现矛盾是不可避免的。正确处理劳动争议，是维护和谐的劳动关系，发挥人力资源潜力的重要方面。

劳动争议也称劳动纠纷，它是指劳动关系当事人之间因劳动的权利、义务发生分歧而引起的争议。广义上的劳动争议包括因执行劳动法或履行劳动合同、集体合同的规定而引起的争议和因制定或变更劳动条件而产生的争议；狭义的劳动争议仅指因执行劳动法或履行劳动合同、集体合同的规定而引起的争议。

连锁企业，其运营模式和组织结构与传统的单一店铺有所不同。因此，连锁企业的劳动争议也具有其独特性。那么，劳动争议在连锁企业中具体表现为什么呢？我们又该如何处理和解决这些争议呢？

任务描述

1. 了解劳动者的地位与权利；
2. 掌握工资的劳资协商和谈判模式；
3. 重点掌握劳动争议的范围、产生原因及劳动争议处理的原则、程序和步骤。

一、劳动者的地位与权利

（一）劳动者的地位

劳动者地位的确定，是以劳动者在劳动关系中作为独立的利益主体身份为前提的。所谓劳动者地位，是指在一定的社会经济条件下，处于一定的劳动关系之中并受其制约和决定的，以劳动者权益保障为主要内容的，劳动者自身利益的实现程度。劳动关系作为社会关系系统中最基本、最普遍的关系，就其本质而言，是以劳动者为利益主体的一方与以支配或使用劳动力为利益主体的另一方的全面的经济利益关系。劳动关系双方在现实的利益差异与矛盾中，既相互依存又相互制约，各自以实现和满足自身的利益要求为基本的利益取向，由此决定了双方的地位。从宏观的角度看，劳动者的地位包括以下几个方面。

1. 劳动者的社会地位

劳动者社会地位的状况是同其职业声望密切相关的，并受自身经济地位的制约，通过劳动者的社会声望得以体现。一般来讲，劳动者的经济地位决定其职业声望。

市场经济体制不断深入发展，必然使我国劳动关系呈现出多元化的分化态势，这会对劳动者的现实地位产生极为重要的影响。劳动关系的多元化，即不同类型的劳动关系，决定了劳动者地位在发展中的不平衡性。劳动关系市场化直接决定劳动关系双方的实际利益，使企业和劳动者都被赋予了以各自利益为基础的各项权利、义务和责任，成为真实的、相互独立的利益主体，形成新的利益格局。从劳动者角度看，其劳动权益及其保障问题是维护自身地位的实在内容。而劳动契约化，决定了市场经济深入发展中劳动关系的必然趋向。随着改革的不断深化、相关法律体系的形成，劳动者权益的保障和切身利益的维护，将通过有效的法律手段得到实现。

2. 劳动者的经济地位

劳动者的经济地位是指劳动者在劳动关系中的作用、影响以及所获得的经济利益。劳动者的劳动就业权、劳动报酬权以及社会保障权这三项权益的实现程度直接关系到劳动者经济地位的实现程度。

从总体上讲，劳动者是企业生产经营活动的主体，是企业财富和社会财富的创造者。任何一个企业单位，没有劳动者的劳动和参与，是不可能实现其组织目标的。同时，在中国，劳动者作为国家的主人，享有《中华人民共和国宪法》（以下简称《宪法》）和《劳动法》所规定的各项权利，理所当然地具有主人翁地位。

·但从微观方面上看，随着我国社会主义市场经济的不断深入和发展，劳动就业权对劳动者经济地位的影响，也越来越多地反映在企业用人制度的改革与劳动者就业及择业自主权益的矛盾上。很显然，劳动者的就业权益的实现与否，直接关系到劳动者最基本的经济利益。

3. 劳动者的政治地位

劳动者的政治地位是劳动者的政治利益关系的深刻反映。劳动者政治地位的实现主要是通过参加对国家和社会事务的管理，充分行使当家做主的民主权利得以体现的。一般判断劳动者政治地位的标准有两项：一是看劳动者实际拥有的政治权利及其行使的结果，二是看劳动者对实现自身政治利益的基本态度。人民当家做主，是中国特色社会主义民主政治的本质特点，是社会主义制度的内在属性。社会主义制度建立在生产资料公有制占主体地位的基础之上，广大劳动者成为国家的主人。因此，劳动者具有参与国家及社会事务管理的民主权利，通过人民代表大会及政治协商会议充分行使自己的政治权利。

（二）劳动者的权利

《劳动法》关于我国劳动者在劳动关系中的权利，做了明确和具体的规定。劳动者权利是指处于社会劳动关系中的劳动者在履行劳动义务的同时所享有的与劳动有关的权利。它是以劳动权益为基础和中心的社会权利，劳动者权利是劳动法律所规定的劳动者所享有的合法权益。在法治社会中，法律则是确认权利最经常、最广泛、最有效的工具。现代国家都以经济立法和劳动立法的形式对这些权利予以认可和保障。

1. 劳动者有取得劳动报酬的权利

取得劳动报酬是公民的一项重要权利。《宪法》明文规定的各尽所能、按劳分配的原则，是我国经济制度的重要组成部分。《宪法》还规定，实行男女同工同酬，国家在发展生产的基础上，提高劳动报酬和福利待遇。随着劳动制度的改革，劳动报酬成为劳动者与用人单位所签订的劳动合同的必备条款。劳动者付出劳动，依照合同及国家有关法律取得劳动报酬，是劳动者的权利。而及时足额地向劳动者支付工资，则是用人单位的义务。用人单位不履行义务，劳动者可以依法要求有关部门追究其责任。获取劳动报酬是劳动者持续地行使劳动权必不可少的坚实保证。

2. 劳动者有平等就业和选择职业的权利

（1）劳动者有选择职业的权利。

劳动者选择职业的权利是指劳动者根据自己的意愿选择适合自己能力、爱好的职业。劳动者拥有自由选择职业的权利，有利于劳动者充分发挥个人的特长，促进社会生产力的发展。传统的计划体制有一个弊病——一次分配定终身。一方面，是用人单位不能自主地选择自己所需要的劳动者；另一方面，劳动者也不能自主地选择职业和用人单位，造成社会生产力的浪费。随着社会主义市场经济的逐步形成，在劳动力市场上，劳动者作为就业主体，具有支配自身劳动力的权利，可根据自身素质、兴趣和爱好，以及市场信息，选择用人单位和工作岗位。选择职业的权利是劳动者劳动权利的体现，是社会进步的一个标志。

（2）劳动者有平等就业的权利。

劳动权也称劳动就业权，是指具有劳动能力的公民有获得职业的权利。劳动是人们生活的第一基本条件，是一切物质财富、精神财富的源泉。它是有劳动能力的公民获得参加社会劳动和切实保证按劳取酬的权利。公民的劳动就业权是公民享有的各项权利的基础，如果公民的劳动权不能实现，其他一切权利也就失去了基础和意义。

3. 劳动者有获得劳动安全卫生保护的权利

劳动安全卫生保护，是保护劳动者的生命安全和身体健康，是对享受劳动权利的主体切身利益最直接的保护，其中包括防止工伤事故和职业病。如果劳动保护工作欠缺，其后果不是某些权益的丧失，而是劳动者健康和生命直接受到伤害。目前，我国已制定了大量的关于劳动安全保护方面的法规，形成了安全技术法律制度、职业安全卫生行政管理制度，以及劳动保护监督制度。但有些用人单位，尤其是一些乡镇企业和三资企业出现了片面追求利润、降低劳动条件标准，以致发生恶性事故的现象。《劳动法》规定，用人单位必须建立、健全劳动安全卫生制度，严格执行国家安全卫生规程和标准，为劳动者提供符合国家规定的劳动安全卫生条件和必要的劳动防护用品，对从事特种作业的人员进行专门培训，防止劳动过程中发生事故，减少职业危害。

4. 劳动者享有休息休假的权利

《宪法》规定，劳动者有休息的权利，国家发展劳动者休息和休养的设施，规定职工的工作时间和休假制度。《劳动法》规定的休息时间包括工作间歇、公休日、法定节假日以及年休假、探亲假、婚丧假、生育假等。

休息、休假的法律规定既是实现劳动者休息权的重要保障，又是对劳动者进行劳动保护的一个方面。《劳动法》规定，用人单位不得任意延长劳动时间。

劳动者还可享受年休假。国家法定休假日、休息日不计入年休假的假期。

5. 劳动者有享受社会保险和福利的权利

疾病、年老等是每一个劳动者都不可避免的。社会保险是劳动力再生产的一种客观需要。我国的社会保险包括生育、养老、疾病、伤残、死亡、待业、供养直系亲属等保险。但我国社会保险还存在一些问题，如社会保险基金制度不健全，保险基金筹集渠道单一，国家负担过重，企业负担过重，社会保险的实施范围不广泛，发展不平衡，社会化程度低，影响劳动力的合理流动等。

随着生产力水平的提高、社会财富的增加，劳动者有享受越来越完善的职工福利和社会福利的权利。这种权利也必须受到法律保护。

6. 劳动者有接受职业技能培训的权利

《宪法》规定，公民有受教育的权利和义务。受教育既包括受普通教育，也包括受职业教育。公民要实现自己的劳动权，必须拥有一定的职业技能，而要获得这些职业技能，越来越依赖于专门的职业培训。因此，劳动者若没有职业培训权利，劳动就业权利就成为一句空话。

7. 劳动者有提请劳动争议处理的权利

劳动争议指劳动关系当事人因执行《劳动法》《劳动合同法》或履行集体合同和劳动合同的规定引起的争议。劳动关系当事人，作为劳动关系的主体，各自存在着不同的利益，双方不可避免地会产生分歧。用人单位与劳动者发生劳动争议，劳动者可以依法申请调解、仲裁，提起诉讼。劳动争议调解委员会由用人单位、工会和职工代表组成。劳动仲裁委员会由劳动行政部门的代表、同级工会、用人单位代表组成。解决劳动争议应贯彻合法、公正、及时处理的原则。

除上述各项劳动权利外，劳动者还享有法律规定的其他权利，如参与企业民主管理的权利、妇女和未成年人劳动者要求特殊保护的权利等。

知识广角9-2

连锁企业劳动争议及处理

一、劳动争议定义与类型

劳动争议是指劳动关系双方当事人因实现劳动权利、履行劳动义务而发生的纠纷。根据《中华人民共和国劳动争议调解仲裁法》的规定，劳动争议包括以下类型。

（1）因确认劳动关系发生的争议。

（2）因订立、履行、变更、解除和终止劳动合同发生的争议。

（3）因除名、辞退和辞职、离职发生的争议。

（4）因工作时间、休息休假、社会保险、福利、培训以及劳动保护发生的争议。

（5）因劳动报酬、工伤医疗费、经济补偿或者赔偿金等发生的争议。

（6）法律法规规定的其他劳动争议。

二、劳动争议产生的原因

劳动争议产生的原因多种多样，主要包括以下方面。

（1）劳动合同内容不清晰或不合法，导致双方理解不一致。

（2）员工对企业管理规则和规章制度的不认同。

（3）员工对薪酬待遇、福利等待遇的不满意。

（4）劳动安全卫生条件不足，导致工伤等事故的发生。

（5）企业内部管理不规范，如加班加点、休息休假等安排不合理。

（6）员工工作压力过大，导致心理问题等。

三、劳动争议处理原则

在处理劳动争议时，应遵循以下原则。

（1）双方自愿原则。

（2）及时处理原则。

（3）公正公平原则。

（4）合规合法原则。

四、劳动争议处理程序

劳动争议处理程序包括以下步骤。

（1）双方协商：发生劳动争议后，双方应首先进行协商，寻求自行解决争议的方法。

（2）调解：如协商不成，可向企业内部的调解委员会申请调解，由调解委员会依据法律法规和公司规定进行调解。

（3）仲裁：如调解仍无法解决争议，任何一方均可向劳动争议仲裁委员会申请仲裁。仲裁委员会根据法律法规和公平公正原则进行仲裁。

（4）诉讼：如仲裁结果不满意，任何一方均可向人民法院提起诉讼，由人民法院依据法律法规进行审判。

五、劳动争议调解与仲裁

劳动争议调解是指在企业内部调解委员会的主持下，双方当事人自愿协商解决争议的一种方式。调解委员会由企业代表、职工代表和工会代表组成，遵循平等协商、互谅互让、协商一致的原则。在调解过程中，双方应遵守调解协议，不得采取过激行为或威胁手段。如调解成功，双方应签订调解协议书，并报送当地劳动行政部门备案。如调解不成或达成协议后不履行的，任何一方均可向劳动争议仲裁委员会申请仲裁。

劳动争议仲裁是指劳动争议仲裁委员会对双方当事人之间的争议进行裁决的一种方式。仲裁委员会依法设立，独立于行政机关，不受行政机关干涉。在仲裁过程中，双方当事人享有平等的诉讼权利和义务，可以委托律师或法律顾问进行辩护和陈述意见。仲裁委员会依据法律法规和公平公正原则进行裁决，其裁决具有法律效力，双方必须履行。如一方不履行裁决，另一方可以向人民法院申请强制执行。

二、劳资协商与谈判

劳资协商与谈判制度是市场经济国家处理企业劳动争议的一种重要制度。劳资协商和谈判的主要内容是工资标准、劳动条件、解雇人数，还有其他有关职工权益的问题。劳资双方的代表，一方是工会，另一方是雇主。仅就工资的劳资协商和谈判而言，有以下三种基本模式。

1. 企业微观层次上的劳资双方谈判

实施这种模式的国家有英国、加拿大、美国、法国、意大利、新西兰、澳大利亚、日本等。

以美国为例，企业的工资标准由企业的劳资双方代表谈判，签订集体合同加以确定，合同的有效期一般为两年，详细规定两年期间工资分阶段的增长数额，以及有关福利待遇的标准。联邦政府除通过法律规定最低工资和加班工资标准外，对企业的具体工资事务一般不加干预。

随着中国劳动力市场的逐步建立和完善，也应逐步建立和完善劳动协商谈判制度，以确保企业和职工双方的权益均受到尊重，使所有的企业经营者同所有的职工群众之间，形成一种正常的、民主的、新型的工资分配协调机制，从而使企业内部分配关系达到协调发展，以利于调动、发挥、保护职工群众的劳动积极性。当务之急是在三资企业和一部分乡镇企业中，纠正那些侵犯劳动者合法权益的情况。

在当前中国的社会环境下，可以考虑以企业内部劳动协商谈判为主。谈判一方是工会，另一方是企业经营者，双方各选派 3~6 名代表，名额对等。劳动协商谈判会议是双方进行磋商的主要形式，每年或每半年召开一次，会议主席由双方轮流担任。协商谈判的内容主要有以下两点。

（1）职工工资、福利的增长幅度。

（2）工资结构：如基本工资、奖金、补贴结构，工资的年龄结构，工资的岗位结构等。

双方达成的协议主要由企业行政负责履行，工会（或职代会）监督企业行政履约。

2. 国家宏观层次上的劳资双方谈判

实施这种模式的国家有新加坡、奥地利、挪威、瑞典等。

以新加坡为例，它成立了由政府、劳方和资方三方面代表（各占1/3）组成的全国工资理事会，通过一年一度的谈判，制定全国性的工资制度。谈判时，劳资双方根据上一年国内经济发展状况，通货膨胀因素，劳资双方的要求，就业、生产、消费情况以及国际收支平衡和国际经济环境，分别提出本年度加薪的指导原则以及有关建议。在谈判中，政府代表的作用是听取劳资双方的意见并做协调工作，同时提出政府的看法。全国工资理事会的指导原则要上报政府总理，经政府批准后，以政府公报形式公布，有效期为本年7月1日至下一年6月30日。全国工资理事会的指导原则没有法律效力，也不属于行政命令，但因其权威性，被公、私营企业的雇主和雇员在谈判中普遍接受。

3. 产业中观层次上的劳资双方谈判

实施这种模式的国家有德国、荷兰、瑞士等。

以德国为例，它实行企业工资自治，政府对工资不直接干预，劳资谈判以中观产业一级为主。德国工会覆盖面很广，全国90%以上的职工都是工会会员。工会分三层组织——基层是企业工会，中层是产业工会（全国共有16个产业工会），全国性工会组织是德国工会联合会（简称DB）。与工会相对应的雇主组织也分三层：企业是董事会，中层是产业雇主联合会，全国性的雇主组织是德国雇主联合会（简称BDA）。德国的劳资谈判大多每年进行一次，谈判分别在国家、产业和企业三级进行，而以产业这一级为主。国家级谈判达成的协议是产业和企业劳资谈判的基础和前提。劳资谈判的主要内容有两项。

（1）报酬问题。

劳资谈判的报酬问题包括职员和工人的工资等级、工资标准、每年工资随物价增长的百分比和最低工资标准等，达成劳动工资协议，一般一年签订一次。

（2）劳动条件及待遇问题。

劳动条件及待遇问题一般三年签订一次。

在我国，随着社会主义市场经济的发展，企业内部劳动协商谈判所要解决的劳动关系问题也应逐步扩大范围，如用工与辞退、工作时间及休假、补充保险与职工福利、劳动保护等，都应纳入协商谈判的议程。协商谈判也可扩展到中观层次（行业、产业和地区一级），就劳动条件、报酬标准、工资增长进行协商。

三、劳动争议及处理

（一）劳动争议的范围

随着我国社会主义市场经济体制的建立与完善，企业中劳动关系发生的变化和随之产生的问题越来越突出。在企业内部，员工与企业因劳动问题发生争议的现象逐渐增加。争议的内容广泛、争议焦点难以集中和争议处理难度增大是其显著的特点。

2008年5月1日起实施的《中华人民共和国劳动争议调解仲裁法》（以下简称《仲裁法》）第二条规定了我国劳动争议的范围。

（1）因确认劳动关系发生的争议。

（2）因订立、履行、变更、解除和终止劳动合同发生的争议。

（3）因除名、辞退和辞职、离职发生的争议。

（4）因工作时间、休息休假、社会保险、福利、培训以及劳动保护发生的争议。

（5）因劳动报酬、工伤医疗费、经济补偿或者赔偿金等发生的争议。

（6）法律、法规规定的其他劳动争议。

（二）劳动争议产生的原因

通常，上述各种劳动争议的产生大致可归结为以下几种原因。

（1）无契约、法规，因而当事人各自从自己的利益出发，引起纠纷。

（2）有契约、法规，但过于笼统，不能具体界定双方责任、义务、权利，或已不适应新的形势。

（3）契约、法规不合理，使一方不能接受或双方均不能接受，或无法执行。

（4）对契约、法规理解不同，引起争执。

（5）不承认契约、法规的约束，一方提出无理要求。

（6）有关管理机构工作失误造成纠纷。

（三）解决劳动争议的基本原则

根据《劳动法》的规定，劳动争议处理应当遵循以下原则。

1. 公正原则

公正原则即当事人在适用法律上一律平等的原则。这一原则包含两层含义：一是劳动争议双方当事人在处理劳动争议过程中法律地位平等，平等地享有权利和履行义务，任何一方都不得把自己的意志强加于另一方；二是劳动争议调解人员、仲裁人员、审判人员在处理劳动争议时必须以事实为依据，以法律为准绳，公正执法，保障和便利双方当事人行使权利，对当事人在适用法律上一律平等，不得偏袒或歧视任何一方。

2. 合法原则

合法原则即在查清事实的基础上，依法进行处理。劳动争议处理机构应当对争议的起因、发展和现状进行深入细致的调查，在查清事实、明辨是非的基础上，依据劳动法规、规章和政策做出公正处理。达成的调解协议、做出的裁决和判决，不得违反国家现行法律和政策规定，不得损害国家利益、社会公共利益或他人合法权益。

3. 着重调解、及时处理的原则

调解是指在双方当事人自愿的前提下，由劳动争议处理机构在双方之间进行协调和疏通，目的在于促使争议双方相互谅解、达成协议，从而结束争议的活动。劳动争议发生之后，当事人可以先向本单位劳动争议调解委员会依法申请调解。调解委员会也应积极主动地进行调解，努力促成双方达成调解协议。当调解确实无效时，才由劳动争议仲裁机构和人民法院加以解决。劳动争议仲裁委员会处理劳动争议时，也必须先进行调解，调解不成的，方能进行仲裁裁决。人民法院受理劳动争议案件时，在不同审判阶段都应先进行调解，尽量争取双方协商解决争议，调解不成，才进行判决。

处理劳动争议，还应遵循及时处理的原则，防止久调不决。劳动争议案件具有特殊性，它关系到职工的就业、报酬、劳动条件等切身利益问题，如不及时迅速地予以处理，势必影响职工的生活和生产秩序的稳定，而且容易激化矛盾。所以《中华人民共和国劳动争议调

解仲裁法》规定，自劳动争议调解组织收到调解申请之日起15日内未达成调解协议的，当事人可以依法申请仲裁。劳动争议申请仲裁的时效期为1年，仲裁时效期间从当事人知道或者应当知道其权利被侵害之日起计算。劳动争议仲裁委员会收到仲裁申请之日起5日内做出是否受理决定；劳动争议仲裁委员会受理仲裁申请后，应当在5日内将仲裁申请书副本送达被申请人；被申请人收到仲裁申请书副本后，应当在10日内向劳动争议仲裁委员会提交答辩书；劳动争议仲裁委员会收到答辩书后，应当在5日内将答辩书副本送达申请人；劳动争议仲裁委员会应当在受理仲裁申请之日起5日内将仲裁庭的组成情况书面通知当事人；仲裁庭应当在开庭5日前，将开庭日期、地点书面通知双方当事人；当事人有正当理由的，可以在开庭3日前请求延期开庭；等等。这些规定都是为保证争议及时处理，尽快化解矛盾。

（四）劳动争议处理的程序和步骤

目前，我国劳动争议处理所依据的法规和行政规章是1995年1月1日起施行的《劳动法》、2008年5月1日起施行的《中华人民共和国劳动争议调解仲裁法》（以下简称《仲裁法》）、中华人民共和国人力资源和社会保障部2008年12月17日颁布施行的《劳动人事争议仲裁办案规则》（以下简称《办案规则》）等。

按照《劳动法》第七十九条的规定，用人单位与劳动者发生劳动争议后，当事人可以向劳动争议调解委员会申请调解；调解不成，当事人一方要求仲裁的，可以向劳动争议仲裁委员会申请仲裁。当事人一方也可以直接向劳动争议仲裁委员会申请仲裁。对仲裁裁决不服的，可以向人民法院提起诉讼。

1. 劳动争议的调解

调解是由第三者居间调和，通过疏导、说服，促使当事人互谅互让，从而解决纠纷的方法。《劳动法》规定，在用人单位内，可以设立劳动争议调解委员会负责调解本单位的劳动争议。调解委员会委员由单位代表、职工代表和工会代表组成。调解委员会委员具有相当的法律知识、政策水平和实际工作能力，同时了解本单位具体情况，有利于纠纷的解决。按照我国劳动争议处理的法律规定，劳动争议仲裁机构和人民法院在处理劳动争议的过程中，首先由用人单位设立的劳动争议调解委员会对争议进行调解。但是，这种调解仅仅是属于处理程序中的一个步骤，而非一种劳动争议的处理制度。

调解委员会作为调解机构具有以下特点。

（1）进行说服教育和劝导协商。

调解的方法是说服教育和劝导协商。调解是以说服教育的方式进行的，使当事人从内心接受调解意见，从而缓解矛盾，解决纠纷。

（2）由第三者主持，但无公断权。

调解是在第三者的参与下进行的，第三者是调解的组织者和主持人。没有第三者，争议双方达成的谅解和协议不能认为是调解。但调解人不具有公断权，调解人不能将自己的意愿强加于争议的当事人。因此，调解协议只是当事人双方的意愿。

（3）当事人双方自愿。

调解是在双方当事人自愿申请的基础上进行的，调解协议也是双方当事人互谅互让、自愿协商的结果，调解协商又是在当事人自觉的基础上执行的。因此，调解活动自始至终以当事人的意愿为准。

（4）查明真相，相互谅解。

调解是在分清是非的基础上相互谅解，而不是无原则的"调和"。调解人首先需要查明纠纷的事实真相，分清当事人的是非曲直。在这个基础上促使当事人相互谅解，达成调解协议。

通常，一旦劳动关系双方发生争议，要求调解委员会给予调解时，就要依据相关法律法规的规定，按下列程序进行调解。

①申请调解。

劳动争议调解的申请是指劳动争议当事人以口头或书面的方式向劳动争议调解委员会提出调解申请，这种调解申请是自愿的。劳动争议发生后，如果当事人通过协商不能解决或者不愿意协商解决，可以申请调解。

由于调解的基本原则是双方自愿的，因此，调解委员会在收到调解申请后，应当征询申请对方当事人的意见。一方当事人不同意调解的，应当做好记录，并书面通知申请人。

②案件受理。

争议受理是指调解委员会在接到调解申请后，受理审查，接受申请的过程。调解委员会在收到调解申请后，对属于劳动争议受理范围且双方当事人同意调解的，应当在 3 个工作日内受理。调解委员会在受理审查时要审查的主要内容包括以下几点。

第一，申请调解的事由是否属于劳动争议。

发生争议的双方当事人是否一方是劳动者，一方是用人单位行政部门；争议的事项是否与劳动问题有关，即是否属于解除劳动关系、工资、保险、福利、培训、劳动保护、劳动合同的争议。申请调解的劳动争议是否符合劳动争议调解委员会受理劳动争议案件的范围。

第二，调解申请人是否合格。

调解申请人必须是与该劳动争议有直接利害关系的人，即与争议的标的（有关劳动的权利义务）有直接的关系。

第三，申请对方是否明确。

在提出的请求中是否指明了权利侵害人（被告）。申请对方是劳动争议调解活动中不可缺少的当事人。只有在申请对方明确的情况下，争议的事实方能查清，申请人的请求才能有人承受，调解活动才能开展。

第四，调解请求和事实根据是否明确。

申请人在申请中必须提出明确的调解请求，即要求调解委员会通过其调解工作使申请对方同意完成某种义务。调解请求应当详细、具体，在请求明确的同时，还应审查申请人是否提供了与请求相联系的事实依据。通常这些事实根据应包括争议发生的时间、地点、周围的环境、争议的经过、调解请求所依据的有关法律文书（如劳动合同、规章制度等）。

③进行调查。

在案件受理以后，调解委员会的首要任务是做好调查工作，了解争议的原因，掌握有关证据和详细材料，为今后的案件分析和调解的顺利进行打下基础；调查争议所涉及的其他有关人员、单位和部门及他们对争议的态度和看法；查看和翻阅有关劳动法规以及争议双方签订的劳动合同或集体合同；等等。

④实施调解。

在事实清楚的基础上，依法律、政策、劳动合同以及其他法律文书确定当事人的责任，对当事人进行宣传、教育，促进当事人互相谅解，达成协议。《仲裁法》第十四条规定："自劳动协议调解组织收到调解申请之日起15日内未达成调解协议的，当事人可以依法申请仲裁。"

⑤调解协议的执行。

调解协议由调解协议书具体体现。经调解委员会调解达成的调解协议，争议双方当事人都应自觉履行。但是，有时会出现当事人一方或双方反悔而不能自觉地履行协议的情况。引起当事人反悔的原因可能有多种：或者是主观原因，如当事人认为协议的有关内容不利于己方，受到来自他人的消极影响；或者是客观原因，如实际履行有较多的困难。对于当事人来说，在执行调解协议时反悔是允许的。因为调解委员会的调解协议与仲裁委员会及人民法院的调解意见书不同，不具备法律效力，当事人可以执行，也可以不执行。因此，不管当事人的反悔是何种原因引起的，调解委员会只能劝解、说服当事人继续履行协议，无权强制当事人履行协议或限制当事人向劳动争议仲裁委员会申请仲裁。

《仲裁法》第十六条规定："因支付拖欠劳动报酬、工伤医疗费、经济补偿或者赔偿金事项达成调解协议，用人单位在协议约定期限内不履行的，劳动者可以持调解协议书依法向人民法院申请支付令。人民法院应当依法发出支付令。"

为了使调解最终依法达到满意效果，调解委员会在调解时还应遵守以下几条原则。

一是当事人自愿申请，依据事实及时调解。

二是当事人在适用法律上一律平等。

三是同当事人民主协商。

四是尊重当事人申请仲裁和诉讼的权利。

2. 劳动争议的仲裁

仲裁又称"公断"，是指发生争议的双方当事人自愿把争议提交第三者审理，由其做出判断或者裁决，从而使争议得到处理的一种方式。仲裁程序既具有劳动争议调解灵活、快捷的特点，又具有强制执行的效力，是解决劳动纠纷的重要手段。

按照劳动争议处理程序，如果当事人直接要求以及调解委员会调解不成功时，当事人可以向劳动争议仲裁委员会申请仲裁。在我国，劳动争议仲裁委员会一般设在各级政府劳动部门。

（1）劳动争议仲裁的基本原则。

劳动争议仲裁作为第三者的劳动争议仲裁机关，要根据劳动争议当事人的申请，依照法定的程序，按照劳动法律法规，对劳动争议做出裁决。为了得到公正的处理，仲裁机构应遵循以下原则。

一是先行调解。

我国劳动争议引起的矛盾性质大多属于人民内部矛盾，这就决定了大量的劳动争议可以通过调解的方式得到解决。同时，为了维持劳动者与用人单位之间长期和谐的劳动关系，也应尽可能地通过调解的方式，使争议得以解决。因此，在仲裁活动中，仲裁机关首先应充当调解人，使劳动争议尽可能地通过仲裁机关的调解得到处理。

二是以争议事实为依据，以劳动法律政策为准绳。

以争议事实为依据，就是要求劳动争议仲裁机关在处理争议案件时，必须首先取得与本争议案有关的一切证据材料，全面、客观地了解案件发生的原因、过程、后果，在此基础上分清是非，明确当事人的责任。以劳动法律为准绳，就是要求仲裁机关根据国家的法律法规，对劳动争议做出裁决，在没有相应的劳动法律的时候，要以现行的劳动政策作为裁决的依据。在仲裁活动中，任何个人和组织均无权对仲裁机关的活动与裁决加以干扰。

三是及时仲裁。

仲裁机关对所受理的劳动争议案件，不应久拖不决，而应尽可能地通过调解或者裁决的方式依法及时处理，尤其是对当事人不愿调解或调解不成的案件，仲裁机关应及时做出裁决。这一原则能否得以实现，关系到当事人双方的合法权益能否得到保证，企业正常的生产秩序能否得以维持。

四是当事人在适用法律上一律平等。

在仲裁中，争议当事人双方适用法律上一律平等的原则表现在两个方面。

第一，劳动争议的双方当事人，申请仲裁的权利是平等的。无论当事人是劳动者个人还是用人单位，发生争议后，或者争议在单位内部调解不成时，均有权申请仲裁，只要当事人的申诉符合仲裁受理的条件，仲裁委员会应当受理。因此，仲裁委员会必须为双方当事人提供平等的申诉机会和条件。

第二，在仲裁活动中，劳动争议的双方当事人的举证义务平等、行使辩论条件平等、接受和拒绝调解意见平等、履行调解协议平等、执行仲裁裁决平等。

劳动争议仲裁机关是按照有关劳动争议处理的法律规定而设立的，采用调解仲裁方式处理劳动争议的机关。根据《仲裁法》的相关规定，劳动争议仲裁机关是各县、市、市辖区设立的劳动争议仲裁委员会。《劳动法》第八十一条规定："劳动争议仲裁委员会由劳动行政代表、同级工会代表、用人单位方面的代表组成。劳动争议仲裁委员会主任由劳动行政部门代表担任。"仲裁委员会的代表由三方组织选派，委员的确认或更换须报同级人民政府批准。

参加劳动争议仲裁的人有严格的法律规定，包括以下三种人。

首先，是当事人。劳动争议当事人是指在劳动争议发生之后，能够以自己的名义向仲裁机关提起仲裁程序，并受仲裁机关裁决约束的利害关系人。在仲裁活动中，当事人被称为申诉人和被诉人。

其次，是第三人。第三人是指对当事人所争议的标的，主张全部或一部分独立请求权，或者虽不主张独立请求权，但是因为案件的处理结果同他有法律上的利害关系，而参加到他人已经进行的仲裁活动中去的人。

再次，是代理人。劳动争议仲裁活动代理人是指能以被代理人的名义，在代理权限内代理当事人进行各种仲裁活动行为的人。

在劳动争议仲裁活动中，代理人可以分为法定代理人、指定代理人和委托代理人。法定代理人是根据法律规定行使代理权的人。指定代理人是在没有法定代理人的情况下，由仲裁委员会指定其为代理人参加仲裁活动的人。委托代理人是在仲裁活动中，受当事人、指定代理人的委托，在授权范围内代为进行仲裁活动的人。

（2）仲裁制度的特点。

首先，当事人自愿提出仲裁请求。仲裁是在当事人发生争议之后，由当事人按照争议之前的约定或者争议之后的协议，自愿地向仲裁人提出仲裁请求。

其次，仲裁人从事第三者的行为。仲裁人在仲裁活动中不介入任何一方，立足于第三者的地位。这一特点决定了仲裁人的公正性。在仲裁活动中，仲裁人必须始终站在第三者的立场上，从维护双方当事人的合法权益出发，做出公正的裁决。

再次，仲裁人对争议有公断权。这是仲裁的基本特点，也是仲裁与调解的主要区别。仲裁人在受理了争议之后，要对争议的事实进行调查，对双方的责任加以议定；在此基础上，仲裁人要对争议的处理做出裁决，争议的当事人也要执行仲裁人的裁决。

最后，仲裁活动具有较强的专业性。这一特点决定了争议要由专门的仲裁机构或者仲裁人处理，仲裁人通常要具有处理争议的专业知识，在处理争议中要适用专门的法规或者惯例。

（3）劳动争议仲裁的程序。

第一步是进行仲裁申请和受理。

发生劳动争议的当事人应当自劳动争议发生之日起1年内向仲裁委员会申请仲裁，并提交书面申诉书。仲裁委员会应当自收到申请书之日起5日内做出受理或不受理的决定。

第二步是调查取证。

在受理申诉人的仲裁申请后，仲裁委员会就需要进行有针对性的调查取证工作，其中包括拟订调查提纲，根据调查提纲进行有针对性的调查取证，核实调查结果和有关证据等。调查取证的主要目的是收集有关证据和材料，查明争议事实，为下一步的调解或仲裁做好准备工作。

第三步是进行调解。

仲裁庭在查明事实的基础上要先进行调解工作，努力促使双方当事人自愿达成协议。协议以"调解书"形式体现，具有法律效力。

第四步是实施裁决。

经仲裁庭调解无效或仲裁调解书送达之前当事人反悔，调解失败，这时仲裁庭应及时实施裁决；仲裁庭裁决劳动争议案件，应当在劳动争议仲裁委员会受理仲裁申请之日起45日内结束。已调解或裁决的执行，仲裁调解书自送达当事人之日起生效，仲裁裁决书送达15日内当事人不起诉的即发生法律效力。生效的上述法律文书等同人民法院的法律文书，责任人逾期不履行生效法律文书的，另一方当事人可申请强制执行。仲裁文书的执行权由人民法院行使。人民法院对确有错误的裁决可不予执行，并将裁定书送达当事人和仲裁机关。裁决不予执行的，视同未曾仲裁，当事人可重新申请仲裁。

第五步是进行部分劳动争议的终局仲裁。

过去的劳动争议处理机制主要问题之一是劳动争议处理周期长、效率低、劳动者维权成本高。许多劳动者往往因拖不起时间、打不起官司，而使合法权益难以得到有效维护。为了使劳动争议仲裁实现便捷高效，《仲裁法》第四十七条赋予了劳动者争议"一裁终局"的权利。"一裁终局"能让大量的劳动争议案件在仲裁阶段就得到解决，不用再拖延到诉讼阶段，能够有效地缩短劳动争议案件的处理时间，提高劳动争议仲裁效率，保护当事人双方的合法权益。《仲裁法》第四十七条规定："下列劳动争议，除本法另有规定的外，仲裁裁决为终局裁决，裁决书自做出之日起发生法律效力：（一）追索劳动报酬、工伤医疗费、经济补偿或者赔偿金，不超过当地月最低工资标准 12 个月金额的争议；（二）因执行国家的劳动标准在工作时间、休息休假、社会保险等方面发生的争议。"

（4）仲裁费用。

《仲裁法》第五十三条规定："劳动争议仲裁不收费。劳动争议仲裁委员会的经费由财政予以保障。"这也是《仲裁法》中的一大亮点，对于鼓励劳动者积极通过法律程序维护自己的合法权益具有十分显著的效果。

3. 劳动争议的诉讼

劳动争议的法律诉讼又叫劳动争议的法律审判，是指法院依照法律程序，以有关劳动法规为依据，以争议案件的事实为准绳，对企业劳动争议案件进行审理的活动。诉讼程序是由不服劳动争议仲裁委员会裁决的一方当事人向人民法院提起诉讼后启动的程序。诉讼程序具有较强的法律性、程序性，做出的判决也具有强制执行力。

（1）人民法院受理劳动争议案件的范围。

一是劳动者与用人单位在履行劳动合同过程中发生的争议。

二是劳动者与用人单位之间没有订立书面劳动合同，但已形成劳动关系后发生的争议。

三是因未执行国家有关工资、保险、福利、培训和劳动保护的规定发生的争议。

（2）人民法院受理劳动争议案件的条件。

一是劳动关系当事人间的劳动争议，必须先经过劳动争议仲裁委员会仲裁。当事人一方或者双方向人民法院提出诉讼时，必须持有劳动争议仲裁委员会仲裁裁决书。

二是必须在接到仲裁裁决书之日起 15 日内向人民法院起诉，超过 15 日，人民法院不予受理。

三是受理的案件属于受诉人民法院管辖。

（3）劳动争议的诉讼程序。

第一步是起诉受理。

起诉是指争议当事人向法院提出诉讼请求，要求法院行使审判权，依法保护自己的合法权益。受理是指法院接收争议案件并同意审理。

第二步是调查取证。

法院的调查取证除了对原告提供的有关材料、证据或仲裁机构掌握的情况、证据等情况进行核实外，自己还要对争议的有关情况、事实进行重点调查，包括查明争议的时间、地点、原因、后果、焦点问题以及双方的责任和态度等。

第三步是进行调解。

法院在审理劳动争议案件时，也要先行调解。法院的调解要在双方当事人自愿的基础上，法院不得强迫调解。

第四步是开庭审理。

开庭审理是在法院调解失败的情况下进行的，这一阶段主要进行下列活动：法庭调查、法庭辩论、法庭判决等。

第五步是判决执行。

法庭判决书送达当事人以后，当事人在规定时间内不向上一级法院上诉的，判决书即行生效，双方当事人必须执行。当事人不服一审判决的有权向上一级法院上诉。

任务结语

通过本任务的学习，我们了解了劳动者的地位与权利，掌握了工资的劳资协商和谈判模式，重点掌握了劳动争议的范围、产生原因及劳动争议处理的原则、程序和步骤。

任务 3　连锁企业劳动合同与劳动法

情境导入

连锁企业劳动合同是指劳动者同连锁类企业之间订立的明确双方权利义务的协议。劳动合同是确立劳动关系的法律文书，也是劳动者与用人单位之间形成劳动关系的基本形式。劳动合同的双方当事人依法签订劳动合同是促进劳动关系良好运行以及预防、妥善处理劳动争议的前提条件，而且劳动合同应以书面形式订立。

随着经济的发展和社会的进步，连锁企业在中国市场逐渐壮大，成为人们就业和消费的重要选择之一。连锁企业的快速发展带来了人力资源管理的诸多挑战，其中劳动合同与劳动法的应用和管理是至关重要的一环。本任务旨在帮助学生了解劳动合同订立应遵循的原则，掌握连锁企业劳动合同的内容、合同解除和终止的条件，了解无效劳动合同的认定及报酬支付。

任务描述

1. 了解劳动合同订立应遵循的原则；
2. 掌握劳动合同的内容、合同解除和终止的条件；
3. 了解无效劳动合同的认定及报酬支付等。

一、劳动合同订立应遵循的原则

劳动合同订立的原则，是指用人单位与劳动者在订立劳动合同的整个过程中必须遵循的基本法律准则。《劳动合同法》规定的劳动合同订立原则主要有以下五点：①合法原则；②公平原则；③平等自愿的原则；④协商一致的原则；⑤诚实信用的原则。

二、劳动合同的内容

建立劳动关系，应当订立书面劳动合同。《劳动合同法》由中华人民共和国第十次全国人民代表大会常务委员会第二十八次会议于 2007 年 6 月 29 日通过，自 2008 年 1 月 1 日起施行。《劳动合同法》的立法宗旨是完善劳动合同制度，明确劳动合同双方当事人的权利和义务，保护劳动者的合法权益，构建和发展和谐稳定的劳动关系。《劳动合同法》规定用人单位自用工之日起即与劳动者建立劳动关系。

在劳动合同中需要明确规定当事人双方权利义务及合同必须明确的其他问题，这就是劳动合同的内容。劳动合同的内容主要包括以下三个方面。

1. 劳动合同客体

劳动合同客体即劳动合同的标的所谓"标的"，是指订立劳动合同双方当事人的权利义务指向的对象，它是当事人订立劳动合同的直接体现，也是产生当事人权利义务的直接依据。

2. 劳动关系主体

劳动关系主体即订立劳动合同的双方当事人。

3. 劳动合同的权利义务

劳动合同的权利义务即劳动合同当事人享有的劳动权利和承担的劳动义务。

劳动合同的内容可以分为法定条款和约定条款两部分。法定条款是指由法律、法规直接规定的劳动合同必须具备的内容；约定条款是指不由法律、法规直接规定，而是由双方当事人自愿协商确定的内容。

《劳动合同法》第十七条规定："劳动合同应当具备以下条款：（一）用人单位的名称、住所和法定代表人或者主要负责人；（二）劳动者的姓名、住址和居民身份证或者其他有效身份证件号码；（三）劳动合同期限；（四）工作内容和工作地点；（五）工作时间和休息休假；（六）劳动报酬；（七）社会保险；（八）劳动保护、劳动条件和职业危害防护；（九）法律、法规规定应当纳入劳动合同的其他事项。"

除了上述几项必备条款之外，《劳动合同法》还规定双方可以协商约定其他内容，即劳动合同的约定条款，协商约定试用期、培训、保守秘密、补充保险和福利待遇等其他事项。

三、试用期的规定

试用期是指用人单位对新招收员工的思想品德、劳动态度、实际工作能力、身体情况等进行进一步考察的时间期限。《劳动合同法》第十九条规定"劳动合同期限三个月以上不满一年的，试用期不得超过一个月；劳动合同期限一年以上不满三年的，试用期不得超过二个月；三年以上固定期限和无固定期限的劳动合同，试用期不得超过六个月。同一用人单位与同一劳动者只能约定一次试用期。以完成一定工作任务为期限的劳动合同或者劳动合同期限不满三个月的，不得约定试用期。试用期包含在劳动合同期限内。劳动合同仅约定试用期的，试用期不成立，该期限为劳动合同期限。"

《劳动合同法》规定，劳动合同可以约定试用期，但最长不得超过六个月。在劳动合同中约定试用期，一方面，可以维护用人单位的利益，为每个工作岗位找到合适的劳动者，试用期制度就是供用人单位考察劳动者是否适合其工作岗位的一项制度，给企业考察劳动者是否与录用要求相一致的时间，避免用人单位遭受不必要的损失；另一方面，可以维护新招收员工的利益，使被录用的员工有时间考察了解用人单位的工作内容、劳动条件、劳动报酬等是否符合劳动合同的规定。

《劳动合同法》第二十条规定："劳动者在试用期的工资不得低于本单位同岗位最低档工资或者劳动合同约定工资的百分之八十，并不得低于用人单位所在地的最低工资标准。"

四、无效劳动合同的认定及报酬支付

无效劳动合同是指由当事人签订成立而国家不予承认其法律效力的劳动合同。一般合同一旦依法成立，就具有法律约束力，但是无效合同即使成立，也不具有法律约束力，不发生履行效力。《劳动合同法》第二十六条规定："下列劳动合同无效或者部分无效：（一）以欺诈、胁迫的手段或乘人之危，使对方在违背真实意思的情况下订立或者变更劳动合同的；（二）用人单位免除自己的法定责任、排除劳动者权利的；（三）违反法律、行政法规强制性规定的。对劳动合同的无效或者部分无效有争议的，由劳动争议仲裁机构或者人民法院确认。"

《劳动合同法》相关条款规定，劳动合同被确认无效，劳动者已付出劳动的，用人单位应当向劳动者支付劳动报酬。劳动报酬的数额，按照同工同酬的原则确定。

五、劳动合同期限的确定

劳动合同期限是指合同的有效时间，它一般始于合同的生效之日，终于合同的终止之时。任何劳动过程，都是在一定的时间和空间中进行的。在现代化社会中，劳动时间被认为是衡量劳动效率和成果的一把尺子。劳动合同期限由用人单位和劳动者协商确定，是劳动合同的一项重要内容，有着十分重要的作用。

法律明确规定劳动合同中有关期限的问题分为三种：①有固定期限的劳动合同；②无固定期限的劳动合同；③以完成一定工作为期限的劳动合同。

固定期限劳动合同是指用人单位与劳动者约定合同终止时间的劳动合同。无固定期限劳动合同是指用人单位与劳动者约定无确定终止时间的劳动合同。以完成一定工作任务为期限的劳动合同，是指用人单位与劳动者约定以某项工作的完成为合同期限的劳动合同。

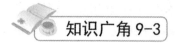

知识广角 9-3

连锁企业劳动合同与劳动法

一、劳动合同的种类

根据《劳动法》的规定，劳动合同分为固定期限劳动合同、无固定期限劳动合同和以完成一定工作任务为期限的劳动合同三种类型。连锁企业应根据自身情况和法律法规的要求，选择适合的劳动合同类型，并与员工签订劳动合同。

二、劳动合同的必备条款

连锁企业与员工签订的劳动合同中应包含以下必备条款：劳动合同期限、工作内容和工作地点、工作时间和休息休假、劳动报酬、社会保险、劳动保护和劳动条件等。此外，还应约定试用期、保密协议、竞业限制等条款。在签订劳动合同前，企业应向员工说明合同的条款内容，并要求员工认真阅读和理解合同内容。

三、劳动合同的变更、解除和终止

根据《劳动法》的规定，劳动合同的变更、解除和终止应遵循法律法规的规定和合同的约定。连锁企业应制定相应的规章制度，明确劳动合同的变更、解除和终止的条件和程序，并按照法律法规的要求进行操作。在变更、解除和终止劳动合同的过程中，企业应与员

工进行充分沟通和协商，保障员工的合法权益。

四、劳动法的适用范围

《劳动法》适用于各类企业、个体工商户、事业单位、社会团体等组织与劳动者之间的劳动关系。连锁企业作为一类企业组织形式，同样需要遵守《劳动法》的规定。在制定和执行劳动规章制度时，连锁企业应确保符合《劳动法》的规定，保障员工的合法权益。

五、劳动争议的处理

在劳动关系中，由于各种原因可能会导致劳动争议的发生。连锁企业应制定相应的劳动争议处理制度，明确争议处理的程序和方法。在发生劳动争议时，企业应积极与员工进行沟通和协商，寻求妥善解决争议的方式。如无法协商解决，可向当地劳动争议仲裁机构申请仲裁或向人民法院提起诉讼。

六、劳动合同的解除和终止

（一）劳动合同的解除

劳动合同的解除是指劳动合同在订立以后，尚未履行完毕或者未全部履行以前，由于合同双方或者单方的法律行为导致双方当事人提前消灭劳动关系的法律行为，可分为协商解除、法定解除和约定解除三种情况。

1. 经双方协商同意而解除劳动合同

《劳动合同法》第三十六规定："用人单位与劳动者协商一致，可以解除劳动合同。"同时，有关法规规定，经劳动合同当事人协商一致，由用人单位解除劳动合同的，用人单位根据劳动者在本单位的工作年限，每满1年支付1个月工资的经济补偿金，最高不超过12个月。6个月以上不满1年的，按1年计算；不满6个月的，向劳动者支付半个月工资的经济补偿。

2. 用人单位可以解除劳动合同的条件

《劳动合同法》第三十九规定："劳动者有下列情形之一的，用人单位可以解除劳动合同：（一）在试用期间被证明不符合录用条件的；（二）严重违反用人单位的规章制度的；（三）严重失职，营私舞弊，给用人单位的利益造成重大损害的；（四）劳动者同时与其他用人单位建立劳动关系，对完成本单位的工作任务造成严重影响，或者经用人单位提出，拒不改正的；（五）因本法第二十六条第一款第一项规定情形致使劳动合同无效的；（六）被依法追究刑事责任的。"

此外，《劳动合同法》第四十条规定："有下列情形之一的，用人单位提前三十日以书面形式通知劳动者本人或者额外支付劳动者一个月工资后，可以解除劳动合同：（一）劳动者患病或者非因工负伤，在规定的医疗期满后不能从事原工作，也不能从事由用人单位另行安排的工作的；（二）劳动者不能胜任工作，经过培训或者调整工作岗位，仍不能胜任工作的；（三）劳动合同订立时所依据的客观情况发生重大变化，致使劳动合同无法履行，经用人单位与劳动者协商，未能就变更劳动合同内容达成协议的。"

《劳动合同法》第四十一条规定："有下列情形之一，需要裁减人员二十人以上或者裁减不足二十人但占企业职工总数百分之十以上的，用人单位提前三十日向工会或者全体职工说明情况，听取工会或者职工的意见后，裁减人员方案经向劳动行政部门报告，可以裁减人员：（一）依照企业破产法规定进行重整的；（二）生产经营发生严重困难的；（三）企业转产、重大技术革新或者经营方式调整，经变更劳动合同后，仍需裁减人员的；（四）其他因劳动合同订立时所依据的客观经济情况发生重大变化，致使劳动合同无法履行的。裁减人员时，应当优先留用下列人员：（一）与本单位订立较长期限的固定期限劳动合同的；（二）与本单位订立无固定期限劳动合同的；（三）家庭无其他就业人员，有需要扶养的老人或者抚养的未成年人的。用人单位依照本条第一款规定裁减人员，在六个月内重新招用人员的，应当通知被裁减的人员，并在同等条件下优先招用被裁减的人员。"

《劳动合同法》第四十三条规定："用人单位单方解除劳动合同，应当事先将理由通知工会。用人单位违反法律、行政法规规定或者劳动合同约定的，工会有权要求用人单位纠正。用人单位应当研究工会的意见，并将处理结果书面通知工会。"

3. 用人单位不得解除劳动合同的条件

《劳动合同法》第四十二条规定："劳动者有下列情形之一的，用人单位不得依照本法第四十条、第四十一条的规定解除劳动合同：（一）从事接触职业病危害作业的劳动者未进行离岗前职业健康检查，或者疑似职业病病人在诊断或者医学观察期间的；（二）在本单位患职业病或者因工负伤并被确认丧失或者部分丧失劳动能力的；（三）患病或者非因工负伤，在规定的医疗期内的；（四）女职工在孕期、产期、哺乳期的；（五）在本单位连续工作满十五年，且距法定退休年龄不足五年的；（六）法律、行政法规规定的其他情形。"

此外，劳动者在试用期中，除有证据证明劳动者不符合录用条件外，用人单位不得解除劳动合同。用人单位在试用期解除劳动合同的，应当向劳动者说明理由。

4. 劳动者可以解除劳动合同的条件

根据《劳动合同法》的规定，劳动者除与用人单位协商一致，可以解除劳动合同外，劳动者提前三十日以书面形式通知用人单位或在试用期内提前三日通知用人单位，也可以解除劳动合同。

《劳动合同法》第三十八条规定："用人单位有下列情形之一的，劳动者可以解除劳动合同：（一）未按照劳动合同约定提供劳动保护或者劳动条件的；（二）未及时足额支付劳动报酬的；（三）未依法为劳动者缴纳社会保险费的；（四）用人单位的规章制度违反法律、法规的规定，损害劳动者权益的；（五）因本法第二十六条第一款规定的情形致使劳动合同无效的；（六）法律、行政法规规定劳动者可以解除劳动合同的其他情形。用人单位以暴力、威胁或者非法限制人身自由的手段强迫劳动者劳动的，或者用人单位违章指挥、强令冒险作业危及劳动者人身安全的，劳动者可以立即解除劳动合同，不需事先告知用人单位。"

（二）劳动合同的终止

劳动合同终止是指劳动合同的法律效力依法被消灭，即劳动关系由于一定法律事实的出现而终结，劳动者与用人单位之间原有的权利义务不再存在。

《劳动合同法》第四十四条规定："有下列情形之一的，劳动合同终止：（一）劳动合同期满的；（二）劳动者开始依法享受基本养老保险待遇的；（三）劳动者死亡，或者被人民法院宣告死亡或者宣告失踪的；（四）用人单位被依法宣告破产的；（五）用人单位被吊销营业执照、责令关闭、撤销或者用人单位决定提前解散的;(六)法律、行政法规规定的其他情形。"

此外,《劳动合同法》第四十五条规定:"劳动合同期满,有本法第四十二条规定情形之一的,劳动合同应当延缓至相应的情形消失时终止。但是,本法第四十二条第二项规定丧失或者部分丧失劳动能力劳动者的劳动合同的终止,按照国家有关工伤保险的规定执行。"

(三)用人单位违法解除或者终止劳动合同法律后果

《劳动合同法》第四十八条规定:"用人单位违反本法规定解除或者终止劳动合同,劳动者要求继续履行劳动合同的,用人单位应当继续履行;劳动者不要求继续履行劳动合同或者劳动合同已经不能继续履行的,用人单位应当依照经济补偿标准的两倍向劳动者支付赔偿金。"

任务结语

通过本任务的学习,我们了解了劳动合同订立应遵循的原则,掌握了劳动合同的内容、合同解除和终止的条件,还了解了无效劳动合同的认定及报酬支付等。

任务4 连锁企业劳动安全卫生管理

情境导入

连锁企业,其正常运营和发展需要劳动安全卫生管理作为重要保障。劳动安全卫生管理对于保护员工的生命安全和身体健康具有至关重要的作用,同时也是提高企业生产效率和降低事故率的重要手段。本任务将介绍连锁企业劳动安全卫生管理的基本理论和实践方法,旨在帮助学生掌握相关知识和技能,为未来的职业发展做好准备。

任务描述

1. 了解劳动安全卫生管理制度的定义;

2. 了解安全生产责任制,编制安全技术措施计划管理制度、安全生产教育制度、安全生产检查制度、劳动安全卫生监察制度、伤亡事故报告和处理制度等。

劳动安全卫生管理制度,是指厂矿企业等生产单位,为了保护劳动者在劳动生产过程中的健康与安全,在组织劳动和科学管理方面制定的各项规章制度。它是企业管理制度的重要组成部分。《劳动法》第五十二条规定:"用人单位必须建立、健全劳动安全卫生制度,严格执行国家劳动安全卫生规程和标准,对劳动者进行劳动安全卫生教育,防止劳动过程中的事故,减少职业危害。"因此,生产单位制定劳动安全卫生管理制度是法律所提出的要求,也是保障各种劳动安全卫生标准执行的具体措施。

(一)安全生产责任制

根据《中华人民共和国安全生产法》《国务院关于进一步加强企业安全生产工作的通

知》《建设工程安全生产管理条例》《中央企业安全生产监督管理暂行办法》相关规定，安全生产责任制的主要内容是：生产经营单位必须加强安全生产管理，建立健全全员安全生产责任制和安全生产规章制度，加大对安全生产资金、物资、技术、人员的投入保障力度，改善安全生产条件，加强安全生产标准化、信息化建设，构建安全风险分级管控和隐患排查治理双重预防机制，健全风险防范化解机制，提高安全生产水平，确保安全生产。生产经营单位的工会依法组织职工参加本单位安全生产工作的民主管理和民主监督，维护职工在安全生产方面的合法权益。县级以上地方各级人民政府应当组织有关部门建立完善安全风险评估与论证机制，按照安全风险管控要求，进行产业规划和空间布局，并对位置相邻、行业相近、业态相似的生产经营单位实施重大安全风险联防联控。

安全生产责任制是企业管理制度中最基本的一项制度，是所有劳动安全卫生管理制度的核心，是保护劳动者在生产过程中的健康和安全，促进安全生产的重要措施。

（二）编制安全技术措施计划管理制度

安全技术措施计划是企业生产技术财务计划的一个组成部分。企业编制安全技术措施计划，应依据有关劳动安全卫生的法律和法规，结合本企业的实际情况，分清项目的轻重缓急，解决急需解决的问题，并力求少花钱，多办事，效果好。要明确规定各项计划措施的完成期限和负责人。

安全技术措施的范围，包括一切有关改善劳动条件，防止工伤事故和职业病以及职业中毒为目的的技术措施，即安全技术和劳动卫生措施项目、生产辅助设施和安全生产教育等方面的措施。

（三）安全生产教育制度

按照《中华人民共和国安全生产法》，安全生产教育制度的主要内容如下。

（1）生产经营单位应当对从业人员进行安全生产教育和培训，保证从业人员具备必要的安全生产知识，熟悉有关的安全生产规章制度和安全操作规程，掌握本岗位的安全操作技能，了解事故应急处理措施，知悉自身在安全生产方面的权利和义务。未经安全生产教育和培训合格的从业人员，不得上岗作业。

（2）生产经营单位使用被派遣劳动者的，应当将被派遣劳动者纳入本单位从业人员统一管理，对被派遣劳动者进行岗位安全操作规程和安全操作技能的教育和培训。劳务派遣单位应当对被派遣劳动者进行必要的安全生产教育和培训。生产经营单位接收中等职业学校、高等学校学生实习的，应当对实习学生进行相应的安全生产教育和培训，提供必要的劳动防护用品。学校应当协助生产经营单位对实习学生进行安全生产教育和培训。

（3）生产经营单位应当建立安全生产教育和培训档案，如实记录安全生产教育和培训的时间、内容、参加人员以及考核结果等情况。

（4）生产经营单位采用新工艺、新技术、新材料或者使用新设备，必须了解、掌握其安全技术特性，采取有效的安全防护措施，并对从业人员进行专门的安全生产教育和培训。

（四）安全生产检查制度

安全卫生检查一般由安全卫生监察机构派监察员随时到企、事业等单位进行检查，及时纠正、处理违反劳动安全卫生法律、法规行为。同时，企业要对内部的安全卫生进行经常性的检查。厂、车间、班组和各职能部门要经常不断地进行安全检查，发现问题及时解决。企业的上级主管部门也应组织定期检查。除此之外，专业技术人员应经常对其专业性问题进行检查，如电气安全、锅炉和压力容器、防火防爆、防暑降温，等等。

（五）职业卫生监督管理制度

我国有关职业卫生监督管理的法律和规章主要有《中华人民共和国职业病防治法》《工作场所职业卫生监督管理规定》《用人单位职业健康监护监督管理办法》等。生产经营单位要加强日常职业病危害监测或者定期检测、现状评价，发现工作场所职业病危害因素不符合国家职业卫生标准和卫生要求时，应当立即采取相应治理措施，确保其符合职业卫生环境和条件的要求；仍然达不到国家职业卫生标准和卫生要求的，必须停止存在职业病危害因素的作业；职业病危害因素经治理后，符合国家职业卫生标准和卫生要求的，方可重新作业。应急管理部门建立了职业卫生监督检查制度，加强行政执法人员职业卫生知识的培训，对劳动者生命健康造成严重损害的生产经营单位，将责令停止产生职业病危害的作业，甚至提请有管理权限政府部门责令关闭。

（六）生产安全事故报告和调查处理制度

根据《中华人民共和国安全生产法》制定的《生产安全事故报告和调查处理条例》于2007年6月1日起施行，其明确了生产经营活动中发生的造成人身伤亡或者直接经济损失的生产安全事故的报告和调查处理相关要求。

1. 事故分类

根据生产安全事故（以下简称事故）造成的人员伤亡或者直接经济损失，事故一般分为以下等级：

（1）特别重大事故，是指造成30人以上死亡，或者100人以上重伤（包括急性工业中毒，下同），或者1亿元以上直接经济损失的事故。

（2）重大事故，是指造成10人以上30人以下死亡，或者50人以上100人以下重伤，或者5 000万元以上1亿元以下直接经济损失的事故。

（3）较大事故，是指造成3人以上10人以下死亡，或者10人以上50人以下重伤，或者1 000万元以上5 000万元以下直接经济损失的事故。

（4）一般事故，是指造成3人以下死亡，或者10人以下重伤，或者1 000万元以下直接经济损失的事故。

2. 事故报告

事故发生后，事故现场有关人员应当立即向本单位负责人报告；单位负责人接到报告后，应当于1小时内向事故发生地县级以上人民政府安全生产监督管理部门和负有安全生产监督管理职责的有关部门报告。情况紧急时，事故现场有关人员可以直接向事故发生地县级以上人民政府安全生产监督管理部门和负有安全生产监督管理职责的有关部门报告。

3. 事故调查

重大事故、较大事故、一般事故分别由事故发生地省级人民政府、设区的市级人民政府、县级人民政府负责调查。省级人民政府、设区的市级人民政府、县级人民政府可以直接组织事故调查组进行调查，也可以授权或者委托有关部门组织事故调查组进行调查。未造成人员伤亡的一般事故，县级人民政府也可以委托事故发生单位组织事故调查组进行调查。

事故调查报告应当包括下列内容：事故发生单位概况；事故发生经过和事故救援情况；事故造成的人员伤亡和直接经济损失；事故发生的原因和事故性质；事故责任的认定以及对事故责任者的处理建议；事故防范和整改措施。

4. 事故处理

事故发生单位应当按照负责事故调查的人民政府的批复，对本单位负有事故责任的人员进行处理。负有事故责任的人员涉嫌犯罪的，依法追究刑事责任。事故发生单位应当认真吸取事故教训，落实防范和整改措施，防止事故再次发生。防范和整改措施的落实情况应当接受工会和职工的监督。安全生产监督管理部门和负有安全生产监督管理职责的有关部门应当对事故发生单位落实防范和整改措施的情况进行监督检查。

任务结语

通过本任务的学习，我们了解了劳动安全卫生管理制度的定义；了解了安全生产责任制、编制安全技术措施计划管理制度、安全生产教育制度、安全生产检查制度、职业卫生监督管理制度、生产安全事故报告和调查处理制度等。

知识拓展：连锁企业劳动规章制度　　知识拓展：连锁企业工时与工伤

项目实训

实训内容

选择当地一家企业，调查询问该企业员工是否经历过劳动合同争议，如果有，是何种争议，是如何解决的，形成调查分析报告。

实训目的

了解中国连锁企业劳动关系管理现状及存在的问题，把握实施劳动关系管理工作的主要内容。

实训步骤

（1）4~5人为一组（男生女生搭配），选一人为组长，负责协调与分工。

（2）可以讨论，也可以上网查资料，作业成果以书面形式提交，并签上小组成员名字。

（3）时间：以课外为主，结合课堂指导。

实训评价

实训内容	评价关键点	分值	自我评价（20%）	同学评价（30%）	教师评价（50%）
调查过程	实训任务明确	10			
	调查方法恰当	10			
	调查过程完整	10			
	调查结果可靠	10			
	团队分工合理	10			
调查报告	结构完整	20			
	内容符合逻辑	10			
	形式规范	20			
合计					

复习思考

一、名词解释

1. 劳动关系。
2. 劳动争议。
3. 劳动争议仲裁。
4. 劳动者地位。
5. 劳动者权利。
6. 劳动争议调解。
7. 劳动争议诉讼。

二、简答题

1. 劳动关系的法律特征是什么？
2. 劳动关系包括哪些内容？
3. 在我国，工会和职代会的地位和作用是什么？
4. 国外流行的劳资协商和谈判制度有哪几种类型？
5. 劳动争议调解委员会如何组成？
6. 处理劳动争议的途径和方法有哪些？
7. 劳动争议仲裁委员会如何组成？其性质和职能是什么？仲裁应遵循哪些原则？
8. 劳动争议处理三种方法的程序各是怎样的？
9. 劳动争议仲裁的步骤是什么？
10. 试述《劳动法》规定的劳动者所拥有的权利。
11. 试述劳动者的地位。
12. 解决劳动争议的原则有哪些？

连锁企业员工职业生涯管理

管理名言

生涯要规划，更要经营，起点是自己，终点也是自己，没有人能代劳。

项目导学

职业生涯管理中最重要的就是开展职业生涯规划，并能正确自我认知。职业生涯规划就是要分析自己最适合做什么，弄清自己所追寻的目标是什么。自我认知就是一个人对自己的认识、评价和期望，具体包括对自我人生观、价值观、受教育水平、职业锚、兴趣、特长、性格、技能、智商、情商、思维方式和方法等进行分析评价，从而达到全面认识自己、了解自己的目的。

只有进行充分的自我认知，才能选定适合自己的职业发展路线，增加事业成功的机会。自我认知既包括对自己的长处与缺点、意识、意向、动机、个性和欲望的认识，也包括对自己的行为进行反省，调整自己的情绪等。在求职之前，清楚的自我认知能使我们了解自己的职业价值观、兴趣、爱好、能力、特长、人格特征及弱点，以便做出明智的职业选择，找到一份真正适合自己的工作。在职业转换和职业发展中，通过对自己的总结，找到成功和失败的原因，从中吸取经验和教训，可以促使自己的职业生涯成功。正如著名的成功学大师拿破仑·希尔所言："一切的成就、一切的财富，都始于自我认知。"可以说，自我认知、做好规划是职业生涯成功的前提，对职业生涯成功具有重要意义。

学习目标

职业知识：了解职业生涯规划的原则，掌握职业生涯规划的三种基本理论，掌握职业生涯规划的方法，学会撰写职业生涯规划书。

职业能力：能理解职业生涯规划的重要性；具备职业规划设计能力；正确认知自己，学会分析自己，以更好的心态处理与社会的关系。

职业素质：增强"四个自信"，做到"两个维护"；树立历史使命感、责任感；有理想信念，有职业理想、工匠精神，有家国情怀；通过社会责任意识的培养及职业生涯规划理念的塑造，提高道德素质和社会责任感。

思维导图

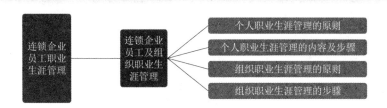

引导案例

目标与人生

哈佛大学有一个非常著名的关于目标对人影响的跟踪调查，对象是一群智力、学历、环境等条件都差不多的年轻人，调查结果有如下发现。

27%的人，没有目标。

60%的人，目标模糊。

10%的人，有比较清晰的短期目标。

3%的人，有十分清晰的长期目标。

25年后的跟踪调查发现，那些被调查的人，由于目标不同，他们的生活发生了翻天覆地的变化。

那3%的人，25年来几乎都不曾更改过自己的人生目标，他们始终朝着同一个方向不懈努力，25年后，他们几乎都成了社会各界的顶尖人物，他们中不乏白手起家的创业者、行业领袖、社会精英。

那10%的人，大都生活在社会的中上层。他们的共同特点是，短期目标不断被达成，生活质量稳步上升，他们成为各行各业不可缺少的专业人士，如医生、律师、工程师、高级主管等。

那60%的人，几乎都生活在社会的中下层，他们安稳地生活和工作，但都没有什么突出的成绩。

最后那27%的人，他们几乎生活在社会的最底层，生活过得很不如意，常常失业，靠政府救济生活，并且抱怨他人、抱怨社会。

调查结论是：目标对人生有巨大的导向性作用。成功在一开始仅仅是一种选择，你选择什么样的目标，就可能有什么样的成就，有什么样的人生。现代职场流传着马努杰的故事。亚美尼亚的马努杰是一名平凡的推销员。但是，他却有着一个不平凡的纪录，即在47年的职业生涯中，为207个公司工作，平均一年换5次工作，平均两个月就被辞退或跳槽一次。他的这个纪录已经成为职业生涯规划的一个案例，被称为"马努杰死亡回旋梯"。

"马努杰死亡回旋梯"的出现是诸多因素综合作用的结果，但马努杰不了解自己的优、劣势，不清楚自己适合的工作环境，缺乏必要的职业技能，是悲剧出现的核心原因。事实上，职场中类似的"马努杰现象"并不少见。

"马努杰"及"泛马努杰们"职业中存在的种种问题，可以通过职业规划、职业指导得到解决。在西方，职业规划与职业指导被视为"积极劳动力市场政策"的重要组成部分。在美国、瑞典等很多国家已经成为一项产业，并得到政府的立法支持。随着中国经济的持续增长，职业生涯规划已经从几年前的"新概念"和"陌生话题"，变得"热门"与"耳熟能详"。

知识拓展：认知职业生涯管理

任务　连锁企业员工及组织职业生涯管理

情境导入

连锁企业员工和组织在进行职业规划和定位时，可以运用职业锚思考自己具有的能力，确定自己或企业的发展方向，审视自己的价值观是否与当前的工作相匹配。只有个人的定位和从事的职业、岗位相匹配，才能在工作中发挥自己的长处，实现自己的价值。

任务描述

1. 了解个人职业生涯管理的原则；
2. 能够正确理解个人职业生涯管理的内容及步骤；
3. 熟悉组织职业生涯管理的原则；
4. 重点把握组织职业生涯管理的步骤。

员工职业生涯管理是连锁企业人力资源管理的重要组成部分。它涉及员工的职业规划、培训、晋升和激励机制等方面，旨在帮助员工实现个人职业目标，同时为企业创造更大的价值。通过有效的职业生涯管理，企业可以激发员工的潜力，提高员工的工作满意度和忠诚度，进而促进企业的可持续发展。

一、个人职业生涯管理的原则

在个人职业生涯中，明确的目标设定、有效的规划实施、持续的学习提升以及灵活的调整适应，是实现职业成功的关键因素。下面是一些重要的原则，有助于我们更好地管理职业生涯：

1. 目标设定

连锁企业员工要为自己设定清晰、具体、可衡量的职业目标，并根据个人兴趣、能力和市场趋势，制定实现目标的步骤和时间表。

2. 规划实施

根据设定的目标，连锁企业员工要制定切实可行的职业生涯规划，并积极采取行动，确保在时间和资源允许的情况下，逐步实现这些目标。

3. 持续学习

职业生涯是一个持续学习和成长的过程。保持对新兴技术和行业趋势的关注，连锁企业员工要不断提高自己的技能和知识，以保持竞争力。

4. 灵活调整

在职业生涯中，面临变化和挑战是常态。连锁企业员工要学会适应变化，灵活调整职业规划，以适应市场和个人的变化。

总之，遵循这些原则，将有助于连锁企业员工更好地管理职业生涯，实现职业成功和个人成长。

二、个人职业生涯管理的内容及步骤

1. 自我评估

自我评估是连锁企业员工个人职业生涯管理的第一步，它涉及对连锁企业员工自己的兴趣、能力、价值观、职业倾向等方面的全面评估。通过自我评估，可以更好地了解自己的优势和不足，以及职业发展的需求和潜力。在自我评估中，需要关注自己的职业倾向和能力，以及市场和行业的需求和发展趋势，从而制订出符合自己和市场需求的发展计划。同时，也需要不断调整自己的职业目标和计划，以适应市场和行业的变化与挑战。

2. 职业目标设定

职业目标设定是连锁企业员工个人职业生涯管理的核心，它涉及个人在职业生涯中所设定的具体目标，包括长期目标和短期目标。职业目标设定需要考虑个人的职业倾向和能力，以及市场和行业的需求和发展趋势，从而制订出科学合理的职业发展计划。在职业目标设定中，需要明确具体的目标和标准，并考虑实现目标的时间表和计划。同时，也需要考虑可能出现的风险和挑战，并制定相应的应对措施。

3. 职业路径选择

职业路径选择是连锁企业员工个人职业生涯管理的重要环节之一，它涉及连锁企业员工个人在职业生涯中所选择的职业领域和职业路径。职业路径选择需要考虑个人的职业倾向和能力，以及市场和行业的需求和发展趋势，从而制定出符合自己和市场需求的发展计划。在职业路径选择中，需要了解不同职业领域和职业路径的特点和发展趋势，并根据自己的职业目标和需求进行选择。同时，也需要考虑可能出现的风险和挑战，并制定相应的应对措施。

4. 制订行动计划

制订行动计划是连锁企业员工个人职业生涯管理的重要内容之一，它涉及连锁企业员工个人在职业生涯中所制订的具体行动计划和时间表。行动计划需要明确具体的任务和目标，并考虑实现目标的时间表和计划。同时，也需要考虑可能出现的风险和挑战，并制定相应的应对措施。在制订行动计划的过程中，需要关注连锁企业员工自己的职业目标和需求，制订个性化的行动计划和时间表。同时，也需要根据实际情况对原有的计划进行评估和调整，以保持职业生涯管理的时效性和针对性。

5. 实施行动计划

实施行动计划是连锁企业员工个人职业生涯管理的关键环节之一，它涉及连锁企业员工个人在职业生涯中所采取的具体行动和措施。实施行动计划需要积极努力和付出，克服各种困难和挑战。同时，也需要积极寻求资源和支持，以便更好地实现职业目标并取得成功。在实施行动计划中，需要关注自己的工作表现和成果，及时调整自己的行动计划和措施。同时，也需要积极寻求反馈和建议，以便更好地改进和提高自己的能力和素质。

6. 评估与调整

评估与调整是连锁企业员工个人职业生涯管理的重要环节之一，它涉及对职业生涯管理的效果进行评估和调整。通过评估与调整可以及时发现存在的问题和不足之处并进行改进和完善。在评估与调整中需要关注自己的工作表现和成果以及市场和行业的变化与发展趋势，以便及时调整自己的行动计划和措施，以适应新的形势和需求。同时，需要积极寻求反馈和建议，以便更好地改进和提高自己的能力和素质，以实现更好的职业发展效果。

7. 保持积极心态

保持积极心态是连锁企业员工个人职业生涯管理的重要内容之一，它涉及在职业生涯发展中保持积极乐观的心态以更好地应对各种挑战和困难并取得成功。在保持积极心态中需要关注自己的情绪变化和工作状态以及市场和行业的变化与发展趋势，以便更好地应对各种挑战和困难并取得成功，同时也需要积极寻求支持和资源，以便更好地实现自己的职业发展目标并取得成功。

三、组织职业生涯管理的原则

1. 长期规划

组织职业生涯管理需要具有长期规划的眼光，以公司的战略目标和业务需求为基础，制订出符合公司长期发展的职业生涯管理计划。在制订计划时，需要充分考虑市场和行业的发展趋势，以及员工的职业发展需求和潜力，以确保职业生涯管理的科学性和有效性。

2. 员工发展

组织职业生涯管理的核心是员工的发展，因此需要关注员工的职业成长和进步。公司需要提供多种形式的培训和发展机会，帮助员工提升职业技能和素质，实现个人职业目标。同时，也需要关注员工的个人成长和发展需求，提供个性化的职业规划和职业发展建议。

3. 内部晋升

内部晋升是组织职业生涯管理的重要原则之一，它有助于激发员工的积极性和工作动力，提高员工的忠诚度和归属感。公司需要建立完善的内部晋升机制，根据员工的职业表现和能力，给予相应的晋升机会。同时，也需要根据公司的战略目标和业务需求，调整员工的工作岗位和职责，以便更好地发挥员工的潜力和价值。

4. 职业规划

职业规划是组织职业生涯管理的重要环节之一，它涉及员工个人的职业目标、发展路径、所需技能和知识等方面。通过职业规划，员工可以更好地了解自己的职业倾向和能力，以及市场和行业的需求与发展趋势，从而制订出科学合理的职业发展计划。公司需要关注员工的职业规划和发展需求，提供必要的支持和帮助。

5. 多样化发展

多样化发展是组织职业生涯管理的重要原则之一，它有助于提高公司的竞争力和适应性。公司需要关注员工的多样性和差异性，提供多种职业发展路径和机会，以满足不同员工的职业发展需求。同时，也需要关注市场和行业的多样性需求，调整公司的业务结构和战略方向，以适应市场的变化和发展。

6. 持续学习

持续学习是组织职业生涯管理的重要原则之一，它有助于提高员工的竞争力和适应性。公司需要关注员工的学习需求和潜力，提供多种学习和发展机会，如在线学习、内部培训、外部培训等。同时，也需要关注员工的学习成果和进步，给予相应的奖励和支持。通过持续学习，员工可以不断提升自己的职业技能和素质，实现个人职业目标。

7. 团队合作

团队合作是组织职业生涯管理的重要原则之一，它有助于提高团队的凝聚力和执行力。公司需要建立良好的团队合作机制，鼓励员工之间的交流和合作，共同实现公司的战略目标和业务需求。同时，也需要关注员工的团队合作能力和精神的培养与提高，以促进团队的协同发展和进步。

8. 开放心态

开放心态是组织职业生涯管理的重要原则之一，它有助于激发员工的创新思维和创造力。公司需要保持开放的心态和姿态，接受和尊重员工的差异和创新思想，鼓励员工提出新的想法和建议。同时，也需要关注员工的心理健康和工作状态，提供必要的支持和帮助。通过开放心态的管理方式，可以激发员工的创造力和潜力，提高公司的创新能力和竞争力。

四、组织职业生涯管理的步骤

1. 确定职业目标

组织职业生涯管理的第一步是确定职业目标。职业目标是指员工在职业生涯中所追求的具体目标，包括长期目标和短期目标。在确定职业目标时，需要关注员工个人的职业倾向和能力，以及市场和行业的需求和发展趋势，从而制订出符合员工和市场需求的发展计划。

2. 分析个人与组织需求

分析个人与组织需求是组织职业生涯管理的重要环节之一。员工和组织的需求是职业生涯管理的基础，只有充分了解两者的需求，才能制订出科学合理的职业发展计划。在分析个人与组织需求时，需要关注员工个人的职业发展需求和潜力，以及组织的发展战略和业务需求，从而确定员工和组织在职业生涯管理中的共同点和目标。

3. 制订职业发展计划

制订职业发展计划是组织职业生涯管理的核心环节之一。职业发展计划是指在职业生涯中所制订的具体行动计划和时间表，包括长期计划和短期计划。在制订职业发展计划时，需要明确具体的任务和目标，并考虑实现目标的时间表和计划。同时，也需要考虑可能出现的风险和挑战，并制定相应的应对措施。

4. 实施职业培训

实施职业培训是组织职业生涯管理的重要内容之一。职业培训是指通过各种形式的培训和学习活动，帮助员工提升职业技能和素质，实现个人职业目标。在实施职业培训时，需要关注员工的个人成长和发展需求，提供个性化的培训和学习机会。同时，也需要根据实际情况对原有的培训计划进行评估和调整，以保持职业生涯管理的时效性和针对性。

5. 监控与评估

监控与评估是组织职业生涯管理的重要环节之一。监控是指对职业生涯管理的效果进行实时跟踪和监督，及时发现存在的问题和不足之处并进行改进和完善。评估是指对职业生涯管理的效果进行评估和评价，以便更好地改进和提高自己的能力和素质以实现更好的职业发展效果。

任务结语

通过本任务的学习，我们了解了连锁企业员工职业生涯管理的原则、内容及步骤，掌握了连锁企业组织职业生涯管理的原则及步骤。

知识拓展：连锁企业职业生涯规划书的撰写

项目实训

实训内容

思考你的成长历史，想一想这些历史对你将来的职业选择有什么影响。如果打算到连锁企业工作，思考自己应该如何进行职业规划。

实训目的

了解中国连锁企业发展现状及存在的问题，把握实施自我规划的能力，能够制作一份合格的职业规划书。

实训步骤

（1）以个人为主，以某连锁企业老总为调研对象进行访谈，对照中国大学生职业规划赛的获奖作品，进行自我人生规划。

（2）上网查询其他资料，提交职业规划书。

（3）时间：以课外为主，结合课堂指导。

实训评价

实训内容	评价关键点	分值	自我评价（20%）	同学评价（30%）	教师评价（50%）
调查过程	实训任务明确	10			
	调查方法恰当	10			
	调查过程完整	10			
	调查结果可靠	10			
	团队分工合理	10			
职业规划	结构完整	20			
	内容符合逻辑	10			
	形式规范	20			
合计		100			

复习思考

一、绘出你的职业生涯彩虹图

1. 想象你期待的未来的职业生涯，写出你未来的理想工作形态与生活方式。

2. 请你在空白的彩虹图上绘出你的人生彩虹，彩虹的长度代表时间的长短，彩虹的宽度代表你投入精力的大小。

二、根据自己的实际情况，制作一份职业生涯规划书

附　录

附录一　职业适应性测试

附录二　职业兴趣自我测试

附录三　连锁企业人力资源管理工作常用表格样本

附录四　企业人力资源管理师全国统一鉴定考试详细介绍

参考文献

[1] 郑铁辉.人力资源管理 [M].北京：中国商业出版社，2017.

[2] 谌新民，熊烨.员工招聘方略 [M].广州：广东经济出版社，2002.

[3] 谌新民，张帆.工作岗位设计 [M].广州：广东经济出版社，2002.

[4] 江卫东.人力资源管理理论与方法 [M].北京：经济管理出版社，2002.

[5] 金延平.人力资源管理 [M].大连：东北财经大学出版社，2003.

[6] 贾俊玲.劳动法学 [M].2 版.北京：北京大学出版社，2008.

[7] 廖泉文.人力资源管理 [M].北京：高等教育出版社，2003.

[8] 廖泉文.招聘与录用 [M].北京：中国人民大学出版社，2003.

[9] 刘军胜.薪酬管理实务手册 [M].北京：机械工业出版社，2002.

[10] 刘昕.薪酬管理 [M].北京：中国人民大学出版社，2003.